사람

과

건축문명

사람과 건축문명

펴 낸 날　2020. 01. 07.

지 은 이　용 갑식

펴 낸 이　신 창근

펴 낸 곳　공간예술사

서울특별시 종로구 사직로 97(새마을금고 빌딩 304호)

전　　화　02-737-1020

팩　　스　02-737-1500

이 메 일　spacearts@korea.com

홈페이지　www.spacearts.co.kr

출판등록　제 9-315 호

ISBN 978-89-7799-111-8

책 소개

"사람과 건축문명" 은 저자의 강의록과 문명 유적의 현장 답사 여행을 통해서 수집한 자료를 연대기 식으로 기술한 인간 문명의 기록이다. 인류 역사에 나타났던 주요 문명의 기록인 이 책에서 독자들의 온고이지신 溫故而知新 을 기대한다. 이 책과 관련된 저자의 다른 저서는 "사람, 주거 그리고 빠리 씨떼" 이다.

용 갑식

바탕가스. 필리핀 메트로마닐라

4353년/2564년/2020년/1441년 겨울-날

용 갑식 bonayon@naver.com

연세대학교 건축공학과 및 동 대학원 졸업(공학석사)
논문: 경사지를 이용한 地下住居空間計劃 에 관한 연구
프랑스 국립 마르흐세유-뤼미니 건축대학 3기과정(구 대학박사) 졸업(CEAA)
공동논문: Institute Africain d' Architecture, d' Urbanisme et d'Aménagement à Dakar, Sénégal
(아프리카 건축, 도시계획 및 도시정비연구소 기본계획에 관한 연구)

譯書: 시드니 오페라 하우스 건축 이야기
저서: #건축기술; 건축시공실무+이론(상)
#건축공사 **현장관리+가설공사**(종이책 및 전자책 5권)
#지속가능, 명품 **건축물+재료정보**(종이책 및 전자책 8권)
#최적화 공사 **건축+조경**(종이책 및 전자책 8권)
#Logement Autochtone Social; enjeu des pays sous-développés pour les indigents citadins aux XXIe siécle
(공영 토속주택; 21세기 도시빈민을 위한 저개발국의 도전)
프랑스어판 종이책<주문생산>
#사람, 주거 그리고 빠리 씨떼
특허: 발명특허 제10-0578102호(골프퍼터)
국가자격: 조경특급기술자, 건축특급기술자, 중등학교준교사(제29152호: 건축)

現職: ㈜엄앤드이종합건축사사무소 www.aumlee.com
주택연구실장(지속가능 건축, 조경계획 및 개도국 주택정책개발 연구)
<건축, 조경 설계 및 감리>; #우공정(개인 전원주택, 경기 연천 백학면)

前職: *동양미래대학교 건축과 겸임교수(1998~2011)

*한국종합조경공사, 조경기본계획 및 설계 실무, <담당 프로젝트>;
#국립현충원 재개발계획
#안동댐 용성공원 조경계획
#이리수출자유지역 조경기본계획
#대덕연구학원도시 조경기본계획
#설악동신집단시설지구 개발계획 및 기본설계

*건설회사 동아, 율산, 금호, 한양에서 FED현장, 해외공사 현장 및 본사, 지사 실무, <담당 프로젝트>;
#미합중국 극동지역 주한 공군기지 사령부 본관, 한국 경기 오산: 공무담당
#Housing & Community Facilities of Air Base, Taif, Saudi Arabia: 공무담당
#Single Women's Housing of King Faisal Hospital, Riyadh, Saudi Arabia: 입찰 및 공무담당
#Gygynya Hotel & 240 D.U. Housing, Sokoto, Nigeria: 입찰, 턴키설계 및 공무담당
#King Saud University Campus Facilities, Riyadh, Saudi Arabia: 공무담당

차 례

제2장 고대 아라비아 및 인도차이나 문명

제3장 고대 중앙아메리카 및 뻬루 문명

부 록

제 1 장
고대 4대문명과 주거 유적

1. 고대 4대문명 발상지의 자연 환경

메소포타미아, 고대 이집트, 인더스 및 황허 문명을 인류 4대 고대 古代 문명이라 한다. 이들 문명의 발상지 發祥地 에는 공통적으로 평평하고 비옥한 토지, 하천 河川 그리고 적당한 강수량이 있었다(사진 1-001). 적당한 강수량이 있는 평지는 식량 생산의 보고 寶庫 였다. 하천은 주기적으로 범람, 강 하구 河口 지역에서는 큰 홍수 洪水 피해가 났지만 그 결과로 비옥한 토지가 생겼다. 또한 하천은 식량 및 물자 物資 운송의 주요 통로이며, 식수 및 농업용수의 공급원이었다. 4대 문명 발상지에 있는 하천, 즉 유프라테스, 티그리스, 나일, 인더스 강 및 황허의 자연 환경 특성은 다음과 같다:

사진 1-001: 고대 4대문명 발상지

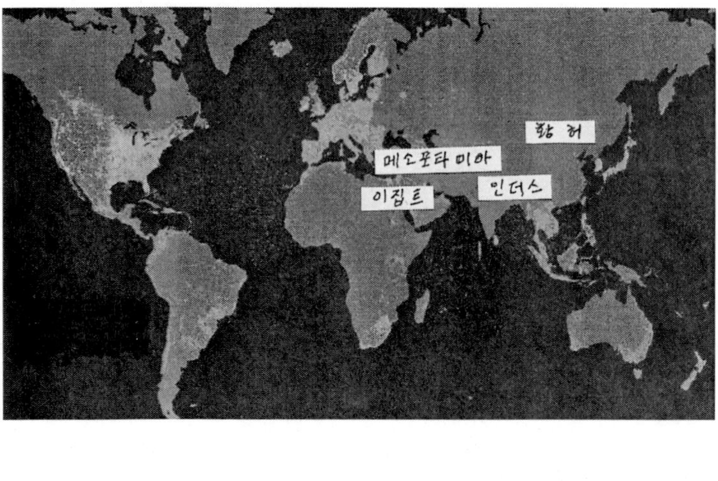

1) 유프라테스 및 티그리스 강

유프라테스 강과 티그리스 강은 고대 메소포타미아 문명의 발상지이다(사진 1-002). 두 강은 정기적으로 범람하여 피해를 입혔기 때문에 사람들은 강의 범람을 신의 징벌이라 생각했다. 또한 건기에는 강 수위가 낮아지면서 바닷물이 스며들어 경작지에 염분피해도 발생했다.

사진 1-002: 유프라테스 및 티그리스 강 이라크

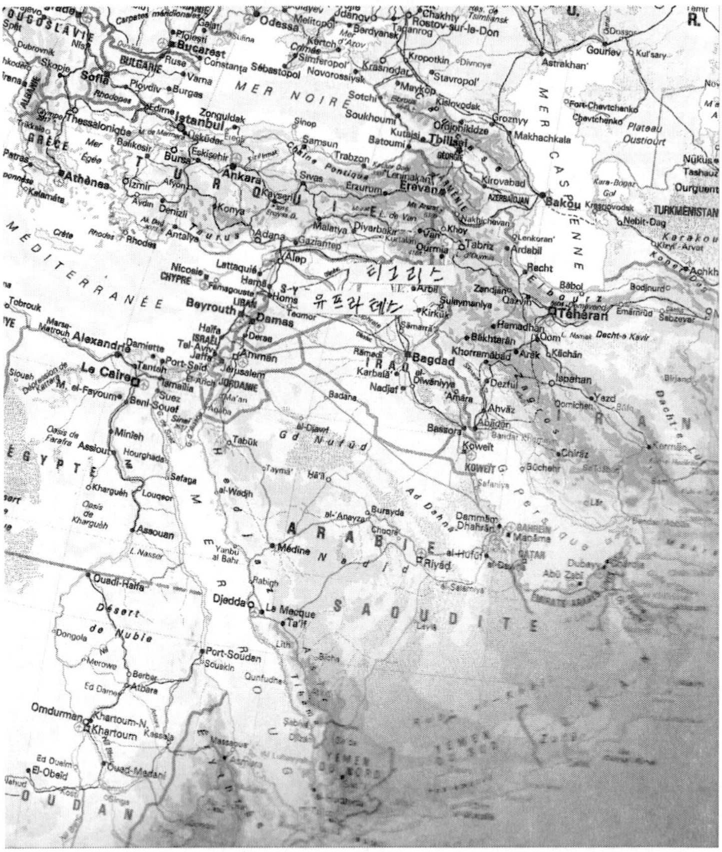

(1) **유프라테스 강** the Euphrates River

서아시아 최대 강으로, 강의 길이는 2800km 정도이다. 이 강은, 터키 동부 아르메니아 산맥 고원에서 발원, 시리아에서 카부르 강과 발리크 강이 합류, 유프라테스 강의 본류를 이루며, 시리아 사막 동북부를 가로질러 이라크로 들어간다. 이라크 수도 바그다드 부근에서 티그리스 강과 나란히 흐르다가 메소포타미아 평야 서쪽을 지나 페르시아 만으로 흘러들어 간다. 이 강은 수위 변동이 크고, 물살이 빠르다. 강 수위는 고산 지대 눈이 녹아내리는 5월이 최고이고, 9월~10월이 최저이며, 봄철에는 종종 홍수가 발생한다.

(2) **티그리스 강** the Tigris River

티그리스 강은 수량이 풍부하고 강폭이 좁아 화살처럼 빠른 급류를 자랑하는 강이다. 이 강의 길이는 1900km 정도이며 수량은 유프라테스 강의 1.6배 정도 많다. 이 강은, 터키 동부 아르메니아 산맥 고원과 이라크 북부에서 발원, 이라크 수도 바그다드 부근에서 유프라테스 강과 나란히 흐르다가 메소포타미아 평야 동쪽을 지나 페르시아 만 부근에서 유프라테스 강과 근접하여 페르시아 만으로 흘러들어 간다.

2) **나일 강** the Nile River

나일 강은 세계 최장의 강이다(사진 1-003). 나일 강은, 원류 源流 인 백나일 White Nile 과 지류 支流 인 청나일 Blue Nile, 그리고 또 다른 지류인 아트바라 Atbara 강이 합류되어 흐르는 큰 강으로, 총 길이는 6671~6695km 정도로 추정된다. 적도 지역에서 발원한 나일 강은 하류 지역인 이집트 수도 카이로 북쪽 지점에서 여러 줄기로 갈라져, 비옥한 삼각주를 만들면서 지중해로 들어간다.

나일 강은 6월말~9월말에 하류 지역이 범람, 홍수가 발생하는데, 이는 11월~4월에 강 상류인 적도 지역에 많은 비가 내리기 때문이다. 그러나 아이로니컬 ironical 하게도 홍수철의 강 하류 지역에는 비가 거의 오지 않는다. 백나일과 청나일의 발원 및 흐름 상세는 다음과 같다.

사진 1-003: 나일, 청나일 및 백나일 강 이집트

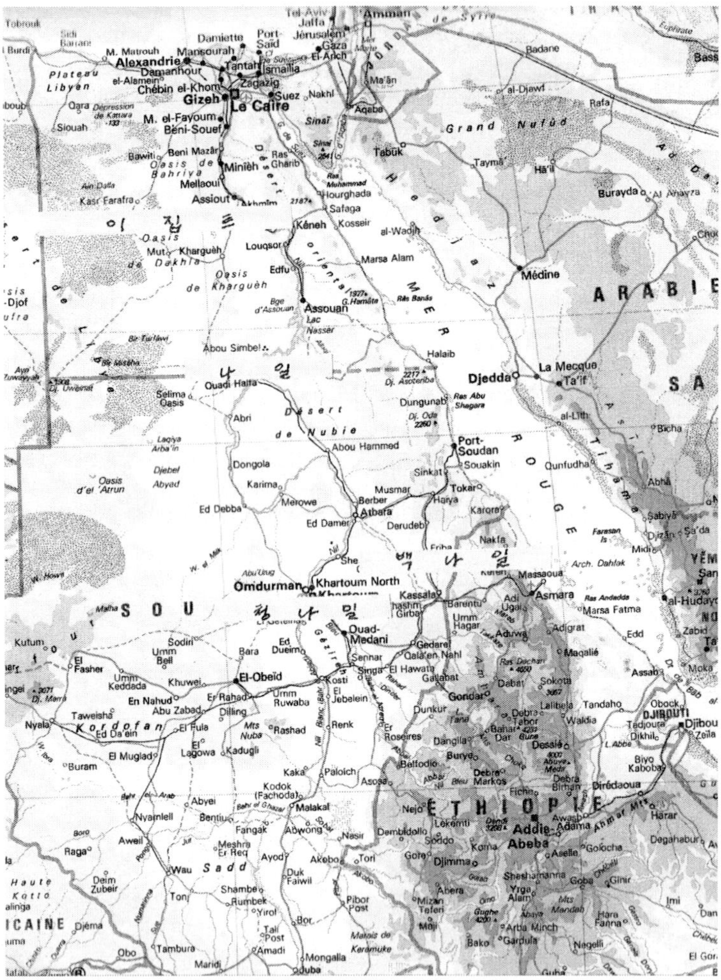

(1) 백나일

나일 강의 원류 源流 인, 백나일은 적도의 탄자니아와 루안다 국경지역인 부룬디 산맥에서 발원, 빅토리아 호 湖 로 흘러 든 다음 우간다를 지나 수단으로 흘러간다. 백나일은 수단의 카르툼 Khartoum 지역에서 청나일과 1차 합류한 다음, 이어서 수단의 아트바라 Atbara 에서 또 다른 지류인 아트바라 강과 합류, 나일 강의 본류 本流, 즉 나일 강이 된다. 나일 강은 수단의 누비아사막 서쪽을 돌아 이집트로 들어온다. 이집트로 들어온 나일 강은 인공호수 나세르 호수 湖水 에 머물다가 아스완 댐을 거쳐 지중해로 흘러들어 간다(사진 1-004).

사진 1-004: 아스완 댐 이집트 아스완

(2) **청나일**

나일 강의 지류 支流 인, 청나일은 에티오피아의 수도 아디스 아바바 주변의 산악 고원지역에서 발원, 수단의 카르툼 Khartoum 지역에서 백나일과 1차로 합류한다. 이어서 또 다른 지류인 에티오피아의 타나 호수 lake Tana 일대 산악 고원지역에서 발원한 아트바라 강과 수단의 아트바라 Atbara 에서 합류하여, 나일 강의 본류 本流, 즉 나일 강이 되어 이집트를 통과, 지중해로 흘러 들어 간다.

3) **인더스 강** the Indus River

인더스 강은 히말라야 서북쪽, 해발 5200m 의 고산 지대, 즉 파미르, 카라코람, 카슈미르 북서부, 티베트 서부 카일라스 산맥 등지에서 발원한, 길이 2900km 정도의 강이다(사진 1-005). 히말라야 산맥, 깊이 4600m 의 협곡을 따라 흐르던 5개의 서로 다른 작은 강이 현재의 파키스탄 북부에서 합류, 이어서 중부 지방에서 또 다른 두 개의 강과 합류, 펀자브 평원 지대를 지나 열대 맹그로브 삼각주를 만들고, 카라치 남동쪽에서 인도양의 아라비아 해 海 로 흘러들어 간다. 아라비아 해는 오만 해 海 라고도 부른다. 인더스 강 하구에서는 퇴적 작용이 심해 강바닥이 높아진데다가, 우기에는 많은 비가 내리고, 히말라야 산맥에서는 만년설이 녹아 내려 수개월 간 홍수가 발생한다.

4) **황허** 黃河, the Yellow River

중국의 중북부를 서에서 동으로 뱀처럼 구불구불 흐르는 황허는 중국에서 2번째로 큰 강으로 그 길이는 5464km 정도로 추정된다(사진 1-006). 황허는, 깐수 甘肅 성의 쿤룬 산맥과 칭하이 青海 성의 바옌카라 산맥의 해발 5442m 의 야허라다쩌 산의 샘물과 호수에서 발원한다. 이 강은 깊은 협곡을 따라 내려오다가 산시 陝西 성에서 북쪽으로 방향을 틀어 네이멍구 內蒙古 까지 올라갔다가 다시 유턴하여 산시 山西 성 남부와 허난 河南 성 서부까지 내려와, 3개의 다른 강과 합류하여 황허 중류의 큰 물줄기를 만든다. 이 강의 큰 물줄기는 황토고원을 관통, 화베이 평야를 거쳐 산둥 山東 성의 컨리 현에서 보하이 만 渤海灣 으로 흘러들어간다. 화베이 평야의 대부분은 흘러내린 강의 토사로 채워진다. 강 유역은 집중호우 시 수해 水害 가 발생하지만, 동시에 반 건조지역이라 강수량이 적어 거의 매년 한발 旱魃 패해도 발생한다. 강 하구는 휩쓸려 내려오는 토사로 인하여 강바닥이 높아지면서 3년에 10km 씩 황해로 뻗어나간다.

사진 1-005: 인더스 강 파키스탄

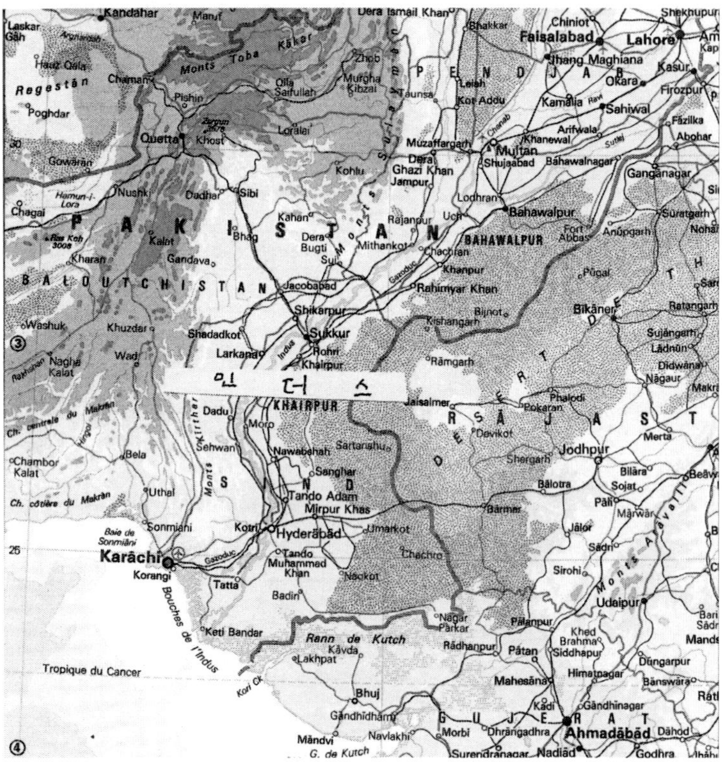

사진 1-006: 황허, 양쯔 강 및 만리장성 중국

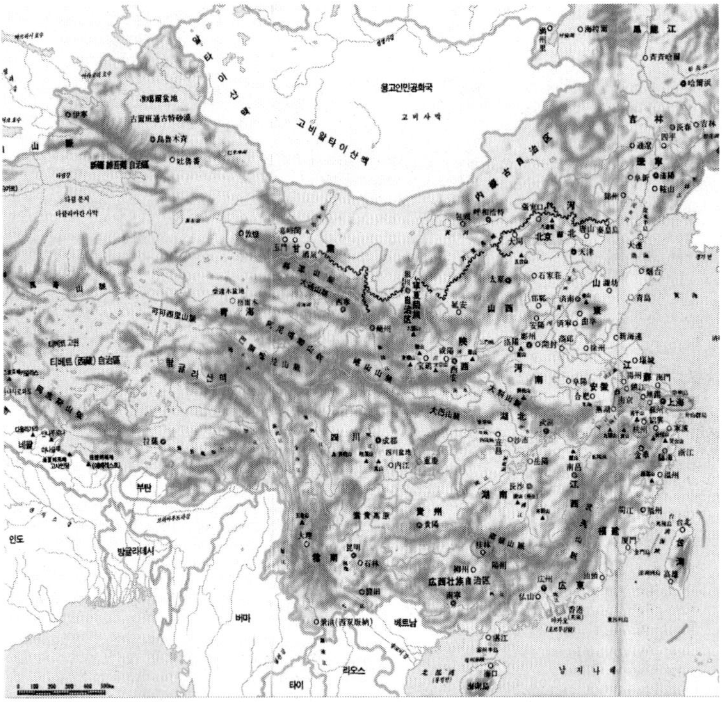

2. 고대 4대문명의 특성

고고학과 인류학에서는 선사시대에서 역사시대에 이르는 인류 사회의 발전 과정을 무리 band, 부족 tribe, 족장사회 chiefdom, 국가 state 의 순서로 설명하고 있다. 인류의 역사는 국가의 건립 전후를 기준으로, 원시 선사시대와 문명 역사시대로 구분한다. 인류 최초의 집단인 무리의 규모는 40명 정도, 부족은 500명 정도를 표준으로 했다. 인류의 사회 발전 과정에서 형성된 인류 4대 고대 古代 문명, 즉 메소포타미아, 고대 이집트, 인더스 및 황허 문명의 상세는 다음과 같다.

1) 메소포타미아 문명

(1) 문명의 특성

메소포타미아 Mesopotamia 문명은 서기전 西紀前 5000년경에서 서기전 3000년경 사이에 현재의 이라크 Iraq 및 이란 Iran 지역에서 발상한 문명이다(사진 1-007). "메소포타미아" 라는 말은 그리스어로 두개의 강 江 사이의 땅이라는 뜻이며, 이 지역 여러 왕국에서 발상한 수많은 문명을 일괄해서 메소포타미아 문명이라고 한다. 지리적 특성상 메소포타미아 문명은 개방적이고 능동적이었다. 4대 고대 문명 가운데, 티그리스 강과 유프라테스 강 유역의 메소포타미아 문명이 가장 먼저 발전한 이유는 청동 및 철기 제조법 덕분으로 추정된다. 그러나 본격적으로 철기를 제작하기 시작한 사람들은 서기전 1500년경, 지금의 터키 및 아르메니아 산악지역에 있었던 히타이트 왕국의 사람들이다. 이들의 철기 제조법 덕분에 인류 문명사가 바뀌었다.

사진 1-007: 메소포타미아 문명 발상지

(2) 유적 및 유물

메소포타미아 지역 문명의 유적 및 유물은 다음과 같다.

가. 지구라트 Ziggurat

지구라트는 고대 메소포타미아 지역 여러 곳에서 흔히 볼 수 있었던 건축물이다. 지구라트는 도시 한 복판에 언덕을 쌓고 그 위에 건축된 일종의 신전이며, 성탑 聖塔 또는 단탑 段塔 즉, 계단식 탑이라고도 한다. 지구라트는 하늘에 있는 신과 지상을 연결시키기 위한 것이었으며, "지구라트" 라는 말 자체는 "높은 곳" 을 의미한다. 지구라트는 보통, 점토와 짚을 섞고 물을 부어 잘 섞은 다음 형틀에 넣고 다져서 꺼내어 햇볕에 말린 벽돌을 3~5개씩 중첩하여 사각형 또는 직사각형의 단을 만들고, 이런 단을 반복적으로 7개 정도 쌓아 올려 건축한다. 최상단에는 사당 祠堂 을 설치하였으며 사당까지는 계단을 통해서 올라간다. 오늘날 까지 형태가 잘 보존되고 있는 지구라트는, 수메르 왕국의 왕도였던 우르에 있다. 현존 지구라트의 밑변 길이는 62.5m×43m 이다. 지구라트 하단에는 천연 아스팔트인 비튜먼 bitumen 을 칠하여 방수 했다. 우르는 현재 바그다드 동남방 350km 지점이다.

바빌로니아의 왕도 바빌론에 있었던 지구라트를, 사람들은 전설상의 탑인 바벨 barbell 탑으로 추정한다. 바벨은 그 지역의 지명이기 때문이다. 바벨탑은, 구약성서 중 "모세 오경" 의 하나인 창세기편에 나오는 건축물이다. 바빌론 사람들은 하늘 높이 오를 생각으로 바벨탑을 쌓았다고 한다. 신은 이런 인간들의 오만한 행동에 분노하여 언어를 여러 갈래로 나누어 사람들을 혼란케 함으로써 바벨탑 쌓기를 중지시켰다고 한다.

나. 왕의 묘지 墓地

메소포타미아 문명이 발상한 지역에서는 구석기 시대인 서기전 8천 년경에 이미 금, 은, 구리 등의 자연산 금속을 두드리고 녹여 필요한 제품을 만들었던 흔적이 발굴되었다. 서기전 3천년경에는 금속 제련 기술도 가지고 있었던 것으로 추측된다. 왕의 무덤에서는 구리 제품, 즉 구리거울, 전투용 구리도끼 등과 기하학적 칠무늬 토기제품 등의 유물이 발굴 되었다. 석회석 포장도로, 점토벽돌, 장식벽돌, 모자이크 타일, 옷감 등의 유물도 발굴 되었다. 한편 왕들의 무덤에서는 호화로운 보석류, 무기, 바퀴달린 전차 戰車, 군기 軍旗, 금, 은 및 청동제 투구 등이 발굴되었다. 특히 우르남무 왕의 군기, 즉 전쟁 승리를 기념하는 왕의 군대 깃발은 나무판 위에 유리, 조개껍질 등으로 전투장면을 장식했다.

다. **벽돌 형틀 발명**

수메르 사람들은 서기전 3000년경에 점토 벽돌 형틀 brick mold 을 발명했다. 점토를 형틀에 넣어 일정한 모양을 만든 다음 자연 건조 또는 불에 구워 벽돌을 만들었다.

라. **설형문자** 楔形文字

설형문자는 서기전 3500년~서기전 1000년에 걸쳐 수메르, 바빌로니아, 아시리아, 페르시아 등의 서남아시아에서 쓰였던 문자이다. 이 지역에서 썼던 쐐기 모양의 글자인 설형문자 楔形文字 는 모두 360자이다.

가) **수메르 문자**

이 지역의 수메르 Sumer 인 또는 엘람 인들은 인류 최초로 문자를 사용했다. 수메르 사람들은 하늘 또는 신을 의미 하는 별 모양의 문자를 사용한 흔적이 있다. 당시에 별 모양은, 신 神 즉, 하늘의 신 "아누" 를 나타내는 문자였으며 그 글꼴은 다음과 같다:

나) 바빌로니아 문자

바빌로니아에서는 쐐기문자, 아카드어를 사용했다. 하늘 즉, 신을 나타내는 아래와 같은 문자를 사용한 흔적이 발견 되었다:

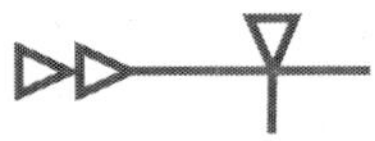

마. 우르남무 법전

우르남무 법전 code of Urnammu 은 수메르의 왕 우르남무가 제정한 인류 역사상 가장 오래된 법전이다. 이 법전은 훗날 바빌로니아의 함무라비 법전은 물론이고, 모든 고대 법전의 표본이 되었다. 서기전 2112년경에 수메르를 재통합, 왕국의 전성기를 이룩한 우르남무 왕은 자, 저울을 만들어 도량형을 통일하고, 경제 질서를 확립했다. 인신매매를 금지하여 가난한 사람들을 보호하고, 학교를 설립하고, 백과사전을 편찬하면서 문학을 발전시켰다. 학교에서는 읽기, 쓰기, 수학, 신학, 지리학, 동식물학, 음악, 미술, 신화, 서사시, 신 神 찬양가 등은 물론 고전 작품에 이르기까지 매우 다양한 분야를 교육했다.

바. 함무라비 왕과 법전

가) 함무라비 왕

함무라비 Hammurabi 는, 현재의 시리아와 사우디아라비아 북부 지역에서 서기전 20세기경부터 유랑하던 아모리 족이다. 함무라비는 서기전 18세기경에 바빌로니아 Babylonia 를 정복, 제1왕조, 제6대 왕이 되었다. 함무라비 왕은 도시재개발과 건설을 주도했으며, 도로 포장에는 돌 블록 stone block 과 천연 역청 흙 natural bituminous soil 을 사용했다. 함무라비는 서기전 1800년경에 함무라비 법전 Hammurabi 's code 을 제정하고, 달력, 도량형, 아카드어 보급에 힘썼다.

나) **함무라비 법전**과 **석비**

함무라비 법전은 설형문자, 즉 쐐기문자 아카드어로 기록된 세계 최고 최 最古 의 성문법 成文法 이다. 함무라비는 왕도 바빌론 Babylon 의 한복판에 석비 石碑 를 세우고 그 표면에 서문, 282개 조항과 결문으로 구성된 함무라비 법전을 새겨 넣었다. 1901년 자크 드 모르간에서 발굴된 현무암 석비는 현재 프랑스 루브르 박물관에 있다. 법전 완본 完本 이 새겨진 이 석비의 크기는 높이 225cm, 폭 79cm, 두께 47cm 이다(사진 1-008). 이 법전에서 말하는 "정의" 는, 사람이 사람다운 삶을 살기위해서는 도시가 필수적이며, 도시를 지탱하기 위해서는 도시의 규율을 지켜나가면서 비로서 참다운 인간으로 성장하는 것이라 했다. 함무라비가 상상한 정의는 196 및 197조항에 적나라하게 기록되어 있다;

-만일 자유인이 다른 자유인의 눈을 다치게 했다면, 그의 눈도 다른 사람에 의해서 다치게 될 것이다.

-만일 자유인이 다른 자유인의 뼈를 부러뜨렸다면, 그의 뼈도 다른 사람에 의해서 부러뜨려질 것이다.

함무라비 법전의 위와 같은 조항으로 인해, 이 법전은 훗날, "눈에는 눈, 이에는 이" 라는 식의 "동태복수법 同態復讐法" 의 전형 典型 이 되었다. 또한 함무라비는 이와 같은 원칙이 도시 바빌론을 지키는 "정의" 라고도 했다. 그러나 함무라비가 서기전 1800년경에 바빌론에서 인간다운 삶을 위하여 제정해 놓은 "정의" 라는 것은 왕족과 귀족만을 위한 노리개였으며, 바빌론 하층민들에게는 불의와 착취의 수단일 뿐이었다. 함무라비가 생각했던 정의의 한계는 198 및 199 조항에 잘 드러나 있다;

-만일 자유인이 소작농의 눈이나 뼈를 다치게 한다면, 자유인은 한 냥 570g 의 은을 지불하면 된다.

사진 1-008: 함무라비 법전 석비 루브르 박물관, 빠리, 프랑스

-만일 자유인이 다른 사람의 노예의 눈이나 뼈를 다치게 한다면, 자유인은 반냥 정도의 은 375g 을 지불하면 된다.

다) **바빌론**의 **사회구성원**

바빌로니아의 왕도 바빌론 Babylon 의 계층별 사회 구성원은 다음과 같다;

-자유인: 10% 이하, 왕족과 귀족

-소작농: 50% 정도, 귀족의 땅을 빌려 노동을 하고 세금을 내는 시민

-하층민: 40% 정도, 전쟁포로, 외국인 노동자 및 세금을 내지 못해 노예로 전락한 시민

사. **태음력** 및 **60진법**

현재 이슬람 문화권의 옛 지역에서는 태음력 太陰曆 을 제정, 사용하였다. 태음력은 달의 만월 滿月 을 기준으로, 즉 보름달에서 보름달까지의 29.53059일을 기초로 하여 만든 역법이다. 1년은 12개월, 1개월은 29일~30일, 1주일은 7일, 1일은 24시간이다. 60진법은 고대 바빌로니아에서 쓰던 기수법 記數法 으로, 60을 한단위로 자리수를 셈한다. 오늘날에도 원둘레는 360°, 1시간은 60분, 1분은 60초 등으로 사용한다. 고대 바빌로니아에서는 10진법도 함께 사용하였다.

(3) **문명 발상 지역** 및 **시기**

메소포타미아 Mesopotamia 문명은 현재의 서남아시아 지역 전체의 고대 문명이다. 이 문명은 신석기 시대 말기인 서기전 西紀前 5000년~3000년경에, 현재 이라크 Iraq 및 이란 Iran 지역인, 티그리스 Tigris 강과 유프라테스 Euphrates 강 하류, 두 강 江 사

이의 유역, 즉 메소포타미아 평야에서 발상했다. 고대 메소포타미아는 현재 이라크의 옛 지명이며, 페르시아 Persia 는 1935년에 이란으로 개칭되었다.

서기전 7000년~6000년경엔 이라크 북쪽지역에 정주한 사람들이 목축과 농경 생활을 하였으며, 남쪽지역에서는 수메르 인들이 정착 생활을 시작 했다. 정착생활이 시작되면서 촌락을 형성하여 씨족사회 氏族社會 를 탄생시켰다. 서기전 3200년경엔 그림문자가 생기고, 인류 최초의 도시국가도 탄생했다. 고대 이 지역에는 수많은 인종, 즉 아카드인, 아무르인, 아시리아인, 칼데아인, 히타이트인, 카사이트인, 메디아인, 페르시아인, 수메르인, 엘람인 등과 그들이 세운 수많은 왕국이 명멸했다. 메소포타미아 문명 발상지에 있었던 대표적인 고대 왕국의 특성은 다음과 같다:

가. **수메르** Sumer

수메르는 서기전 3300년부터 서기전 2340년경까지 메소포타미아 남부 지역에 있었던 수메르 인들의 왕국이다.

가) **수메르 문명**의 **원조**

수메르 문명의 원조는 수메르 사람들이 아니라, 할라프 halaf 사람들이다. 할라프 사람들은 서기전 5000년~4300년경에 그 지역에 도시 "텔 할라프" 를 건설하고, 할라프 문명을 꽃피웠다. 수메르 인들은 서기전 4000년경, 중앙아시아의 어느 곳인가에서 이곳으로 이주, 정착한 사람들이다.

나) **수메르 문명**의 **개화** 및 **소멸**

할라프 문명을 계승 발전시킨 수메르인들은 서기전 3200년경 부터 메소포타미아 남부지역의 패권을 잡고, 그들의 문명을 꽃피웠다. 금석병용기 시대의 문명을 꽃피운 수메르 인들은 구리의 야금술을 발명, 수많은 구리제품을 남겼다. 수메르 왕조는 서기전 2400년경에 엘람 인에게 멸망당한 것으로 되어있다. 서기전 2350년경에는 셈계의 아카드인 사르곤 1세가 우르를 포함한 수메르 전 지역을 정복하고 아카드 제국 Akkadian Empire 을 건설, 수메르 문명을 수용, 계승 발전시켰다. 그러나 서기전 2112년경에는 수메르의 우르남무 왕이 수메르를 다시 통합하고 우르 제3왕조 the third dynasty of Ur 를 세웠다. 수메르 및 아카드 인들의 문명은 훗날 바빌로니아 문명의 토양이 되었다.

나. **바빌로니아** Babylonia

바빌로니아는 서기전 2100년경부터 서기전 1700년경까지 메소포타미아 중부 지역에 있었던 왕국으로 추정된다. 그러나 또 다른 역사 자료에 의하면 바빌로니아 제1왕조는 서기전 1590년대 무렵 히타이트 인들의 침공을 받고 멸망한 것으로 되어 있다. 산악 山岳 민족인 히타이트 Hittite 인들은 카사이트 Kassite 인들과 철기시대를 꽃피운 사람들이다. 바빌로니아 왕국의 뒤를 이은 신바빌로니아 제국은 서기전 538년 페르시아의 아케메네스 왕조 the Achaemenid Dynasty 에 의해 멸망되었다. 아케메네스 왕조는 서기전 559년부터 서기전 330년까지 존재했던 왕조이다. 이로서 메소포타미아의 번영은 끝나고 문명은 페르시아 고원으로 이동했다.

다. **아시리아** Assyria

메소포타미아 북부지역에 있었던 아시리아의 초기 왕국은 청동기 시대인 서기전 20세기~15세기에, 중기 왕국은 서기전 16세기~12세기에 있었으며 철제무기를 사용했다. 아시리아 재건 왕국의 전성기는 서기전 900년~612년경이었으며, 그들의 문명 흔적으로는 점토서판 粘土書板, 부조 浮彫, 도시계획 등이 있다. 아시리아 인들은 서기전 750년경에 건축물 공사에 석재를 사용하였으며, 늪의 왕갈대 줄기를 묶어 건축물의 기둥으로 사용하였다. 그러나 아시리아 인들의 문명은 고대 이집트나 바빌로니아 왕국보다 열세였다. 아시리아 후손들은 서기전 600년경에 성벽을 축조하기 위하여 깨진 돌, 벽돌조각 등을 활용하였다. 또한 서기전 550년경에는 청, 록, 분홍색의 에나멜 벽돌 enameled brick 도 사용하였다. 서기전 145년경에는 로마로부터 수경성 천연 시멘트 hydrauric cement 를 들여다 썼다. 이 시멘트를 풀비스 푸테오라누스 pulvis puteolanus 라고 불렀다 이 시멘트는 석회 lime 에다 모래 섞인 화산재 sandy volcanic ash 를 넣어 만든 것으로 물과 섞으면 돌처럼 굳어진다.

(4) 메소포타미아 문명의 이동

이라크 및 이란 지역, 즉 오늘날 중동 지역에서 발상한 문명은 시간의 흐름에 맞추어 유럽으로 이동하였다. 메소포타미아 문명을 이어 받은 페르시아 제국 Persian Empire 은, 서기전 569년에 아케메네스 Acheamenes 왕조를 세웠다. 이 왕조의 다리우스 황제는 서기전 490년 9월 12일 마라톤 평야 전투에서 아테네 군에 패한 다음 서기전 486년에 사망했다. 다리우스 황제의 장남 크세르크세스 1세는 서기전 480년에 그리스 북부를 함락시켰으나, 같은 해 8월 사라미스 만 灣 해전에서 대패 한 후, 기원전 477년에 암살당했다. 아케메네스 왕조의 마지막 황제 다리우스 3세는 서기전 334년 5월, 그라니우스 전투에서 마케도니아의 알렉산드로스 대왕에게 패했다. 서기전 330년 4월에는 아케메네스 왕조의 왕도 페르세폴리스가 함락되었고, 그해 여름 다리우스 3세는 피란길에 살해당했다. 서기전 331년, 페르시아 멸망과 함께 이 지역의 문명은 서양, 즉 그리스로 이동했다.

2) 고대 이집트 문명

(1) 문명의 특성

이집트 문명은 서기전 3200년경에서 서기전 3100년경에, 현재 이집트 나일 Nile 강 하류 유역에, "햄족" 이 정착하면서 발상한 문명이다. 이집트 문명은, 지리적 특성상 개방적일 수밖에 없는 메소포타미아 문명과는 달리 폐쇄적이었다(사진 1-009). 이지역의 나일 강은 주기적으로 범람하여 강 하류 지역에 홍수 피해를 입혔다. 그러나 이집트 사람들은 자연에 순응하여 살면서, 강의 범람은 신의 축복이라고 생각했다. 물이 빠져 비옥한 토지가 생기면 농사를 지었다. 이집트 문명의 근간인 이집트 사람들의 종교적 사상은 현세는 잠시 머무르다 가는 곳이고, 영혼의 세계는 영원한 안식처였다.

사진 1-009: 이집트 문명 발상지

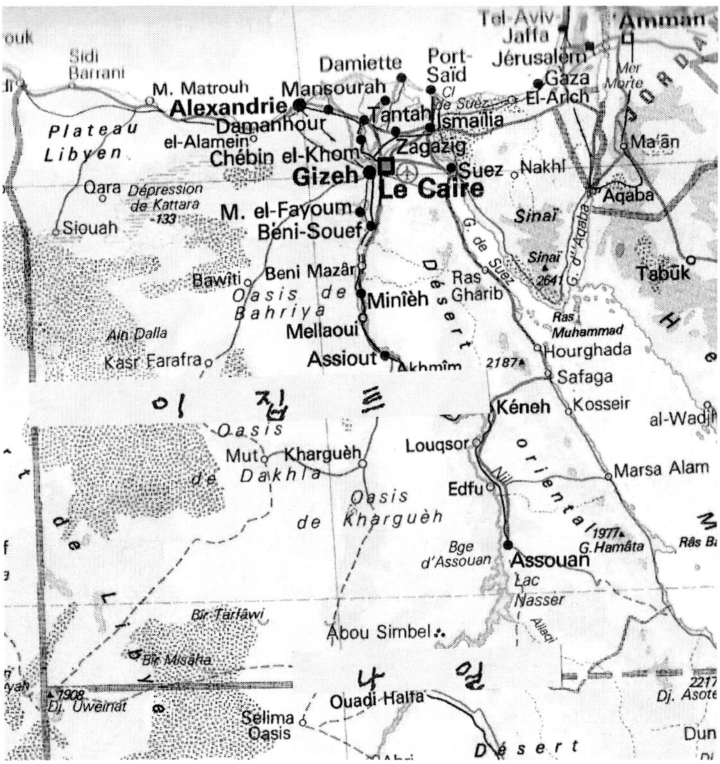

(2) 문명 유적 및 유물

고대 이집트 문명의 대표적 종교적 유적에는 왕가의 계곡, 대신전 大神殿, 피라미드, 스핑크스 등이 있으며, 유물에는 오벨리스크, 미라 mirra, 황금마스크, 로제타석, 파피루스, 사자의 서, 평화조약문, 상형문자, 십진법 등이 있다.

가. 이집트 문명 유적

가) 왕가의 계곡

왕가 王家 의 계곡은 이집트 신왕국 시대의 왕 및 왕비의 암굴 岩窟 무덤이다. 왕가의 계곡에는 투탕카멘, 람세스 1~4세, 아멘호테프 2세 등의 무덤이 있다. 왕가의 계곡은 현재 이집트 남부 나일강 유역 룩소르 Luxor, 즉 옛 지명 테베 Thebes 에 있다.

나) 대신전 및 오벨리스크

현존하는, 고대 이집트 왕조의 대표적인 대신전 大神殿 은 카르나크 신전, 아몬 대신전과 그 부속 신전인 룩소르 Luxor 신전이다. 카르나크 신전과 아몬 대신전은 "승리의 길" 로 연결되어 있다. 아브심벨의 람세스 2세 대신전과 신전, 데이르 엘-바흐리 Deir El-Bahri, 즉 이집트 최초의 여왕인 하셉수트 Hapshepsut 의 장제전 葬祭殿 등도 유명하다.

(가) 룩소르 신전

태양신 "아몬 라" 를 모시고 있는 룩소르 신전에는 람세스 2세 Ramses II 의 거대한 좌상 및 입상 6개와 2개의 오벨리스크가 있었다. 그러나 현재 룩소르 신전에는 좌상 2개와 입상1개, 그리고 오벨리스크 1개만 남아 있다(사진 1-010). 신전에서 없어진 오벨리스크 1개는 현재 프랑스 빠리의 꽁꼬르흐드 광장 place de la concorde 에 있다. 19왕조, 제3대 왕인 람세스 2세는 위대한 이집트 문명의 건설자이다. 람세스 2세는 자신의 조각상을 비롯해서 수많은 신전, 장례전 葬禮殿, 신문 神門 등을 건설했다. 람세스 2세는 구약성서, 모세 오경 중 하나인 출애굽-기 出埃及-記 와 관련이 있다.

사진 1-010: 룩소르 신전의 오벨리스크 룩소르, 이집트

사진상; 룩소르 신전의 정문, 제1탑문에는 람세스 2세의 좌상 2개, 입상 1개 그리고 오벨리스크 1개가 남아 있다. 탑문 앞쪽에 보이는 석상은 람세스 2세의 좌상과 입상이다. 제1탑문 좌우에는 원래 각각 한 개씩, 2개의 오벨리스크가 있었으나 현재는 왼쪽에 한 개만 남아있다. 룩소르 신전 오른쪽에서 없어진 오벨리스크 1개는 현재 프랑스 빠리의 꽁꼬르흐드 광장에 있다. 사진 하; 신전 야경

(나) 오벨리스크 Obelisk

이집트의 수많은 신전 앞에는 오벨리스크가 세워졌다. 특히 현존 고대 이집트의 최대 규모인 카르나크 신전은, 18왕조 시대인 서기전 1567년경부터 수백 년에 걸쳐 증축과 개축을 반복했다. 이들 신전 앞에는 오벨리스크가 세워졌다(사진 1-011). 오벨리스크에는 태양신 "아몬 라" 에게 바치는 종교적 헌사와 파라오의 생애를 기리는 내용이 새겨져 있다. 지금도 아몬 대신전 앞과 그 부속 신전인 룩소르 신전 앞에는 오벨리스크가 남아있다. 규모가 큰 하셉수트 Hapshepsut 여왕의 오벨리스크는 높이 29.5m, 무게 430톤이다. 카르나크 신전에 있었던, 높이 33m 의 투트모스 3세의 오벨리스크는 현재 로마의 바티칸 광장에 있다.

사진 1-011: 아몬 대신전의 오벨리스크 룩소르, 이집트

허리가 잘려 누워 있는 오벨리스크 뒤편에 보이는 두 개의 오벨리스크 중, 작은 것이 투트모스 1세의 것이고, 큰 것이 하셉수트 여왕의 것이다.

다) 피라미드 및 스핑크스

"피라미드" 라는 말은 그리스어 "피라미스" 에서 유래한 것이라고 한다. 고대 이집트 사람들은 피라미드를 "메르" 라고 불렀으며, 아랍어로는 '아흐람" 이라고 한다. 피라미드는 고대 이집트의 국왕과 왕비를 비롯한 왕족의 무덤으로 알려지고 있다. 또한 피라미드는 왕, 즉 파라오 자신의 힘과 국력을 과시하고, 내세에서도 영혼 불멸을 바라는 마음이 담겨진 건축물이기도 하다. 이집트의 피라미드는 나일 강이 범람하는 홍수철의 유휴 노동력을 활용하여 건설한 것으로 알려 지고 있다. 현재 이집트 수도 카이로 서쪽, 아부 라와슈에서 나일강변을 따라서 엘-라훈에 이르기까지의 지역에는 80여기의 피라미드와 스핑크스가 산재해 있다. 그들 중 외형이 거의 완벽한 상태로 남아 있는 피라미드와 스핑크스는, 카이로 서남쪽 약 15km 지점, 기자 Giza 지구에 있는 3대 피라미드와 스핑크스이다. 이들은 현재 이집트를 대표하는 문명 아이콘이며, 유네스코 문화유산 중에서도 가장 위대한 건축물로 손꼽히고 있다. 피라미드 건설에 사용된 석회석은 카이로 근교 나일강 양쪽 기슭에서(사진 1-012), 화강석은 기자에서 남쪽으로 950km 이상 떨어진 나일강 상류 아스완 지역의 채석장(사진 1-013)에서 운반해온 것으로 추정된다.

(가) 계단형 피라미드

이집트 역사상 최초의 석조 건축물인 계단형 피라미드는, 이집트 고왕국 시대, 제3왕조의 2대왕인 조세르 Zoser 가 서기전 2778년경에 건설했다. 계단형 피리미드는 현재 이집트 기자 Giza 남쪽 사카라 Saqqara 에 있다.

(나) 기자의 3대 피라미드

고왕국 전성기인 제4왕조 시대는 피라미드 건축의 황금기로, 기자 지역에 현존하는 3대 피라미드를 건축했다(사진 1-014). 이 3대 피라미드의 배치는 오리온 별자리의 배열과 일치한다고

사진 1-012: 나일 강변 채석장 카이로 근교, 이집트

사진 1-013: 아스완 채석장 아스완, 이집트

사진 1-014: 멘카우레, 카프레, 쿠푸 왕 피라미드 기자, 이집트
왼쪽부터 멘캐우레, 카프레 및 쿠푸 왕 피라미드, 세계 7대 불가사의 건축물 중 하나인 이들은 유네스코 세계문화유산이다.

한다. 제4왕조 시대의 왕은 그야말로 사람이자 신이었다. 제4왕조의 쿠푸, 카프레, 멘카우레 왕은 각각 거대한 피라미드를 건축 했다. 쿠푸 왕은 카프레 왕의 할아버지이고, 멘카우레 왕은 카프레 왕의 아들이다. 이 불가사의한 건축물들은 서기전 2650년경, 심지어는 서기전 4500년경에 건설되었다는 주장도 있다. 쿠푸 왕 피라미드의 높이는 146.6m, 카프레 왕의 피라미드는 143m, 멘카우레 왕의 피라미드는 65.5m 이며, 이들은 동북-서남 축의 일직선상에 150m 간격으로 배치되어 있다. 모든 피라미드는 석회석으로 쌓아 올린다음 화강석 판재로 표면을 덮어 마감했으나, 표면은 모두 파괴되었다. 현재는 카프레왕 피라미드 정상에만 아주 조금 그 흔적이 남아 있다(사진 1-015).

사진 1-015: 카프레 왕 피라미드 정상의 화강석 판재

카프레 왕 피라미드의 정상에 표면 마감 재료였던 화강석 판재가 남아있다. 사진 왼쪽은 쿠푸왕 피라미드의 모서리 일부가 붕괴된 모습이다.

(다) 쿠푸왕 피라미드

이집트 고왕국, 제4왕조 2대 파라오인 쿠푸 Khufu 의 피라미드는 서기전 2650년경에 건축된 것으로 추정되며, 현존하는 피라미드 중 가장 크다. 쿠푸를 케옵스 Cheops 라고도 하는데 쿠푸는 이집트식 이름이고 케옵스는 그리스식 이름이다. 쿠푸왕의 피라미드 건설에는, 20여 년 동안 10만 명의 장인과 노동자들이 동원 된 것으로 추정된다. 쿠푸왕의 피라미드는 세계7대불가사의 건축물 중에서 원형이 거의 그대로 보존된 유일한 건축물이다. 정사각뿔 형태의 쿠푸 왕 피라미드의 밑변 길이는 230.5m 이고, 사각뿔 정점까지의 높이는 146.6m 이다. 그러나

현재 측정된 높이는 137m 이다. 피라미드의 정점 부분이 붕괴, 침하되었기 때문이다. 그러나 원상 복구가 어려워 정상 부분에 원래의 높이를 표시하기 위하여 길이 9.6m 의 철봉을 박아두었다. 이 피라미드는 사암지반 위에, 대체로 중량이 2.5톤 정도인 석회석 230여만 개를 쌓아올려 축조되었다. 그러나 수천 년 동안의 침하량이 불과 5mm 정도라는 사실은 현대 건축기술로서도 불가사의 한 일이다.

기자의 3대 피라미드 중 현재 관광객들이 피라미드 내부까지 들어갈 수 있는 피라미드는 쿠푸왕 피라미드뿐이다. 현재 관광객들이 출입하고 있는 쿠푸왕 피라미드의 현실 玄室 출입구는, 9세기에 아바스 왕조의 칼리프, 알 마문이 도굴을 위해서 파헤쳐 놓은 곳이다(사진 1-016). 피라미드의 내부에는 대회랑, 왕과 왕비의 방, 내려가는 통로, 올라가는 통로, 수평 통로, 환기통 등이 있다. 환기통은 철판에 금도금을 해서 만들었다. 왕의 방, 즉 현실은 피라미드 바닥에서 3분의 1높이에 있다. 피라미드의 현실 및 현실에 이르는 터널식 대회랑은 붉은 색 화강석으로 축조되었다. 대회랑의 길이는 무려 46m 이다.

(라) 기자의 스핑크스

카프레왕 피라미드의 앞, 즉 피라미드의 동쪽에는, 태양신의 상징이며 왕의 권력을 상징하는 신비스러운 스핑크스가 있다. 이 스핑크스는 편안한 자세로 앉아 해가 뜨는 동쪽을 응시하면서 카프레 왕을 지켜주고 있다(사진 1-017). 삶과 죽음의 경계에서 피라미드를 지키고 있는 스핑크스는, 서기전 2700년에서 2200년, 이집트 고왕국시대의 제4왕조 시대에 만들어진 것으로 추정된다. 거대한 석회석 덩어리를 깎아 만든 이 스핑크스의 전체 길이는 약 70m, 너비 6m, 높이 20m 이다. 인간의 얼굴에 사자의 몸을 가지고 있는 이 스핑크스의 얼굴은 카프레 왕의 생전의 얼굴을 본뜬 것이라고 이집트 학자들은 생각하고 있다.

사진 1-016: 죽은 자의 불안한 안식처 쿠푸왕 피라미드, 기자, 이집트

도굴꾼들이 파헤쳐 놓은 구멍을 통해서, 현재 관광객들은 쿠푸왕 피라미드의 현실로 들어간다.

사진 1-017: 스핑크스 기자, 이집트

사진 좌; 인간의 얼굴에 사자의 몸을 가진 스핑크스는 카프레 왕 피라미드의 앞, 즉 피라미드의 동쪽에 편안한 자세로 앉아 해가 뜨는 동쪽을 응시하면서 카프레 왕을 지켜주고 있다. 사진 우; 스핑크스 측면 모습

나. 이집트 문명 유물

가) 미라 mirra, mummy

미라는 사람이 죽은 뒤 다음 세상이 있다고 믿었던 문명권의 사회에서 흔히 볼 수 있는 유물이다. 이집트 사람들은 사람이 죽으면 나중에 영혼이 되돌아 올 것으로 생각하여 사람의 육신을 원형 그대로 건조시켜 보존했다. 미라에는 자연 상태에서 오랫동안 우연히 만들어진 천연 미라와 사람들이 인위적으로 만든 인공미라가 있다. 미라를 처음 만든 사람들이 이집트 사람들은 아니지만, 가장 유명한 미라는 이집트 미라이다. 이집트 사람들은 서기전 3000년경부터 3세기에 이를 때까지 미라를 만들었다. 사람이 죽으면 70일 동안 미라를 만들고 천으로 감싼 다음 사자 死者 의 서 書 와 함께 묻었다. 미라를 감싼 천에는 죽은 사람과 관련이 있는 내용을 상형문자로 기록했다. 미라의 머리 부분에는 죽은 사람의 생전 모습과 똑같은 마스크를 만들어 씌었다. 사람이 죽을 때 떠나간, 죽은 이의 영혼이 돌아와서 쉽게 알아 볼 수 있도록 하기 위함이다.

나) 황금 마스크

황금 마스크의 주인공은 소위 "소년왕" 으로 불리는 투탕카멘 Tutankhamun 이다. 고대 이집트 18왕조, 제12대 왕인 투탕카멘은 10세에 즉위하여 18세에 요절한 실권 없는 파라오였으므로 알려진 것이 거의 없었다. 투탕카멘의 재위 기간, 즉 서기전 1361년부터 서기전 1352년까지의 실권은 아몬 신 神 사제들이 행사했다. 투탕카멘의 무덤은, 신왕국 파라오들의 무덤이 있는 룩소르 "왕들의 계곡" 에 오랫동안 도굴되지 않은 채로 있었다. 투탕카멘을 유명하게 만든 것은 무덤 발굴 후, 발견된 황금 마스크 때문이다.

다) 로제타 석 Rosetta stone

로제타 석은 고대 이집트 상형문자, 즉 히에로글리프 해독의 단서가 된 비석이다. 이집트를 침공한 나폴레옹 군대의 병사가, 1799년 8월 로제타 시에서 진지를 구축하다가 우연히 발견한 돌기둥이 로제타 석이다. 로제타 석에는 고대 이집트 상형문자, 고대 이집트 민중 문자인 데모틱 그리고 그리스어 문장, 즉 프톨레마이오스 5세가 서기전 196년에 내린 칙령 등이 새겨져 있었다. 그러나 로제타 석의 비문 내용의 해독이 끝난 것은 로제타석이 발견된 후 20여년이 지난 다음이다. 프랑스의 이집트역사 학자 샹뽈리옹 Jean François Champollion 이 로제타 석의 상형문자를 완전히 해독한 것은 1822년이었다. 로제타 석의 비문 판독 성공으로 고대 이집트 문명 세계의 신비가 하나씩 풀렸다.

라) **파피루스**

파피루스 papyrus 는 일반적으로 식물, 이집트에서 만든 종이 또는 파피루스에 적은 고대 문서의 총칭 등의 의미를 갖는다. 파피루스는 나일 강 유역에서 자라는 사초과 莎草科 의 다년생 초목 草木 으로 줄기는 1~2m 높이로 자란다. 파피루스는 세상에서 가장 오래된 종이 원료이며, 보트, 돛대, 매트, 의류, 식품 등의 재료로도 활용된다. 파피루스는 고대 이집트 시대부터 서기 후 9세기경까지도 많은 용도로 사용되었다. 파피루스로 종이를 만드는 방법은 다음과 같다:

-파피루스 줄기를 얇고 길게 찢어 낸다.
-얇게 찢은 줄기 섬유를 종횡으로 겹쳐 밀착한다.
-표면을 매끈하게 다듬는다.

마) **사자**의 **서** 死者의 書

신왕국 시대, 즉 서기전 1555년부터 1080년 이후까지도, 이집트 사람들은 사람이 죽으면, 죽은 사람의 미라 mirra, mummy 와 함께, 두루마리 형태로 된 책, 즉 "사자의 서" 를 함께 묻었다.

서기전 13세기 이집트에서 제작된 것으로 추정되는, 후네페르 Hunefer 의 "사자의 서" 가 프랑스 빠리의 루부르흐 박물관 Musée du Louvre 에 전시되어있다(사진 1-018). 후네페르는 고대 이집트 제19왕조, 세티 1세 대왕 大王 시절의 사제 司祭 였다. 후네페르는 자신이 죽은 후 통과해야만 하는 과정을 파피루스 위에 그림과 문자로 남겼다. 이 "사자의 서" 에 있는 그림은, 왼쪽으로부터, 자칼 머리를 한, 시체를 방부처리 하는 신 "아누비스 Anubis " 가 후네페르를 심판의 장소인 천칭 앞으로 데리고 가고 있는 모습을 보여준다. 천칭의 왼편에는 후네페르의 심장을 올려놓고, 오른편에는 타조 깃털인 "마아트 maat" 를 올려놓고 무게를 잰다. 천칭이 평형을 이루고, 문자와 기록의 신 "토트" 의 판결을 통과해야 다음 세계로 넘어갈 수 있다. 그렇지 못하면 후네페르는 여기서 괴물 "암무트" 에게 잡아먹히고 무존재 無存在 가 된다. 이런 심판을 통과하면 후네페르는, 송골매 머리를 한 태양신 "호루스" 의 안내로 부활의 신 "오시리스" 에게 인도되어 사후세계로 들어간다. 파피루스에 상형문자로 기록된, 세계 최초의 종이 책인 "사자의 서" 의 일반적인 내용은 다음과 같다:

-죽은 사람들이 안전하게 다음 세상에 도착하기를 기원하는 기도문

-여러 가지 사건에 부딪칠 때 외우는 마법의 주문 呪文

-신들에 대한 서약

-죽은 자의 심판

바) **람세스 2세**의 **평화조약문**

이 평화 조약, 즉 이집트-히타이트 조약은 이집트의 람세스

사진 1-018: 사자의 서 189×144cm, 루브르 박물관, 빠리, 프랑스

사제, 후네페르의 "사자의 서", 왼쪽으로부터, 시체를 방부처리 하는 신 "아누비스" 가 후네페르를 심판의 장소인 천칭 앞으로 데리고 가, 천칭의 왼편에는 후네페르의 심장을 올려놓고, 오른편에는 타조 깃털인 "마아트" 를 올려놓고 무게를 잰다. 천칭이 평형을 이루고, 문자와 기록의 신 "토트" 의 판결을 통과해야 다음 세계로 넘어갈 수 있다. 그렇지 못하면 후네페르는 여기서 괴물 "암무트" 에게 잡아먹히고 "무존재" 가 된다. 이런 심판을 통과하면 후네페르는, 태양신 "호루스" 의 안내로 부활의 신 "오시리스" 에게 인도되어 사후세계로 들어간다.

2세와 히타이트의 하투실리스 3세 Hattushilis III 가, "카데시 Qadesh" 전투이후 16년만인, 서기전 1259년에 맺은 조약이다. 이집트의 람세스 2세와 히타이트의 왕 무와탈리스는 카데시에서 오랜 기간에 걸쳐 치열하고 지루한 전투를 벌였으나 승자 없이 국력만 소모했다. 무와탈리스는 하투실리스 3세의 선대왕이다. 카데시는 현재 시리아와 터키의 국경에 있었던 도시였으나 이집트가 점령, 이집트의 무역 중심지가 되었다. 이 조약은 사상 최초의 평화조약이었으나, 쌍방의 조약문 문구에는 약간의 차이가 있었다. 조약문에는 전황 戰況 을 아전인수식으로 해석, 서로 승리했다고 적었기 때문이다. 조약의 기본내용은 상호불가침, 기존의 양국 국경선 인정이었다. 이집트 조약문서는 신성문자로, 히타이트 조약문서는 쐐기문자로 각각 기록되었다. 오늘날의 국제조약 관행과는 조금 다른 방법이다. 이들 조약문은 이집트에서는 카르낙 신전 벽면, 라메세움의 벽면 그리고 아부심벨 신전에 남아있으며, 히타이트에서는 점토판에 남아있다.

사) **상형문자**와 **십진법**

이집트인들은 지금부터 약 5천 년경 이전부터 독창적인 문자, 히에로글리프 Hieroglyph 즉 상형문자 象形文字 와 십진법을 사용하였다. 상형문자는 약 3천년 동안의 이집트 왕조 내내 사용되었다. 상형문자는 사물을 본떠 그 사물이나 그 것에 관련이 있는 관념을 나타낸 문자이다. 이집트 상형문자는 천체 天體, 자연현상, 동식물, 신 神, 인간, 주거 住居, 가구 家具 등의 모양이 시각적으로 잘 정리된 형태를 갖추었다. 그러나 이집트에서는 대개, 신관 新官 들이 상형문자를 사용하였기 때문에, 고대 그리스 인들은 이 문자를 신성문자 神聖文字, 즉 성스러운 문자라고 불렀다. 상형문자는 점차 선형문자 線形文字 및 설형문자로 발전했다.

(3) **이집트 문명**의 **이동**

현재의 이집트 지역에서 발상한 고대 이집트 문명은, 왕조의 멸망과 함께 시간의 흐름에 맞추어 서양, 즉 그리스 및 로마 제국의 문명에 녹아들었다. 메소포타미아, 페르시아 및 이집트 문명을 이어 받은 그리스, 즉 아테네는 과거의 야만적인 문명으로부터 스스로를 분리시켜 서양문명의 모체가 되는 도시 문명의 상징인 그리스 문명을 탄생시켰다.

(4) **문명 발상지 연대기**

고대 이집트 왕조의 문명은, 서기전 3200년경 또는 3100년경부터 발상한 문명이다. 그러나 서기전 18세기 중반부터 16세기 중반까지 200여 년 동안은 외세, 즉 아시아계, 특히 팔레스타인에게, 그리고 서기전 11세기 중반부터 서기전 7세기 중반까지 400여 년 동안은 외세, 즉 리비아, 누비아 Nubia, 아시리아 등에게 왕권을 빼앗겼다. 왕권을 빼앗겼던 600여 년 동안에는 외세 문명이 개입 되었다. 이어서 이집트 후기왕조 말기인 서기전 6세기경부터는 페르시아 및 그리스의 지배를 받으면서, 그들의 문명에 영향을 받았다. 서기전 30년에서 서기 후 337년까지 이집트가 완전히 로마제국의 일부가 되었던 시기에는 로마제국의 문명의 영향을 받았다.

고대 이집트 왕조 王朝 는 크게 고왕조, 중왕조, 신왕조로 분류된다. 그러나 이집트 왕조에 대해서는 전해져 내려오는 명확한 기록이 많지 않아 왕조의 연대를 정확하게 구분하기는 쉽지 않다. 이집트인들은 왕조 王朝 의 왕을 파라오 Pharaoh 라고 불렀다. 파라오는 이집트의 최고 통치자이자 정치적, 종교적 지도자였다. 서기전 3세기, 프톨레마이오스 왕조 시대의 이집트 역사학자 마네토 Manetho 는 약 3000년 동안의 이집트 왕조를 30개 왕조로 구분했다. 그의 왕조 구분과 현대 프랑스인 이집트 연구 전문가 노블르꾸르흐 Christiane Desroches Noblecourt 가 분류한 왕조를 참고로 하여 분류한 이집트 왕조의 연대기는 다음과 같다.

가. 왕조 이전 以前 시대

이집트 고대 왕조 출현 이전인 서기전 4000년경부터 서기전 3100년경까지, 하下 이집트와 상上 이집트의 두 세력이 공존하는 원시 왕조 시대 protodynastic period 이다. 하 이집트는 나일 Nile 강 하류 지역과 강 하구 河口, 삼각주 三角洲 의 검은 땅 지역이고, 상 이집트는 나일 Nile 강 상류 지역과 사막 지역의 붉은 땅 지역이다.

나. 초기 왕조 시대

서기전 3100년경부터 서기전 2700년경까지 약 400년 동안의 제1왕조 및 제2왕조는 이집트 최초의 통일 왕조였다. 서기전 3150년경, 상 이집트의 "메네스 Menes 또는 나르메르? " 왕이 상하 이집트를 통일하고, 왕도 王都 를 "멤피스" 로 정했다. 멤피스는 나일강 중류 지역인 티니스 Thinis 에 있었으므로 초기 왕조 시대를 티니스 시대라고 한다. 이 시기에 왕은 신, 즉 신-왕 神王, God-King 이라는 개념이 확립되었다. 신왕의 개념은 사람 위에 군림 君臨 하는 것이 아니라, 우주의 삼라만상 森羅萬象 처럼,

진리, 정의, 질서에 순종하여 통치하는 것이다. 초기 왕조 시대는 왕이 직접 통일 이집트를 다스리는 시대의 서막이었다. 초기 왕조는 문자 "히에로글리프" 를 정비하고, 1년이 365일인 역법 曆法 을 완성했다.

다. 고왕국 古王國 시대

서기전 2천7백 년경부터 서기전 2200년경까지 약 500년 동안은 이집트 제3왕조에서 제6왕조까지의 시대였다. 고왕국 제3, 제4 및 제5왕조는 피라미드 건축의 전성기였다. 특히 제4왕조 시기에는 신왕 神王 개념을 더욱 발전시켰으며, 거대한 피라미드는 그 개념의 표출이었다. 당시 이집트의 주신은 프타 Ptah 였다. 제5왕조부터는 왕의 권위가 흔들렸으며 제6왕조에 와서는 왕조의 세력이 완전히 약화되었다.

라. 제1차 왕권 상실 시기

서기전 2200년경에서 서기전 2060년경까지, 약 140년 동안은 이집트 제7왕조에서 제11왕조 초기까지였다. 제11왕조 초기부터는 왕조가 지배력을 상실한 혼란기였다.

마. 중왕국 中王國 시대

서기전 2060년경부터 서기전 1786년경까지 약 274년 동안은 이집트 제11왕조 중기에서 제12왕조까지의 시대였다. 혼란기인 제11왕조는 마네토 왕이 다스렸고, 제12왕조 때는 테베의 왕자 멘투호텝 2세가 상하 이집트를 재통일하고, 아메네메트가 왕조의 세력을 키웠다. 세소스트리스 Sesostris 3세와 아메네메트 3세는 이 왕조의 황금기를 누렸으나 그 후로는 국력이 약화되고 나라가 분열되었다. 결국 제12왕조는, 오래전부터 이집트로 들어오기 시작한 아시아계, 특히 팔레스타인 지역에서 들어온 이민 移民 들에게 실권을 빼앗겼다.

바. 제2차 왕권 상실 시기

서기전 1786년경부터 서기전 1555년경까지, 약 231년 동안은 이집트 제13왕조에서 제17왕조까지의 이민족 異民族 통치 시기였다. 이시기에는 이민족 異民族 통치자들, 즉 힉소스 Hyksos가 실질적인 왕권을 행사했다. 이들을 힉소스 왕조라고도 한다.

사. 신왕국 新王國 시대

서기전 1555년경부터 서기전 1080년경까지, 약 475년 동안은 이집트 제18왕조에서 제20왕조까지의 시대로, 이집트 제국 New Kingdom 또는 Egyptian Empire 시대였다. 제18왕조 때는 테베의 왕가 王家 출신인 아흐모세가 힉소스 세력을 소탕하고 상하 이집트를 다시 통일했다. 아멘호텝 3세는 왕조의 번영을 이룩했고, 아멘호텝 4세는 왕도를 중부지방 엘-아마르나 El-Amarna 로 옮기고, 신도시 아케타텐을 건설했다. 제19왕조 때는 3명의 대왕 大王, 즉 람세스 1세, 세티 1세 그리고 람세스 2세가 번영을 누렸다. 그러나 제20왕조에 들어와서는 사제 司祭 들이 정권을 농단 壟斷 하면서 왕조는 서서히 몰락했다.

아. 제3차 왕권 상실 시기

서기전 1080년경부터 서기전 663년경까지, 약 417년 동안은 이집트 제21왕조에서 제25왕조까지의 시대였으며, 외세, 즉 리비아, 누비아, 아시리아 등의 침입을 받고 왕권을 빼앗긴 혼돈과 좌절의 시기였다. 특히 누비아 Nubia 인들은 상 上 이집트 전역과 중 中 이집트 멤피스까지 침입, 약탈을 일삼았다. 이 시기 각 왕조의 개략적인 존속 기간은 다음과 같다.

가) 제21왕조

이 왕조는 서기전 1080년경부터 서기전 945년경까지, 약 135년 동안 존속했던 왕조였다. 이 시기엔 테베의 아멘 대사제단이 이집트 남부에서 독자적인 세력을 구축하고 나일강 삼각주에 이르기까지의 영역을 통치했다. 그러나 이들은 이집트의 파라오가 아니기 때문에 왕조로 인정받지 못한다.

나) **第22왕조** 및 **第23왕조**

리비아 사람 및 리비아 출신 사람들이 통치했던 왕조로 알려진 제22왕조 및 제23왕조는, 왕조의 존속 시기가 분명치 않다. 다만 그시기를 서기전 945년 또는 818년경부터 서기전 747년 또는 715년경까지로 추정할 뿐이다.

다) **第24왕조**

제24왕조 역시 리비아 사람들이 통치했던 왕조로, 서기전 732년경부터 서기전 720년경까지 존속했던 것으로 추정된다.

라) **第25왕조**

누비아인 점령기간에 존속했던 제25왕조 역시 그 존속 기간이 분명치 않다. 이 왕조는 서기전 747년경 또는 서기전 715년경부터 서기전 663년까지 존속했던 것으로 추정된다.

자. **후기 왕조 시대**

서기전 663년경부터 서기전 332년까지, 331년 동안은 이집트 제26왕조부터 제31왕조까지의 시대였다. 이 시기 각 왕조의 존속 기간은 다음과 같다.

가) **第26왕조**

제26왕조는 아시리아 인을 격퇴하고 이집트 왕조를 부흥시켰다. 이 왕조는 서기전 663년경부터 서기전 525년까지, 138년 동안 존속했다.

나) **第27왕조**

서기전 525년부터 서기전 404년까지, 121년 동안 존속했던,

제27왕조는 페르시아의 1차 침공을 받고 왕권을 빼앗겼다. 페르시아 왕 캄비세스 2세는 서기전 525년 이집트 원정 완성 단계에서 페르시아에서 반란이 일어나 급거 귀국, 반란 진압 중 사망했다. 캄비세스 2세는 귀국하면서 총독을 두고 가혹하게 통치하였으나, 저항이 심했다. 서기전 485년 하 이집트 삼각주 지역에서 반 페르시아 봉기를 일으키자, 페르시아 왕 크세르크세스 1세는 무자비하게 반란을 진압했으나, 귀국 후 서기전 477년에 암살당했다. 페르시아는 계속 해서 여러 왕이 암살당하고, 현재 그리스 지역에 있었던 도시국가 아테네와의 패권 다툼 전쟁으로 인해 국력이 약해졌다.

다) 제28왕조

서기전 404년부터 서기전 399년까지, 5년 동안 존속했던 왕조이다. 이 왕조 때는 "사이스" 출신의 아미르타에우스가 반 페르시아 투쟁에서 승리하고 왕권을 회복했다.

라) 제29왕조

서기전 399년부터 서기전 380년까지, 19년 동안 존속했던 왕조이다. 이 왕조는, 페르시아와 그리스의 도시국가가 패권 다툼 전쟁을 치루는 사이 다시 국제무대에 등장했다.

마) 제30왕조

서기전 380년부터 서기전 343년까지, 37년 동안 존속했던 왕조이다. 이 시기에 페르시아 군은 또다시 이집트를 침공했다. 제30왕조의 마지막 왕 넥타네보가 침공한 페르시아 군에 패하고, 누비아로 도망감으로서 실질적으로 이집트 왕조는 끝났다. 이집트 역사학자 마네토는 제30왕조를 이집트의 마지막 왕조라고 주장했다.

바) 제31왕조

제31왕조는 서기전 343년부터 서기전 332년까지, 11년 동안 존속했다. 이 왕조는 페르시아의 아케메네스 왕조의 일부가 되어 또다시 페르시아 왕의 통치를 받았다. 대부분의 이집트 역사학자들은 제31왕조를 끝으로 이집트 왕조는 끝났다고 주장한다.

그리스 지역 도시국가 중의 하나였던 마케도니아 왕국의 알렉산드로스 대왕 Alexandros the Great, 즉 그리스의 알렉산더 대왕 Alexánder the Gréat 은 서기전 332년에 군대를 이끌고 이집트 원정에 나섰다. 이집트인들은 그들을 페르시아 통치로부터 자신들을 해방시켜줄 해방자로 환영했다. 알렉산드로스 대왕은 나일강 삼각주 서편에 도시, "알렉산드리아" 를 건설, 이집트 최대 도시로 발전시켰다. "알렉산드리아" 는 알렉산드로스의 도시라는 뜻이다. 이집트 원정 후 알렉산드로스 대왕은, 이집트 통치를 마케도니아인, 그리스인, 이집트인 등의 행정관에게 맡기고 이집트를 떠났다. 서기전 356년에 출생한 알렉산드로스 대왕은 서기전 323년에 바빌론에서 사망했다. 알렉산드로스 대왕이 죽은 후, 이집트는 휘하 장수이며, 마케도니아 귀족인 프톨레마이오스 1세의 수중에 떨어졌다.

(가) 알렉산드로스 대왕

마케도니아의 왕, 알렉산드로스는 이집트, 페르시아, 인도 북서부 등을 정복, 미증유 未曾有 의 대 제국을 건설한 불세출 不世出 의 영웅이다. 반면 알렉산드로스 대왕에게는 희대의 대량 학살자라는 오명 汚名 도 있다. 알렉산드로스 대왕은 고유 그리스 문명에 오리엔트 문명이 가미된 그리스 문명, 즉 헬레니즘 Hellenism 이 꽃피울 터전을 마련했다.

알렉산드로스 대왕은 고대 그리스 계통 系統 의 후손은 아니고, 서기전 6~7세기경 이주한 남 南 스라브 계통의 후손이다. 고대 그리스 도시 국가 연합에 있었던 수많은 도시국가 중 세력이 가장 강했던 마케도니아는 현재의 그리스 북부 대부분과 구-유고슬라비아연방 남부지역을 통치했다. 고대 마케도니아 왕국의 명칭은, 2018년 6월 "북마케도니아공화국 Republic of North Macedonia" 으로 확정되었다. 고대 마케도니아 왕국의 역사적 유산을 서로 차지하려는 그리스와의 다툼 때문에 마케도니아라는 국명을 못 쓴 것이다. 그리스의 편협한 민족주의자들은, 자국 自國 이 고대 마케도니아 왕국의 역사적 정통성을 계승 했다고 주장하면서, 알렉산드로스 대왕도 자신들의 선조라고 주장한다. 수백 개의 도시국가 연합체였던 고대 그리스는 모두 같은 언어인 헬라어를 썼으므로 국가 통치를 위한 의사소통에는 지장이 없었다.

(나) 헬레니즘

헬레니즘 Hellenism 은 서기전 330년경부터 꽃피운 그리스 문명이다. 헬레니즘은 이집트가 로마에 정복당한 서기전 30년까지 300년 동안 유럽 문명의 중심이 되었다. 그리스 문명을 꽃피웠던 마케도니아는 알렉산드로스 대왕 사후 死後, 왕권 다툼으로 국력이 쇠약해졌다. 마케도니아는 왕 페르세우스 Perseus 가, 서기전 168년 피도나 전투에서 로마군에 패전한 뒤, 로마제국의 속주 屬州 가 되었다.

(다) 프톨레마이오스 장군

알렉산드로스 대왕의 휘하 장수였던 프톨레마이오스가, 알렉산드로스 대왕이 죽은 후, 이집트에 세운 왕조가 프톨레마이오스 왕조이다.

차. 프톨레마이오스 왕조 시대

프톨레마이오스 왕조는, 고대 그리스가 이집트를 점령했던 시기인 서기전 332년부터 서기전 30년까지, 302년 동안 이집트에 존속했던 왕조이다. 고대 그리스는 아테네, 스파르타, 테베, 마케도니아 등 수백 개의 도시국가 연합체였다. 프톨레마이오스 왕조는, 그리스 도시국가 중의 하나인 마케도니아 왕국의 알렉산드로스 대왕과 그의 휘하 장수였던 프톨레마이오스가 세웠다.

가) 제32왕조

이 왕조는 서기전 332년부터 서기전 305년까지, 27년 동안 존속 存續 했다. 알렉산드로스 대왕과 그 후손들이 페르시아와 이집트를 정복하고 세운 왕조가 마케도니아 왕조인데, 소수의 학자들은 이 왕조를 이집트 제32왕조라고도 했다.

나) 제33왕조

이 왕조는 서기전 305년부터 서기전 30년까지, 275년 동안 존속 存續 했다. 소수의 학자들은 이 왕조를 마케도니아 왕조 또는 이집트 제33왕조, 심지어는 제32왕조라고도 했다. 제33왕조는 왕조 내부의 수많은 권력투쟁과 소요사태 발생으로 전성기 국토의 상당 부분을 상실했다. 이 왕조의 마지막 100년간은 로마제국의 보호 없이는 왕조의 독립적 통치가 불가능할 정도로 쇠락했다. 마침내 기원전 30년에, 클레오파트라 7세가, 로마제국 초대황제 아우구스투스에게 악티움 해전에서 패한 후, 알렉산드리아가 함락되었다. 클레오파트라는 자살하고, 약 3백년간 지속된 고대 그리스의 이집트 통치 시대는 막을 내렸다. 알렉산드리아는 그리스 문명의 중심지였으며 당시의 그리스 학문과 예술은 세계 최고 수준이었다.

(가) 클레오파트라 7세

프톨레마이오스 왕조의 여성 파라오인 클레오파트라 7세 Cleopatra VII 필로파토르 Philopator 는, 프톨레마이오스 12세의 셋째 딸이었다. 클레오파트라 7세는 프톨레마이오스 13세의 뒤를 이어 왕위에 올랐다. 그녀의 재위 기간은 서기전 51년부터 서기전 30년까지이다. 서기전 69년에 태어나서 서기전 30년 8월 30일까지 살았던 클레오파트라 7세의 죽음과 함께 이집트 파라오들도 모두 역사 속으로 사라졌다.

(나) **아우구스투스**

로마제국은, 서기전 44년 카이사르가 브루투스 등에게 암살당하며 내란 상태에 빠져들었다. 이 와중에 이집트의 클레오파트라 7세와 결탁한 안토니우스가 득세하는 듯 했으나, 곧 카이사르의 후계자 옥타비아누스에게 제압당했다. 로마 원로원은 옥타비아누스에게, "존엄자" 라는 뜻의 "아우구스투스" 라는 칭호를 내리고 로마제국 초대 황제에 추대했다. 아우구스투스는 기원전 30년8월에 이집트의 알렉산드리아를 함락, 이집트를 로마제국의 직속령 直屬領 으로 편입 시켰다.

카. **로마 시대**

이집트의 로마시대는, 이집트가 로마제국에 정복당한 시기로서, 서기전 30년에서 서기 후 337년까지, 307년 동안을 말한다. 서기전 30년에, 클레오파트라 7세가 죽은 후, 이집트는 완전히 로마 제국의 일부가 되었다. 이후 이집트에는 기독교가 전파되었으며, 로마황제 테오도시우스는 이집트의 모든 우상과 신전을 파괴하라는 명령을 내렸다.

타. **콥트 시대**

서기 후 337년부터 641년까지, 304년 동안의 시대이다. 고대 그리스 사람들은 이집트 사람들을 콥트 사람, 즉 콥트 Copt 라 불렀다. 특히 콥트는 콥트교도를 지칭했다. 현재 이슬람 국가인 이집트에서 통용되는 콥트라는 말은 기독교를 믿는 소수의 이집트인을 지칭한다. 이집트 기독교회를 콥틱 교회라고 한다.

파. **아랍 시대**

서기 후 641년부터 현재까지 아랍의 무슬림 세력이 이집트를 지배하는 시대이다.

3) 인더스 문명

(1) 문명의 특성

인더스 Indus 문명은 인도 대륙의 북서쪽을 흐르는 인더스 강 유역, 충적토 沖積土 지역에서, 서기전 3000년경 중엽에서 2500년경 사이에 발상, 그후 1000여 년 동안 존속했던 것으로 추정되는 문명이다. 이 문명은 인더스강 유역에 살던 드라비다족, 문다족 등의 토착민과 주변 지역에서 이주해온 여러 종족들이, 도시를 건설해 살면서 계승, 발전시켜놓은 문명이다. 인도 대륙 최초의 문명인 인더스 문명을 하라빠 Harappa 문명이라고도 한다. 인더스 문명은, 아주 오래전부터 알려졌던 고대 메소포타미아 문명이나 이집트 문명과는 달리 1920년대나 되어서야 세상에 알려졌다. 메소포타미아 문명과 이집트 문명이 강 유역 및 삼각주에서 발상했던 지만, 인더스 문명은 강 유역을 비롯해서 산간지역, 해안지역 등 광범위한 지역에서 발상했다. 따라서 인더스 문명은 강 유역에서 매년 발생하는 홍수나 관개시설과는 무관하거나 극히 일부만 유관하다. 인더스 문명은, 지금까지도 통치나 종교에 관련된 군사시설, 왕궁, 또는 거대한 사원 등의 유적이 발굴되지 않았음은 물론이고, 왕의 통치에 관련된 특정 유물이나 장식물조차도 발굴된 것이 거의 없다. 따라서 인더스 문명은 자료가 부족하여 문명의 특성, 발상 지역 및 시기를 추정하고 있을 뿐이다.

가. 문명 흔적의 발굴

인더스 문명은 인도 대륙을 침략한 영국의 한 고고학자가 1921년 인더스 강 유역 북부지역의 한 언덕에서 우연히 하라빠 유적을, 이어서 1922년 인더스 강 유역 남쪽 저지대에서 모헨조-다로 Mohenjo-daro 유적을 발굴하면서 그 존재가 드러났다. 하라빠 유적지는 규모가 상당히 큰 도시로 추정되지만 유적이 거의 모두 파괴되어 그 흔적이 남아있지 않다. 지금까지 발굴된 유적 및 유물의 대부분은 규모가 비교적 작은 모헨조-다로에서 발굴된 것이다. 인도의 경전 "리그베다" 에는 이미 인더스 문명에 관한 암시가 있었지만 현재 남아 있는 유적이 거의 없기 때문에 학자들은 관심을 두지 않았다.

나. 문명 발상 지역 및 시기

인더스 문명이 발상했던 지역은, 현재 파키스탄 Pakistan 의 신드, 라르카나 지방 및 인더스 강 유역 일대이다. 그러나 현재 인도 India 의 북서쪽 지역에 있는 파키스탄과 북동쪽 지역에 있는 방글라데시는 인더스 문명 발상 당시에는 존재하지도 않았으며, 이 지역은 모두 인도의 영토였다. 고대 인도 문명의 요람인, 인더스 문명은 그 발상 시기를 정확히 알 수가 없다.

인더스 문명은, 현재 이란의 동쪽 국경에서, 아프가니스탄의 옥서스 Oxus 강을 거쳐 파키스탄 북부, 인더스 강 상류 지역 라호르 Lahore 와 인도 북서부의 뉴델리에서 구자라트 Gujarat 반도에 이르기까지 매우 광범위하고 다양한 지역에서 존속했었다. 당시 인더스 강 유역에는 토착민, 즉 드라비다족과 문다족을 비롯하여 원 原 오스트랄로이드, 지중해 인종, 알프스 인종, 몽골 인종을 비롯한 아시아계 인종 등이 함께 살았다.

다. 문명의 전성기

지금까지 발굴된 인더스 문명 유물에 대한, 방사선 탄소연대 측정법에 의한 인더스 문명의 전성기는 서기전 2400년경에서 1800년경까지 약 600여 년 동안이었던 것으로 추정된다. 인더스 문명이 꽃피우기 시작한 것은 서기전 2500년경, 인더스 강 유역에 있었던 모헨조-다로 문명과 하라빠 문명이 융합되면서부터인 것으로 추정된다. 고대 인도인들은 인더스 강을 사자 獅子 의 강이라 불렀다. 히말라야 산맥에서 쏟아지는 물줄기가 마치 사자의 입에서 내뿜는 물줄기처럼 보였기 때문이라고 한다. 인더스강 유역에는 많은 고대 도시들이 생겨났으며, 이들 도시를 중심으로 청동기 문명이 꽃피우기 시작했다. 그러나 인더스 문명에 대한 고고학적 입증자료는 지금까지도 충분치 않기 때문에 인더스 문명의 형성, 기원에 관한 정확한 사실은 여전히 오리무중이다.

라. 정치, 사회적 특성

인더스 문명 사회는 계급적인 사회 및 정치제도를 보유하고, 강력한 중앙권력으로 통치되었던 것으로 추정된다. 인더스 문명 사회 농촌의 일반 주민들은 쌀, 보리, 밀, 조, 콩 등의 곡물과 목화를 재배했으며, 낙타, 말, 돼지, 양, 개, 고양이, 소 등의 가축은 물론이고 심지어는 코끼리도 사육했던 것으로 추정된다. 인더스 문명 사회에서는 면직물을 제조했으며 돌과 청동을 이용한 각종 집물 什物 도 만들어 썼던 것으로 추정된다.

마. 주요 유적 및 유물

지금까지도 인더스 문명에 관련된 왕궁이나 사원 등의 유적은 단 한 개도 발굴되지 않았지만, 운하, 제방, 관개시설 등과 같은 유적은 발굴되고 있다. 인더스 문명의 통치, 군사, 정치, 종교 및 사회관습, 즉 화장 火葬 관습 등에 관련된 유적 및 유물은 다음과 같다.

가) 기록문서 및 언어

인더스 문명의 기록문서에 관한 유물은 서기전 2400년경부터 나타나지만, 지금까지 해독 된 문서는 거의 없다. 인더스 문명의 기록은 동판, 토기편 土器片 등의 유물에서도 찾아볼 수 있지만, 대부분의 기록은 사각형 인장 印章 유물에 있다. 인장에 기록된 일반 문자와 도량형 문자는 무엇인가를 상징하는 그림인듯하지만 지금까지 해독이 된 것은 없다. 그들이 사용한 그림 같은 문자는 모두 10개에서 17개 정도이다. 컴퓨터 분석에 따른 그들의 언어는 드라비다 어족이다.

나) 전쟁 유적

전쟁을 위한 무기가 발굴되지 않아 군대 같은 폭력적 지배수단이 없었던 것으로 추정되며, 성벽은 있으나 매우 낮아 군사적 목적이라기보다는 홍수 방지용이었던 것으로 추정된다.

다) 계획도시 흔적

인더스 문명을 꽃피운 도시의 대부분은 그 규모에 관계없이 모든 지역공동체, 특히 주거단지는 격자형, 즉 바둑판 형태로 잘 구획되었다. 도로 및 골목길은 잘 정비되었으며 상수도, 하수도 시설을 비롯한 관개시설도 완비되었다. 또한 구운 벽돌 건축물인 대형 공동 목욕장 沐浴場, 승원 僧院, 회의장, 곡물창고, 공중화장실 등도 있었다. 이들 도시에는 불에 구운 벽돌을 정교하게 쌓아서 만든 배수로, 하수구 및 수세식 화장실이 있었는데, 이것은 세계 최초였던 것으로 추정된다. 도시 하수도의 구배 句配 는 1/50 이었다. 그렇지만 군사적 목적으로 요새화 된 도시는 거의 없었다. 인더스 문명의 주요도시 모헨조-다로는 확실하게 요새화되었지만 하라빤 Harappan 과 칼리반간 Kalibangan 에는 이전에 쌓아 놓은 낮은 성벽이 있을 뿐이다.

라) 수세식 화장실

인더스 문명 지역에서는 서기전 2500년경, 인류 화장실 역사상 최초로 수세식 화장실에서 좌변기를 사용했던 흔적이 발굴되었다. 수세식 좌변기는, 구운 벽돌을 쌓고 그 위에 나무판재를 얹어 만들었다. 좌변기 밑의 배수구는 역청으로 방수 처리된 배수관에 연결되었다.

마) 생활 집물 什物

인더스 문명의 일상생활에서 쓰인 생활 집물 유적은 다음과 같다:

-식물 종자

-석기; 조각, 낫, 손칼, 기구, 그릇, 화로, 장신구, 인장 印章
-토기; 테라코타 토우 土偶, 유약 토기, 채문토기 彩文土器 등
-청동제품; 조각 춤추는 소녀상 小女像, 도끼, 끌, 칼, 화살촉, 창날, 수레 모형 등

바. 국제 무역

인더스 문명 시절에는, 현재의 아프가니스탄, 이란, 중앙아시아, 미얀마, 중국 등지에 있었던 고대 국가들과의 국제무역이 활발했던 것으로 추정된다. 그들이 취급했던 물품은 라피스 라줄리 Lapis Lazuli, 값진 조가비, 터키옥, 경옥, 구리, 주석, 납, 은 등이었다. 서기전 2100년에서 1900년경 사이의 기간에는 해상무역도 활발하게 이루어 졌던 것으로 추정된다. 모헨조-다로 인근, 인더스 강 항구의 해상 무역 유적지에는 방어벽 및 선거 船渠 의 흔적도 남아있다.

(2) 인더스 문명의 주요 도시

가. 인더스 이전의 고대 도시

현재 파키스탄의 북부 고지대인 발루키스탄의 언덕에서는 서기전 3000년경 이전의 유물로 추정되는 토기, 금속기 등이 발굴되었다. 그러나 이들 유물은 전형적인 인더스 문명의 유물과는 다른 것이다. 지금도 파키스탄의 동남부 마르가르 Margarh 지역에서는 돌라비라 Dholavira 문명의 유물 발굴 작업이 계속되고 있다.

나. 인더스 문명의 대표 도시

지금까지 발굴된 자료에 의하면, 인더스 문명 형성 이전 단계부터 인더스 문명이 꽃피었던 시기까지 존재했던 주요 고대 도시는 모헨조-다로, 하라빤, 칼리반간 등 모두 6개였다. 인더스 문명의 대표 도시 모헨조-다로와 하라빤은 거리상으로는 서로

480km 이상 떨어져 있지만 문명적 차이는 거의 없다. 이런 사실은 당시 인도 북부의 정치적 특성과 무관치 않다. 광범위한 지역에 걸쳐 존속했던 인더스 문명이 서로 유사했던 것은 강력한 중앙통치 권력에 의한 통제가 잘 이뤄졌기 때문인 것으로 추정된다.

가) 모헨조-다로

모헨조-다로는 "사자 死者 의 언덕", "죽음의 언덕" 또는 "태양의 도시" 라는 뜻이다. 모헨조-다로는 고대 인도 대륙의 북서부, 즉 현재 파키스탄 남부, 인더스 강 하류 충적지역 저지대에 있었던 수도였다. 인더스 문명의 요람인 모헨조-다로는 체계적인 도시계획에 의한 성채 城砦 도시로, 언덕 지역에 성채와 도심을, 그리고 평지 지역엔 노동자 거주 지역을 배치했다. 모헨조-다로 문명은 오늘날 인도 문명의 모체중 하나로서 청동 합금기술을 가지고 있었다. 모헨조-다로에서는 돌과 청동의 자연주의적 형상 形象 과 서기전 2000년경의 것으로 추정되는 흉상도 발굴되었다. 그러나 그 흉상이 제사장인지 왕인지는 확인되지 않았다. 모헨조-다로의 원주민은 호주 원주민, 오스트랄로이드의 얼굴과 유사했다. 당시 모헨조-다로에는 약 8만 명의 주민들이 살았으며 그 상세는 다음과 같다.

(가) 공공 시설물

도시의 언덕 지역에 있는 성채 내부에는 공공 건축물, 공중목욕탕, 대중 수영장, 곡물창고, 대학, 회의장, 사원, 광장 등의 공공시설과 구운 흙벽돌로 쌓아 올린 견고하고 거대한 탑이 있었다. 도시의 기반시설인 비포장 주요 도로의 폭은 9~10m, 골목길의 폭은 1.5m 였다. 주요 공공 시설물의 상세는 다음과 같다.

① 공중목욕탕

구운 흙벽돌로 지은 공중목욕탕 크기는 12×6.9×2.4m 였다.

공중목욕탕은 종교 의식, 즉 제사와 관련이 있었던 건축물로 추정된다.

② 대학

제사장을 비롯한 고급 관료의 훈련시설로 추정된다.

③ 곡물 창고

㉮ 규모 및 내부구조

약 1000m² 의 대지에 구운 흙벽돌로 건축했으며, 내부는 통풍이 잘되고 입출이 편하도록 통나무를 여러 층으로 쌓아 올려 구축했다.

㉯ 용도

곡물창고는 지역공동체의 농산물을 공동 보관하는 곳이었다. 오늘날과 같은 화폐가 없었던 당시에는 곡물은 국고금 國庫金 이었다. 곡물은 정부 관리들에게 지급하는 급료였으며 노동자들에게는 생계를 위한 식량이었다.

(나) 일반 건축물

도시의 평지 지역에는 일반 시민들이 거주 했다. 이 지역에는 많은 상업용 건축물과 작은 사당 祠堂, 노예나 도제 徒弟 들의 공동숙소 등이 있었다. 상업용 건축물은 구슬, 직물, 금속공예품 등을 생산하는 가내 수공업 공장이었던 것으로 추정된다.

나) 하라빤

하라빤은 펀잡 Punjab 고지대의 수도였다. 특히 하라빤은 당시 문명이 가장 발달했던 도시로서, 그들이 이룩한 문명을, 도시 이름을 따서 하라빠 문명이라 했다. 하라빤은 고대 인도 대륙의 북서부, 즉 현재 파키스탄 북부에서 흘러 내려오는 인더스 Indus

강 중류 유역에 있었던 고대 도시이다. 이 강의 중류 유역은, 히말라야 산맥의 협곡을 따라 흘러 내려오던 서로 다른 5개의 작은 강이 합류해서 큰 강이 되는 지역이다. 현재 파키스탄 북부 지역의 기후는 건조하고 황량하지만, 하라빠 문명이 발상했던 시기에는 매우 비옥하고 산림이 울창하여 생활 여건이 양호한 지역이었다.

(3) **인더스 문명**의 **종말**

인더스 강 유역의 약 130만 ㎢ 에 이르는 광범한 지역에 존속했던 인더스 문명의 종말이 갑작스러운 것인지, 아니면 지역별로 점진적으로 진행되었던 것인지는 지금까지도 확인 된 것이 없다. 다만 지금까지의 연구결과, 즉 늘어나는 발굴 유물에 대한 방사선탄소연대측정 결과, 입증되는 자연 환경적 증거 등에 따르면 인더스 문명의 종말은 한두 가지 요인이라기보다는 복합적 요인이라는 주장이 설득력을 갖는다. 문명의 종말을 가져온 외세의 침입, 자연환경의 변화 및 인재 人災 등에 관한 주장은 다음과 같다.

가. **외세**의 **침입**

힌두교 경전 "리그베다" 의 기록에 의하면, 서기전 1500년경 인도 대륙 북서부 지방에서, 검은 피부를 가진 "베다 아리안 vedic Aryans" 족이 침입, 약탈, 방화, 살육 등의 만행을 저지르면서 문명의 붕괴가 시작되었다는 주장이다. 그러나 철기문명을 가진 그들의 침략전쟁으로 인한 파괴는, 인더스 강 유역 남부지역에 있었던 모헨조-다로에서만 있었던 일이므로, 제한적인 도시의 몰락이 인더스 문명 전체의 몰락을 가져왔다는 것은 여전히 의문이 생기는 일이다. 실제로 그들이 침입해온 인더스 강 유역 북부지역의 고대 도시들은 멀쩡했기 때문이다.

나. **자연환경 변화**

당시 인더스강 유역에는, 현재는 살고 있지 않는 호랑이, 코뿔소, 악어, 코끼리 등이 살았던 흔적이 발굴되고 있다. 현재 이 지역에서 이들 동물이 사라진 원인은 강렬한 자연환경의 변화로 서식지가 사라졌다는 주장이 설득력을 갖는다. 실제로 서기전 2000년대 전반에는, 모헨조-다로를 비롯한 인더스강 유역에 있었던 많은 도시들이 장기간 계속된 홍수 피해로 침수 되면서, 대규모 제방 공사를 했던 흔적이 발굴되었다.

다. **인재** 人災

인간들의 과잉 방목, 개간 開墾, 삼림 남획 등으로 자연환경이 파괴되면서 농업생산량의 감소로 인한, 중앙 권력의 통제력이 약화되었다. 따라서 주민들이 새로운 지역으로 떠나면서 인더스 문명이 멸망 했다는 주장도 있다.

(4) **갠지스 문명**과 **인도 대륙**

가. **갠지스 문명**

서기전 1500년경 인도 대륙 북서부 지방, 중앙아시아에 살던 유목민족, 아리아인들이 인도 북서부로 침입, 인더스 강 유역에 자리 잡고 농경생활을 시작했다. 인더스 문명은 아리안 족의 침입 이전에 이미 주변의 여러 민족으로부터 침입을 받고 쇠퇴기에 접어든 상태였던 것으로 추정된다. 철제 무기와 농기구를 사용했던 아리안 족은 모헨조-다로를 제압하고 서기전 1000년경에는 인도대륙 북동쪽 갠지스 Ganges 강 유역으로 세력을 확장, 갠지스 문명의 꽃을 피웠다. 아리아인들이 남겨놓은 카스트 Caste 제도와 브라만교 Brahman 는 오늘날 인도 문명의 초석이자 중심이 되었다. 아리아인들의 브라만교는 자연을 신처럼 섬기는 종교이다.

나. **카스트 제도**

인도 대륙 북부를 지배했던 아리아인들은 정벌 전쟁을 지속, 지배 영역을 확대하면서 지배 계층, 피지배 계층, 노예 그리고 불가촉천민 등으로 신분이 갈렸다. 피정복지의 원주민들은 노예와 불가촉천민이 되었으며, 정벌 전쟁에 앞장섰던 아리아인 무사와 제사장은 지배 계층이 되었다. 인도 특유의 세습적 신분제도인 카스트 제도의 네 계급은 다음과 같다:

-브라만; 제사 의식을 담당하는 사제 司祭
-크샤트리아; 정치, 군사를 담당하는 왕족과 무사
-바이샤; 납세 의무자인 농, 공, 상업에 종사하는 평민
-수드라; 피정복지의 원주민인 노예

다. **인도 대륙**의 **현황**

인더스 문명과 갠지스 문명을 계승한 인도 India 는, 영국이 식민 통치를 끝내고 인도에서 철수 하던 시점인 1947년에 인도와 파키스탄으로 분할되었다. 이슬람 세력인 파키스탄이, 힌두교 Hindu 세력인 인도로부터 분리 독립한 것이다. 파키스탄은 인도 서북쪽에 서파키스탄, 동쪽에 동파키스탄으로 분리된 국가였다. 그러나 1972년 동파키스탄이 독립하여 방글라데시로 되면서, 서파키스탄은 파키스탄이 되었다. 인도 사회의 족쇄였던 카스트 제도는 1947년 인도 독립과 함께 폐기되었지만 현실에서의 관습적 폐해는 이전과 달라진 것이 없다. 이슬람 세력은 일찍이 11세기 초부터 인도를 침입, 그들의 세력을 키웠었다. 인도의 국명 인디아 India 와 종교 힌두 Hindu 의 어원은 모두 인더스 Indus 이다.

4) 황허 黃河 문명

(1) **문명**의 **특성**

황허 문명은 4대 고대 문명중 발상시기가 가장 늦은 문명으

로, 그 요람지 搖籃地 는 중국 대륙 북부를 서에서 동으로 흐르는 황허의 중류 및 하류 유역이다. 황허 문명의 기원은 신석기 시대로 거슬러 올라간다. 그러나 일반적으로는, 중국 최고 最古 왕조인 은 殷 나라 문명을 황허 문명의 기원으로 한다. 은나라는 서기전 1500년경부터 서기전 1050년경까지 존속했다. 고대 황허 유역에는 하 夏, 상 商, 은 殷, 주 周, 진 秦 나라 등이 있었다. 하 夏 나라는 아직까지 실체가 밝혀지지 않고 있지만, 상 商 나라의 유적지에서는 갑골문자 甲骨文字, 청동기 등이 발굴되고 있다. 주 周 나라는 은 殷 나라를 멸망시키고, 상 商 나라의 문물과 제도를 계승 발전시켰다. 주나라는 중국의 춘추시대 春秋時代와 전국시대 戰國時代 에 존속했던 나라이다. 춘추시대는 서기전 770년에서 475년까지이고, 중국의 동란기 動亂期 인 전국시대는 서기전 475년에서 221년까지이다. 중국을 최초로 통일한 진 秦 나라의 통일 중국의 시대는 서기전 221년에 시작해서 서기전 206년까지 지속되었다.

황허 문명을 상 商 문명, 황토 문명 또는 황천 문명이라고도 한다. 황허 문명은 중국 고대 문명의 일부이지만, 황허 문명이 대표적인 중국 고대 문명인 것처럼 인식되어 왔다. 최근 일부 학자들은 양쯔 揚子 강, 즉 창지앙 長江 문명을 세계5대 고대 문명으로 해야 한다고 주장한다. 황허 중류 지역인 산시 陝西 성, 란텐 藍田 현에서는 란텐 원인 原人 의 유골이 발굴되었으며, 황허 하류 유역 북쪽, 즉 지금의 베이징 北京 지역에서는 베이징 北京 원인 猿人 또는 原人 의 유골이 발굴되었다. 베이징 원인은 50만 년 전인 신생대 제4기 홍적세 洪積世 에 살았던 것으로 추정되는 인류와 유인원의 중간쯤 되는 최고 最古 인류이다.

가. 황허 문명과 중국 고대 문명

황허 문명은 신석기 시대 이래, 황허 유역에서 발상 發祥 한 수많은 중국 고대 문명의 통칭이다. 중국 고대 문명의 기틀은 황허, 양쯔 揚子 강 및 랴오허 遼河 유역 등지에서 각각 발상한 문명의 융합으로 형성되었다. 양쯔 揚子 강 유역에서는 벼 재배, 즉 논농사가 주로 발달 하였고, 황허 黃河 유역에서는 조, 피, 수수 등의 밭농사가 발달했다. 초기 밭농사의 경작지는 주로 화전 火田 이었다. 중국 고대 융합 문명의 기틀을 이루는 주요 문명은 다음과 같다:

-황허 문명; 황허 중, 하류 지역에서 발상한 문명
-랴오허 遼河 문명; 동북쪽, 유목 민족의 문명
-촉 蜀 문명; 서쪽, 쓰촨 四川 지역의 문명
-양쯔 揚子 강 문명; 남쪽, 양쯔강 유역에서 발상한 문명

나. **중국 고대 문명 발상지**

중국의 고대 문명이 발상한 지역은 워낙 광범위하고, 그 시기 또한 가늠할 수 없을 정도의 긴 세월이다. 현재 중국에서 발굴되는 고대 유적 및 유물은, 서기전 7000년경부터 서기전 4500년경까지, 즉 신석기 시대로부터 청동기 시대의 유물에 이르기까지 무궁무진하다. 중국 고대 문명의 주요 발상지역은 다음과 같다:

-간쑤 甘肅 성; 황허 발원 북쪽 산악지역
-칭하이 青海 성; 황허 발원 남쪽 산악지역
-산시 陝西 성; 황허 중류 통과지역
-산시 山西 성; 황허 중류 지나서 북쪽지역
-허난 河南 성; 황허 중류 지나서 남쪽지역
-허베이 湖北 성; 산시 陝西 성 동남쪽지역
-산둥 山東 성; 중국 동부 황해 연안 지역
-저장 浙江 성; 중국 동남부 황해 연안 지역

(2) **중국 문명 유적**

무궁무진한 중국 문명은, 광대한 영토 위에서 세계 역사상 가

장 오래 동안 지속된 문명이다. 현재 중국의 영토는 22개 성, 5개 자치구, 4개 직할시 및 2개 특별행정구역 등으로 구성되어 있다(사진 1-019). 수천 년 동안 지속적으로 이루어진 중국의 문화유산, 자연유산 및 유적의 특성은 다음과 같다.

가. **세계문화유산**

중국의 수많은 찬란한 문명 유적과 유물 가운데 현재 유네스코 세계문화유산에 등재되어 있는 유적은 다음과 같다:

사진 1-019: 중국 행정구역

세계 역사상 가장 오래 동안 광대한 영토를 지켜온 중국은, 현재 22개 성, 5개 자치구, 4개 직할시 및 2개 특별행정구역 등으로 구획 되어 있다.

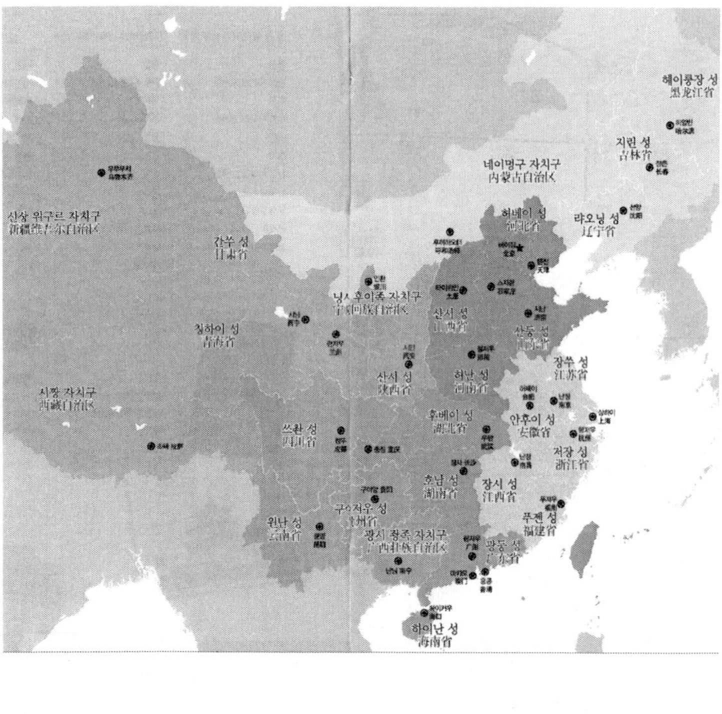

가) **베이징** 北京 및 **근교 지역**

-구궁 古宮; 세계 최대 궁전
-톈탄궁위안 天壇公園; 황제가 하늘에 오곡풍년을 빌었던 곳
-이허위안 頤和園; 중국의 전형적인 황실 정원
-밍스산링 明十三陵; 명나라 황제와 황후의 무덤이 있는 곳
-완리창청 萬里長城; 중국 군사 방어체계의 인공 성벽

나) **허베이** 河北, **산시** 山西, **허난** 河南 및 산둥 山東 **지역**

-비수산좡 避暑山莊; 세계 최대 황실 정원, 청더 承德
-와이바먀오 外八廟; 8개의 티베트 불교 사찰, 청더 承德
-쿵먀오 孔廟; 공자의 위패 사당, 취푸 曲阜
-쿵린 孔林; 공자와 그 자손들의 전용 묘지, 취푸 曲阜
-핑야오구청 平遙古城; 명, 청대의 고성, 핑야오 平遙
-윈강스쿠 雲岡石窟; 불교 석굴, 다퉁 大同
-우타이산 五台山; 불교성지, 산시성 山西省 우타이산 五台山
-사오린쓰 少林寺; 선종 불교의 본산, 소림 무술의 발상지, 쑹산 嵩山
-쑹양수위안 嵩陽書院; 성리학의 발상지, 유교서원, 쑹산 嵩山
-중웨먀오 中岳廟; 황제들이 중웨 中岳 산신 山神 에게 봉선제 封禪祭 를 올리던 곳, 쑹산 嵩山
-룽먼스쿠 龍門石窟; 이수이 伊水 강변 양쪽 벼랑에 벌집처럼 뚫린 석굴, 뤄양 洛陽

다) **장쑤** 江蘇, **저장** 浙江 및 **푸젠** 福建 **지역**

-밍샤오링 明孝陵; 명나라 주원장과 황후의 무덤, 난징 南京
-줘정위안 拙政園; 개인 원림 園林, 쑤저우 蘇州
-스쯔린 獅子林; 사찰 寺刹 원림, 쑤저우 蘇州
-왕스위안 网師園; 개인 원림, 쑤저우 蘇州
-창랑팅 滄浪亭; 개인 원림, 쑤저우 蘇州
-류위안 留園; 개인 원림, 쑤저우 蘇州

-투이쓰위안 退思園; 개인 원림, 퉁리 同里
-시후 西湖; 바닷가 호수, 항저우 杭州
-전청러우 振成樓; 대표적 원형 투러우 土樓, 즉 보루 堡壘 식
공동주택, 푸젠성 융딩현 永定縣
-쿠이쥐러우 奎聚樓; 포탈라 궁 형태의 직사각형 투러우,
푸젠성 융딩현 永定縣
-푸위러우 福裕樓; 직사각형의 궁전식 투러우, 융딩현 永定縣
-루성러우 如升樓; 소규모 3층 원형 투러우, 융딩현 永定縣
-청치러우 承届樓; 최대 크기의 원형 투러우, 융딩현 永定縣
-지칭러우 集庚樓; 가장 오래된 원형 투러우, 융딩현 永定縣
-위창러우 裕昌樓; 원형 투러우, 푸젠성 난징현 南靖縣
-화이위안러우 懷遠樓; 조각장식의 원형 투러우, 난징현 南靖縣

라) **랴오닝** 遼寧 및 **지린** 吉林 **지역**

-선양구궁 瀋陽故宮; 청나라 전신인 후금의 궁전, 선양 瀋陽
-베이링 北陵; 청나라 2대 황제와 황후의 무덤, 선양 瀋陽
-우뉘산 五女山; 해발 800m 의 고구려 첫 성터, 환런 桓仁
-우쿠이펀 우하오무 五盔墳 五号墓; 고구려 고분벽화, 지안 集安
-장쥔펀 將軍塚; 고구려 돌무지 돌방무덤, 지안 集安
-하오타이왕베이 好太王碑; 고구려 광개토대왕비, 지안 集安
-궈네이청 國內城; 고구려 궁성, 지안 集安
-완두산청 丸都山城; 고구려 도성 수호용 산성, 지안 集安

마) **충칭** 重慶 **지역**

-바오딩산 寶頂山 협곡 절벽; 불교 교리의 돌 조각, 다쭈 大足
-베이산 北山 돌 조각 彫刻; 초기의 다쭈 돌 조각, 다쭈 大足

바) **쓰촨** 四川 및 **윈난** 雲南 **지역**

-러산다포 藥山大佛; 암벽 岩壁 을 깎아 만든 높이 71m 의
세계 최대 불상 佛像, 러산 藥山

-리창구청 麗江古城; 진사강, 란찬강 그리고 누강이 만나는 지점에 형성된 마을, 리창 麗江

사) 산시 陝西, 간쑤 甘肅, 신장위그루 新疆維吾爾 및 시짱 西藏, 티베트 지역

-빙마융보우관 兵馬俑博物館; 진시황의 사후 세계를 지키는, 흙으로 만든 병사와 말들이 있는 지하궁전, 시안 西安

-친스황링 秦始皇陵; 진시황의 가장 거대하고 불가사의한 무덤, 시안 西安

-모가오쿠 莫高窟; 세계 으뜸의 불교 석굴 石窟, 둔황 敦惶

-자오허구청 交河古城; 서기전 2세기, 도시국가가 건설한 세계 최대, 최고 最古 의 토성 土城, 투루판 吐魯番

-부다라궁 布達拉宮, 즉 포탈라 궁 Potala Palace; 티베트 건축물의 정수 精髓, 세계 최고 最高 해발의 궁전, 라싸 拉薩 (사진 1-020)

-뤄부린카 羅布林卡, 즉 노블링카 Norbulingka; 티베트의 여름 궁전, 라싸 拉薩

-다자오쓰 大昭寺, 즉 조캉 사원 Jokhang Monastery; 티베트인들의 가장 성스러운 사원, 라싸 拉薩

나. 세계자연유산

전 세계의 모든 자연이 중국 내에 있다고 해도 무리가 없을 정도로, 중국은 기후와 지형이 매우 다양하고 영토는 광활하다. 실제로 중국 영토의 면적은 약 960만km² 이고, 한국 영토의 약 1백배, 위도는 북위 20°에서 북위 50°에 걸쳐있다. 중국의 아름다운 자연 경관 중 현재 유네스코 세계자연유산에 등재되어 있는 독특하고 신비로운 자연경관은 다음과 같다:

-톈성싼차오 天生三橋; 300m 높이에 하늘이 만든 3개의 천연 돌다리, 충칭 重慶, 우룽 武隆

사진 1-020: 포탈라 궁 라싸, 중국

포탈라 궁은 세계 최고의 해발에 있는 궁전이다. 티베트 건축물의 정수인 이 궁전은 현재 중국 라싸에 있다. 이 궁전은 7세기경 티베트를 통일한 송첸감포가 지었다. 마부르 산 위에 세워진 이 궁전에서는 라싸가 한눈에 내려다보인다. 이 궁전에는 송첸감포 이래 약 1300여 년 동안, 9명의 티베트 왕과 10명의 달라이라마가 머물렀다. 현재의 포탈라 궁은 17세기 중엽에 5대 달라이라마가 증축한 것이다. 포탈라 궁은 홍궁과 백궁으로 나뉘어져 있는데, 후자는 라마의 거처이자 행정기관이고, 전자는 종교행사용 건축물이다. 홍궁에는 달라이라마들의 무덤이 있다. 탑의 형상을 하고 있는 무덤은 금은보석으로 화려하게 치장되어 있다. 18세기 후반에는 화려한 뤄부린카, 즉 노블링카 궁전이 신축되어 달라이라마의 겨울거처로 쓰이고 있다. 이들 중 현재 관광객들에게 개방되고 있는 곳은 홍궁과 백궁의 극히 일부이다.

-디평 地縫; 낙차 80m 의 폭포가 있는 협곡, 원래 명칭은 "룽쉐쌰디평 龍水峽地縫", 충칭 重慶, 우룽 武隆

-스린 石林; 높이 5~30m 의 울창한 회색 바위 정글, 윈난 雲南, 쿤밍 昆明

-톈산톈츠 天山天池; 해발 5445m 의 만년 설산 雪山 에 둘러싸인, 수면 해발 1910m, 최고 수심 103m 의 호수, 신장위구르자치구, 우루무치 烏魯木齊

다. 고대 중국의 주요 유적

황허 유역에 있었었던 중국의 여러 고대 국가는 수많은 유적과 유물을 남겼다. 수많은 유적과 유물 가운데 현존하거나 발굴된 대표적인 유적은 쩌우 周 나라의 해자 垓字, 친 秦 나라의 만리장성, 진시황릉 및 병마도용 등이다.

가) 완리창청 萬里長城

중국 문명 유적, 완리창청, 즉 만리장성은 세계에서 가장 긴 군사 방어체계용 인공 구조물이다. 만리장성은 지난날 중국과 중국 밖의 세계를 분리하는 인공 성벽이었다. 1987년 세계문화유산에 등재된 만리장성은 지구상 최장의 인공 성벽이다. 만리장성은 현재 중국 북동쪽 보하이만 渤海灣 의 산하이관 山海關 밖, 바닷가 라오룽터우 老龍頭 에서 시작, 네이멍구 內蒙古 자치구의 접경을 따라서 간쑤성 甘肅省 의 황허 발원 북서쪽 험준한 치롄산맥 祁連山脈 과 헤이산 黑山 사이에 우뚝 솟은 자위관 嘉峪關 에 이르는 2400여km 에 산재되어 있다. 만리장성의 총길이는 6350km 이며, 중국의 전통적 거리 계산 단위인 리 里 로 계산하면 1만2700리인 까닭에 이 장성을 만리장성이라 불렀다. 중국의 거리 계산 단위, 1리 里 는 500m 이다. 만리장성 축조 연대기는 다음과 같다.

(가) 전국시대 戰國時代

중국의 동란기 動亂期 인 전국시대 戰國時代 에는 중국의 여러 지역에 있었던 각 나라들이 각각 북방 흉노의 침입에 대비하여 자신들의 장벽을 쌓았다. 따라서 이시기의 장성 축조 방식이나 그 생김새는 모두 제각각이다.

(나) 친 秦 나라 시대

친 秦 나라의 시왕 始王 은 중국 최초의 중앙 집권적 통일국가를 수립하고 스스로를 황제라 칭했다. 중국 최초의 황제, 즉 시황제는 서기전 259년에 태어나서 서기전 210년에 죽었다. 최초로 중국을 통일한 친 秦 나라의 시황제 始皇帝 는 여러 지역에 흩어져 있었던 장성들을 모두 연결하고 성벽을 보강, 망루를 건축하는 대규모 토목공사를 벌였다. 진시황은 하나로 연결된 장성 이름을 만리장성이라고 했다. 만리장성은 친나라 이후에도 한 漢 나라, 쒜 隋 나라, 탕 唐 나라를 거쳐서 밍 明 나라 시대까지도 공사가 지속되었다.

(다) 밍 明 나라 시대

현존하는 만리장성의 대부분은, 북방의 이민족, 특히 몽고의 재 침입을 두려워한 밍나라가 1368년부터 전략적인 방어를 목적으로 장성을 확장, 강화하면서 축조한 것이다. 현재 베이징 北京 서북방 70km 지점, 해발 888~1015m 지점에 있는 빠따링 창청 八達嶺 長城 은, 밍나라가 1505년에 기존의 장성을 보수, 보강한 것이다. 빠따링은 과거에는 북쪽지역으로 통하는 교통의 요지였으며, 그 지명 자체가 사통팔달 고개라는 의미이다.

(라) 관광지, 빠따링 창청

빠따링 창청은 밍나라가 축조한 장성중 대표적인 장성이다. 빠따링 창청은 1952년 관광지로 지정되면서, 거의 모든 부분이 새롭게 축조되었다(사진 1-021). 복원된 장성의 총길이는 5km 이지만 현재 관광객들에게 개방된 구간은 3.7km 이다. 빠따링 창청의 평균 높이는 7.8m, 하단 폭은 6.5m, 상단 폭은 5.8m 이다. 빠따링 창청의 상단 통행로는 기마 騎馬 나 병사가 열을 지어 이동할 수 있을 정도로 넓은 것이다. 빠따링 창청에는 무수한 봉화대, 보루, 관문 등이 있다. 빠따링 창청의 외벽은 장방형 돌로 축조되었고, 상단 통행로 바닥에는 불에 구워 만든 검정색 흙벽돌을 깔았다. 그러나 다른 지역에 있는 대부분의 장성은 일반 흙을 다져 판상 板狀 으로 쌓아 올린 토성 土城 이다.

사진 1-021: 빠따링 창청 전경 베이징 근교, 중국

나) 친스황링과 빙마 타오융

(가) 친스황링

친스황링 秦始皇陵, 즉 진시황의 무덤은 시황제가 죽은 후에도 세계를 지배할 목적으로 축조한 지하 왕궁이다. 시황제는 친 秦나라 도성이었던 셴양 咸陽 을 모방해서 친스황링을 건설했다. 친스황링은 현재 산시성 陝西省 의 3천년 고도 古都, 시안시 西安市 근교에 있다. 현재 피라미드 형태의 봉분 封墳 만 남아있는 진시황의 무덤은 세계에서 가장 거대하고 불가사의한 무덤이다. 봉분의 높이는 55m 이고, 동서 폭 345m, 남북 길이는 350m 이다. 친스황링의 총면적은 56.25km^2 로, 현재 우리나라 서울 면적의 10분의 1이 조금 안 되는 광대한 면적이다. 무덤의 주변에는 무려 180개의 부장 副葬 유물 구덩이가 있다. 1980년대에 실시한 물리학적 조사에 의하여, 친스황링 지표면으로부터 35m 지점에는 "지하 궁전" 이 있는 것으로 확인되었다. 현재 친스황링 그 자체는 부장 副葬 유물의 파괴가 우려되어 발굴을 금지했기 때문에 무덤 내부 사정은 알 수가 없다. 그러나 친스황링에서 1.5km 떨어진 곳의 구덩이에서는 헤아릴 수 없을 정도로 많은 빙마 타오융 兵馬 陶俑 이 발굴되고 있다.

(나) 빙마 타오융

땅 속에 묻혀 있었던 빙마 타오융, 즉 흙으로 비저 구워 만든 병사와 말들은 시황제의 사후 세계를 지키기 위한 정예 부대, 즉 시황제의 근위 군단 近衛 軍團 이다. 빙마 타오융의 배치와 배열은, 중국 고대 병종 兵種 및 병기 兵器 의 배치, 전략과 전술 등을 잘 보여주고 있어 군사 사료 史料 로서의 가치도 매우 큰 것으로 알려지고 있다. 중국 고대 병종에는 보병, 기병, 궁노수, 전차병 등이 있었다. 빙마 타오융이 배치, 배열되어 있는 빙마 융컹 兵馬 俑坑 의 총길이는 6.2km 에 이르는 것으로 추정된다.

빙마 타오융 兵馬 陶俑 은 1974년 3월29일, 시안시 근교에서 우물을 파던 한 농부에 의해서 우연히 발견되었다. 무려 2천2백 년 동안 땅속 구덩이에 묻혀 있었던 시황제의 부장 副葬 유물이 빛을 보기 시작한 것이다. 농부가 발견한 것은 진시황의 빙마융 兵馬俑 총장컹 從葬坑 이었다. 총장컹은 부장 副葬 유물을 넣어둔 구덩이이다. 진시황릉 주변에는 무려 180개의 유물 구덩이가 있는데 현재 그중 3개의 구덩이가 발굴되고 있는 것이다. 가장 먼저 발굴된 구덩이에는 모두 6000여 점의 빙마 타오융이 있는 것으로 추정되는데, 현재 1050여 점이 완벽하게 복원 되어, 발굴 당시의 대형 隊形 모습 그대로 서 있다(사진 1-022). 이 구덩이의 면적은 무려 1만4260㎡, 즉 길이 230m, 너비 62m 이다. 병사 토우의 얼굴은 제각각 다르고 키는 170~180cm 이다. 당시 친 秦 나라의 남성 평균 신장이 158cm 인 점을 감안하면, 병사 토우를 실제 사람보다 더 크게 만들었음을 알 수 있다. 병사 토우는 대부분 갑옷 차림으로 한 손에는 무기를 쥔 자세인데, 현재 발굴된 토우의 손에는 무기가 없다(사진 1-023). 발굴 당시 대량의 청동 칼과 창의 촉이 어지럽게 병사들의 발밑에 떨어져 있었던 점으로 미루어 볼 때, 세월이 흘러감에 따라서 나무로 만든, 창과 칼의 손잡이가 썩어 없어지면서 칼과 창이 손에서 떨어져나간 것으로 추정된다. 처음 발굴 당시 병사 토우의 머리는 검은색, 얼굴은 연한 황색, 갑옷은 청색 등으로 채색된 상태였으나 공기에 노출 되면서 색이 바랬다.

(3) **황허 문명 연대기**

신석기 시대로부터 청동기 시대까지, 현재 중국의 산둥 山東 성, 산시 山西 성, 허베이 湖北 성 등지에서는 다양한 신석기 시대 및 청동기 시대의 유적과 유물이 발굴되고 있다. 중국 각 지역에서 발굴되는 고대 문명의 유적 및 유물은 다음과 같다.

가. **신석기 시대**

신석기 시대의 고대 중국에서는 다양한 농기구가 출토되고

사진 1-022: 진시황릉 병마 토우군 시안, 중국

사진 1-023: 진시황릉 병사 토우 시안, 중국

있어 농경 및 가축사육이 발달한 것으로 추정된다. 농업 생산력의 발달로 사회의 계층화가 이뤄지면서 부계사회로 전환, 여러 나라가 탄생했다. 현재 중국의 각 지역에서 발굴되는, 신석기 시대의 유적 및 유물은 다음과 같다.

가) 은 殷 나라 유물

서기전 1500년경부터 약 500년간 존속했던 것으로 추정되는 은 殷 나라는 중국 최고 왕조 最古 王朝 로 추정된다. 발굴된 은나라의 유물에는 채색 도자기, 검은색 도자기 등이 있다. 은나라는 구리를 발견하고, 주석과의 합금 기술을 발명하여 청동기 青銅器 를 제작했으며, 3000여개의 문자를 사용했다. 청동 무기로 무장한 은나라는 석재 무기로 무장한 주변의 강족 强族 들을 제압했다. 1978년에는 은나라 시대의 왕릉 11개가 발굴됐으며, 왕릉의 규모는 깊이 30m, 가로 53m, 세로 82m 였다.

나) 닝사오 평원 문명

중국 동남부 지역, 저장 浙江 성 닝사오 평원, 허무두에 있었던 것으로 추정되는 닝사오 평원 문명의 유적은 다음과 같다:

- 벼농사 유적
- 고상식 高床式, pilotis 건축물 유적

다) 베이리강 裵李崗 문명

서기전 7000년경부터 서기전 5000년경까지 허난 河南 성, 서부 뤄허 洛河 유역에 있었던 것으로 추정되는 베이리강 裵李崗 문명의 유적 및 유물은 다음과 같다:

- 조 粟 농사 유적
- 수혈식 竪穴式 주거지; 원형, 방형 方形
- 홍갈색 도기 陶器 및 마제석기 磨製石器

라) **라오구안타이** 老官台 **문명**

서기전 6000년경부터 서기전 5000년경까지 산시 陝西 성, 후아 현에 있었던 것으로 추정되는 라오구안타이 老官台 문명의 유적 및 유물은 다음과 같다:

-조 粟 농사 유적
-가축사육; 개, 돼지
-수혈식 竪穴式 주거지; 원형
-암홍색 도기 陶器

마) **베이신** 北辛 **문명**

서기전 6000년경부터 서기전 5000년경까지 산둥 山東 성, 텡 현에 있었던 것으로 추정되는 베이신 北辛 문명의 유물로는 황갈색 도기가 있다.

바) **츠산** 磁山 **문명**

서기전 6000년경부터 서기전 5000년경까지 츠산 磁山 에 있었던 것으로 추정되는 신석기 츠산 磁山 문명의 유적 및 유물은 다음과 같다:

-홍갈색 도기
-수혈식 竪穴式 주거지; 원형, 타원형

사) **양사오** 仰韶 **문명**

황허 중류 남쪽 지역인 허난 河南 성 민츠 현, 양사오 仰韶 에서는 신석기 시대의 대규모 취락 유적지가 발굴되었다. 양사오 仰韶 문명은, 서기전 5000년경부터 서기전 3000년경까지, 황허 중류 지역인 산시 陝西 성, 산시 山西 성 남부 그리고 허난 河南 성 서부 일대에 존속했던 것으로 추정된다. 양사오 문명의 특성은 다음과 같다:

-수공업 발달, 토기 생산
-고정된 토지에서 집약농업 발달
-마 麻 와 견직물 絹織物 의류 생산

아) 다웬코우 大汶口 문명

다웬코우 大汶口 문명은 서기전 4300년경부터 서기전 2500년경까지 존재했던 후기신석기 문명이다. 이 문명의 특성 및 유물은 다음과 같다:

-부계 父系 씨족사회 문명의 전형 典型
-전기 유물; 붉은 색 도자기
-후기 유물; 흑색 및 회색 도자기

자) 룽산 龍山 문명

룽산 龍山 문명은 다웬코우 大汶口 문명을 계승 발전시킨 문명으로, 서기전 2900년경부터 서기전 2000년경까지 산둥 山東 성, 리청 歷城 지역에 존재했다. 이 문명의 주요 유물은 검은색 도기와 회색 도기이다.

나. 청동기 시대

현재 중국의 각 지역에서 발굴되는, 청동기시대 문명의 유적 및 유물은 다음과 같다.

가) 중산 문명

중산 문명은 후기 양사오 仰韶 문명을 계승 발전시킨 문명으로, 산시 陝西 성 및 허난 河南 성 지역에 존재했다. 이 문명의 특성 및 유물은 다음과 같다:

-회색 도기
-점복 占卜 시행

-중산 문명 후기에 청동기 주조 시작

나) **얼리토우** 二里頭 **문명**

얼리토우 二里頭 문명은 서기전 2000년경부터 서기전 1500년경까지 존재했던 청동기 문명으로, 상 商 나라시대 것으로 추정되는 2개의 궁전 宮殿 유적이 있다.

3. 고대 4대문명의 주거유적

서기전 5000년경부터 서기전 3000년경 사이에 지구상에서 최초로 인류 문명이 시작된 티그리스 강과 유프라테스 강 사이 유역의 메소포타미아, 나일 강 유역, 그리고 인더스 강 유역 등지에서는 햇볕에 말린 점토 벽돌과 밀짚 등이 주택의 주요 재료로 쓰였다. 그리고 주택의 기초와 바닥, 그리고 담장의 아치형 개구부 등에는 돌이나 목재를 사용하였다. 고온 건조한 메소포타미아 지역과 이집트 지역의 기후는 점토 벽돌의 생산에 적합했다. 이 지역 주택의 벽은 매우 두꺼웠으며, 창은 매우 작거나 거의 없다. 창을 통해서 들어오는 외부의 열기를 막기 위함이었다.

1) 메소포타미아 지역

티그리스 강과 유프라테스 강이 자주 범람 했던 메소포타미아 지역에는 진흙, 갈대, 석고 등이 풍부하였다. 그러나 석재와 목재는 귀했으며 그나마 품질도 떨어 졌다. 메소포타미아 문명 지역의 대표적인 주거 유적은 고대 수메르 왕국의 왕도 王都 에 있었던 우르 *Ur* 주거지이다. 이 주거지는 신석기 시대 말기부터 존재했던 것으로 추정되며, 그 상세는 다음과 같다.

(1) **우르 주거지 규모**

수메르 왕국의 우르에 있었던 주택은 인류 최초의 흙벽돌 집으로, 이런 형태의 주택은 고대는 물론이고 오늘날까지도 계승되고 있다. 당시 우르의 인구는 약 3만5천명, 면적은 약 100헥타르 hectares , 즉 1km² 로 추정된다. 따라서 인구 밀도는 3.5명/100m² 이다. 이런 수준의 인구 밀도는 현재 우리나라 서울의 2배 이상이다. 자연환경에 도전하면서 개발을 시도했던 수메르 인들의 우르 주거지 유적에서는 밀 및 보리 재배, 가축 사육의 흔적도 보인다. 주식 主食 인 밀의 생산은 번영의 기초이었는데, 밀 생산이 급감하자 멸망의 길로 들어섰다. 밀 재배지의 지표수가 증발, 지하에 염분이 증가하면서 밀 수확량이 급감했다. 이 지역에서는 최초의 맥주도 생산한 흔적이 있다.

(2) 우르 주거지 특성

가. 주거지 구획

우르 주거지에는, 같은 지역 내에 부유한 사람과 가난한 사람의 주택이 혼재했다.

나. 주택 특성

가) 주택 형태 및 규모

(가) 노동자 공동주택

우르 주거지에 있었던 모든 주택의 형태 및 구조는 유사했다. 가난한 사람들의 주택은 방 1~2개가 전부이고, 중정 中庭, 즉 안뜰이나 화장실 등을 공동으로 사용 했다. 공동주택 단지의 규 20m×20m 정도였다. 단지내, 단위주택의 규모는 35~70m² 정도였다(그림 1-001). 주택의 지붕은 밤에 취침 장소로도 쓰였다.

(나) 중산층 개인주택

왕도 王都 의 개인주택은 대개 2층이며, 평면은 4각형이었다.

그림 1-001: 우르 공동주택 배치도 수메르
공동주택 단지 규모: 가로×세로=20m×20m

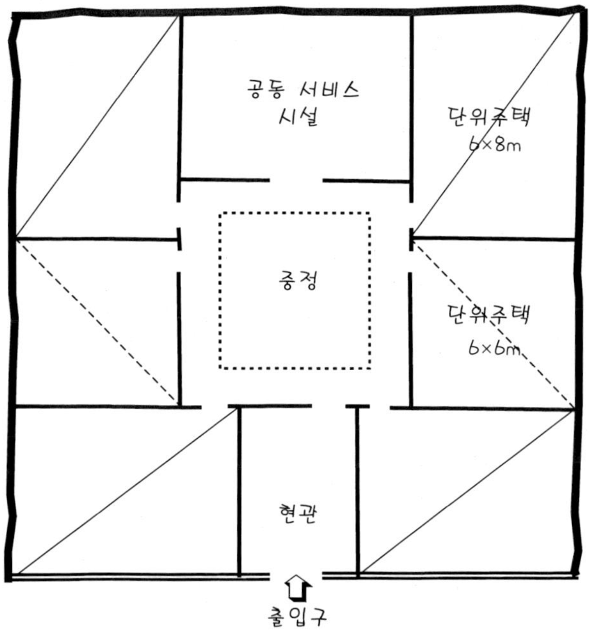

1층 바닥 면적은 12m×10m 정도였다. 주택의 중심에는 중정이 있으며, 각각의 방들은 중정을 중심으로 대칭으로 배치됐다. 중정의 크기는 5m×5m 정도였다. 주택의 1층에는 손님 접대 및 가사용 공간으로 응접실, 작업실, 노예방, 화장실, 창고, 부엌 등이 있고, 2층은 가족을 위한 은밀한 생활공간, 즉 침실 및 가족용 거실로 쓰였다. 수메르 왕국 서기전 3300년~2340년 의 쇠퇴에 이어 바빌로니아 서기전 2100년~1700년 와 아시리아 서기전 900년~612년 왕국이 차례로 이지역의 패자가 되었지만 일반 주택의 형태는 변하지 않았다. 이런 주택 형태 및 규모는 오늘날의 이란이나 이라크의 주택과도 유사하다(그림 1-002).

그림 1-002: 우르 개인주택 1층 평면도 수메르

1층 평면 크기: 가로×세로=10m×12m

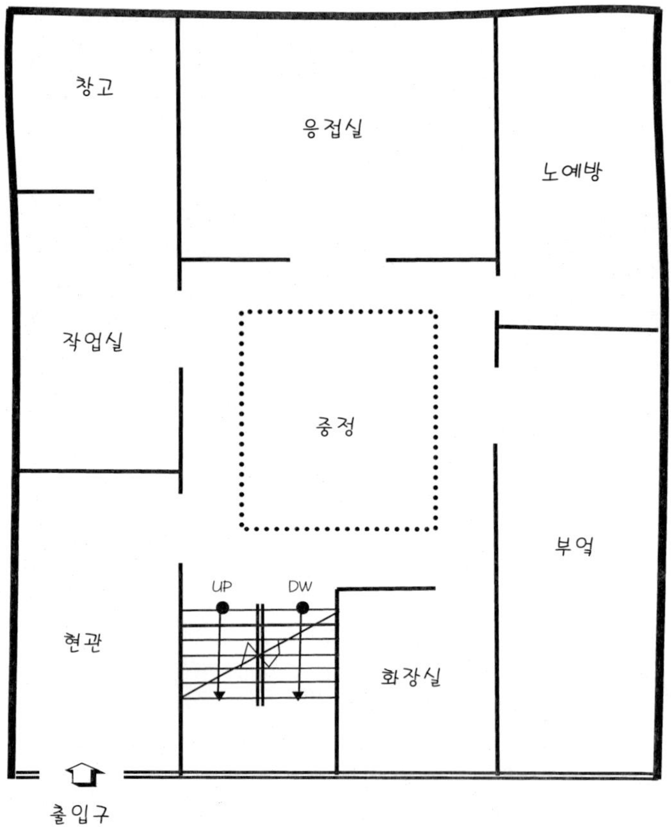

나) **주택 구조** 및 **건축재료**

(가) **외벽** 및 **개구부** 開口部

주택의 외벽은 여름철 혹독한 더위를 방지하기 위하여, 매우 두껍다. 외벽에는 출입구 이외에는 어떤 개구부, 즉 어떤 창문도 만들지 않았다.

(나) 건축재료

① 토속 재료

외벽용 재료로는 주로, 자연 건조 또는 불에 구운 흙벽돌 mud brick 을 사용하였다. 방수 및 접착재료로는 천연 아스팔트, 즉 비튜먼 bitumen 을 사용하였으며, 도로 포장용 재료로는 돌 블록 stone block 이 쓰였다. 늪의 왕갈대는 주로 지붕 재료로 쓰였지만, 여러 개를 묶어 주택의 기둥으로도 사용했다. 흙벽돌의 생산 상세는 다음과 같다.

㉮ 자연 건조 벽돌

점토 clay 또는 개흙 mud 에 짚과 물을 넣고 잘 섞은 다음, 형틀에 넣어 성형, 햇볕에 말려 사용하였다. 흙벽돌을 말리는 기간은 흙벽돌의 용도에 따라서 수일에서 심지어 5년까지 다양했다. 그러나 햇볕에 말린 흙벽돌은 물이나 습기에 노출 될 경우 강도가 약해졌다.

㉯ 불에 구운 흙벽돌

흙벽돌을 햇볕에 말리는 대신 불에 굽는 방법을 개발했다. 불에 굽는 흙벽돌은 강도는 좋았지만 연료비가 과다하여 생산은 제한 적이었다. 구운 흙벽돌은 건축물의 기초, 바닥 및 외벽 등의 축조에 제한적으로 쓰였다. 접착자재로는 천연 비튜먼에 흙을 섞은 역청-흙 natural bituminous soil 을 썼다.

② 수입 재료

수입 건축자재로는 삼나무, 석재 및 천연 접착재가 있었다. 삼나무는 현재의 레바논 Lebanon 지역에서, 그리고 석재는 지난날 페르시아 Persia 제국의 아르메니아 Armenia 산맥에서 들여왔다. 칠무늬 토기제품 등에 쓰인 청색 물감 재료인 청석 靑石 은 아프가니스탄 Afghanistan 에서 수입했다.

2) 이집트 지역

이집트의 나일 강 하류 유역은 매년 강이 범람하면서 상류로부터 많은 진흙을 운반해와 땅이 비옥하고 개흙과 점토가 풍부하였다. 나일 강 유역에는 목재는 귀하였지만 종려나무, 갈대, 골풀, 점토, 석재는 많았다. 나일 강 양안 兩岸 의 구릉지에는 석회석, 화강석, 현무암 등의 석재가 풍부하였다. 그러나 일반 이집트인들은 강 유역에서 흔히 구할 수 있는 점토, 종려나무, 갈대, 골풀 등의 토속 자재를 사용하여 집을 지었다.

(1) 주거 유적 특성

고대 이집트 계급사회의 특성상, 주택의 규모 및 지역은 신분에 따라서 구분되었다. 주택의 규모는 파라오의 주택이 가장 크고 그 다음에 관리, 수공업자, 노동자 등의 순이었다. 신분에 따른 주택 지역은 직선 도로에 의해서 구획되었다. 고대 이집트의 일반 주택은 종교적 사상에 따라서 흙과 나무로 지어졌기 때문에 세월이 지나면서 거의 모두 자연 소실되어 남아있는 주거 유적이 거의 없다.

가. 현세 주거 現世 住居

고대 이집트 사람들은 현세의 집을 잠시 머무르다 가는 은신처라 생각했다. 그들은 현세의 주거를 일시적 피난처로 생각했기 때문에 돌이 아닌 흙과 목재로 집을 지었다.

나. 사자 死者 의 주거

고대 이집트 사람들은 사자 死者 의 무덤은 영생을 누리는 영원한 안식처라 생각했다. 고대 이집트 사람들은, 사람이 죽으면 육신으로부터 영혼이 빠져 나갔다가 다시 돌아온다고 믿었다. 따라서 죽은 사람의 무덤은 영혼의 환생에 대비하는 안식처였다. 그래서 무덤은 석회석, 화강석, 현무암 등의 석재로 건축했다. 오늘날까지도 많은 사자 死者 의 무덤, 즉 거대한 피라미드나 신전 유적이 많이 남아 있는 이유이다.

(2) **주택 특성**

가. **주택 규모** 및 **서비스 시설**

가) **일반 서민주택**

고대 이집트 사회의 일반 서민들은 대개 1~2층의 흙벽돌집에서 살았다. 집의 벽은 일반적으로 흙벽돌을 쌓아올린 다음 진흙 바름으로 마감하거나 볏짚 섞인 점토를 쌓아 올려 만들었다. 집의 외벽에 있는 창은, 열기 熱氣 를 막기 위하여 아주 작게 만들었고, 그 수는 적거나 거의 없었다. 일반 서민들의 집에서는 위층으로 가기 위해서 사다리를 사용하였다.

나) **상류계층 주택**

고대 이집트 사회의 부유층 및 지도층 등의 상류계층은 보통 3~4층 집에 살았다. 이들의 저택은 목재 골조에 흙벽돌을 쌓아 건축한 것이었다. 부유층의 저택에는 호화 정원, 즉 중정 中庭 이 있으며, 중정에는 연못, 꽃밭 그리고 시원한 그늘을 만들어 주는 파고라 pergola 도 있었다(그림 1-003). 호화스러운 중정은 눈과 마음을 즐겁게 해주는 서비스 공간이었다. 3~4층의 부유층 저택에는 위층으로 가기 위한 실내 계단이 있었다. 부유층 저택의 상층부 기둥은 목재였지만, 반지하층의 기둥은 흙벽돌이었다. 실내를 선선하게 유지하기 위하여 벽 상단에 작은 창을 만들었지만 그 숫자는 아주 적었다. 부유층 저택의 실내 투시도 (그림 1-004) 및 저택의 실내 공간의 주요 기능 상세는 다음과 같다:

-식량 저장소; 고온 건조한 기후 덕분에 지하층은 늘 서늘하고 건조하였으므로 식량을 저장해두기에 알맞았다.

-곡물창고; 쥐의 침입을 막기 위하여 지붕 위에 설치
-취사용 화덕; 화재 예방을 위하여 지붕 위에 설치

그림 1-003: 고대 이집트 저택 투시도

출처: *Le livre des maisons du monde*

그림 1-004: 고대 이집트 저택 실내 투시도

저택의 1~2층 기둥은 목재, 반지하층의 기둥은 흙벽돌, 벽 상단에는 실내를 선선하게 유지하기 위하여 몇 개의 작은 창을 만들었다. 식량 저장소는 고온 건조한 기후 덕분에 늘 서늘하고 건조한 지하실에, 곡물창고는 쥐의 침입을 막기 위하여 지붕 위에 설치했다. 취사용 화덕은 화재 예방을 위하여 지붕 위에 설치

출처: *LA MAISON*

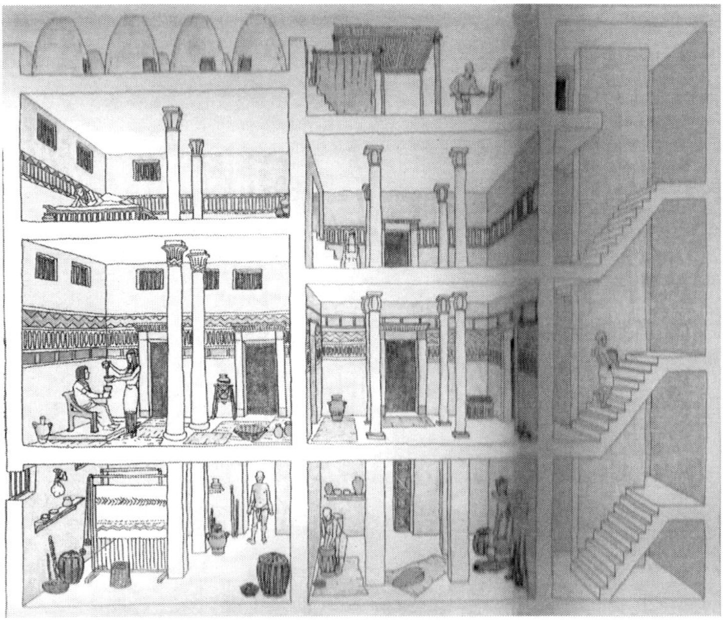

나. 주택 재료

고대 이집트 시대의 일반 평민들은 주로 흙벽돌, 종려나무, 갈대, 골풀 등의 토속 자재를 사용하여 집을 지었다. 흙벽돌, 즉 점토벽돌은 점토에 잘게 썰은 짚을 넣고 잘 비빈 다음 형틀에 넣어 일정 형태와 크기로 성형한 다음 햇볕에 말려 만들었다. 규모가 큰 건축물의 건축에는 화강석, 석회석, 현무암 등의 석재와 수입자재인 삼나무를 사용했다. 삼나무는 현재의 레바논 지역에서 수입했다.

다. 주택 형태 및 배치

가) 일반 도시 주택

도시 주거 지역은 자유방임, 편의주의에 따라서 자연 발생적으로 형성되었으므로, 서민, 중산층, 상류층, 지도층이 함께 어울려 살았다.

나) 노동자 공동주택

이집트 사회의 수공예 업자나 노동자는 일반적으로 가족과 떨어져서 공장이나 건설 현장, 특히 피라미드 건설 현장 근처의 공동 주택에서 집단 거주하는 경우가 많았다. 일정한 크기의 정방형 또는 장방형 노동자 공동 주택은, 엄격하게 기하학적 형태로 계획된 가로 街路 에 따라서 반복적으로 배치되었다. 고대 이집트 사회의 대표적인 노동자 집합 주거지 유적은 다음과 같다.

(가) 카훈 주거지

문헌 文獻 에 의하면 엘 카훈 El Kahoun 의 주거지는, 나일강 하류 파윰 호수 근처에 있었던 것으로 기록되어있으나, 실제로 발굴되지는 않았다. 문헌상의 카훈 주거지는 고대 이집트 중왕국 시대 후반인 서기전 1897년에서 1879년까지 20년간 존속했다. 고대 이집트 고왕국 말기부터 중왕국 초기까지는 왕국의 수도를 멤피스 Memphis 에서 헤라콘폴리스 Heraconpolis 로, 이어서 테베 Thebes 로 옮기던 시기였다.

① 주거지 조성 목적

카훈 주거지는 고대 이집트 중왕국 中王國 제12왕조의 세소스트리스 Sesostris 2세의 치하에서 피라미드 건설을 위하여 조성된 노동자 집단 주거지이다. 카훈의 주거지에는 건설 노동자, 수공예 기술자, 공사 관리자, 시장 상인, 종교인 등이 상주 했다. 카훈의 주거지는 피라미드 공사가 끝난 후 폐쇄되었다.

② 주거지 규모

가로, 세로가 각각 285m인 사각형 성벽으로 둘러싸인 카훈 주거지의 면적은 8만1225m², 즉 약 20에이커 acre 였다. 카훈 주거지에는 약 10만 명의 건설공사에 관련된 사람들이 상주 했으므로, 인구 밀도는 100m² 당 124명인 셈이다(그림 1-005). 이정도의 인구 밀도는 고대 수메르 왕도 우르의 35배, 현재 서울의 75배 이상이므로, 카훈의 주거지는 정상적인 주거지로 볼 수는 없다. 카훈의 주거지는 건설관련 노동자들의 집단 숙소였을 뿐이다.

그림 1-005: 카훈 주거지 배치도 고대 이집트

주거단지 크기: 가로×세로=285m×285m

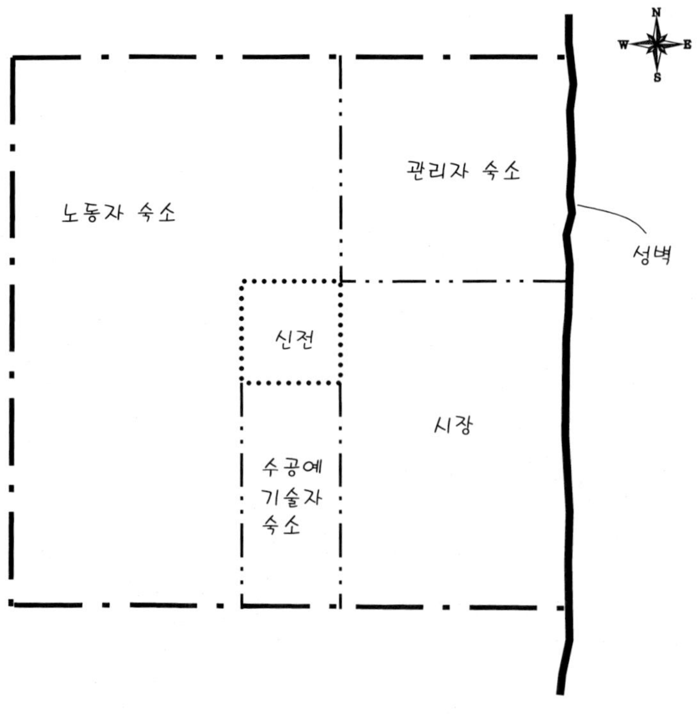

③ 연립주택

카훈 주거지의 노동자 숙소는, 흙벽돌 구조의 3세대 연립주택이었다. 각 세대의 숙소는 장방형 평면이었으며, 현관, 침실, 거실, 부엌 등이 있었다(그림 1-006). 연립주택은 1~2개의 중정을 중심으로 10여개씩 배치되었다. 연립주택은 공사비 절감 및 토지 사용의 효율성을 높이기 위한 수단이었다. 연립주택은 토지, 공사비, 관리비 등을 절약할 수 있는 장점이 있으나, 통풍과 일조가 불량하고 이웃지간에 발생하는 소음은 해결해야할 골칫거리 였다. 건설관리자들의 숙소는 규모에 차이가 있을 뿐 역시 연립주택이었다. 다만 고위 관리자의 연립주택에는 하인들의 작업실, 침실 및 개인 중정이 있었다.

그림 1-006: 3세대 연립주택 평면도 카훈 주거지, 고대 이집트

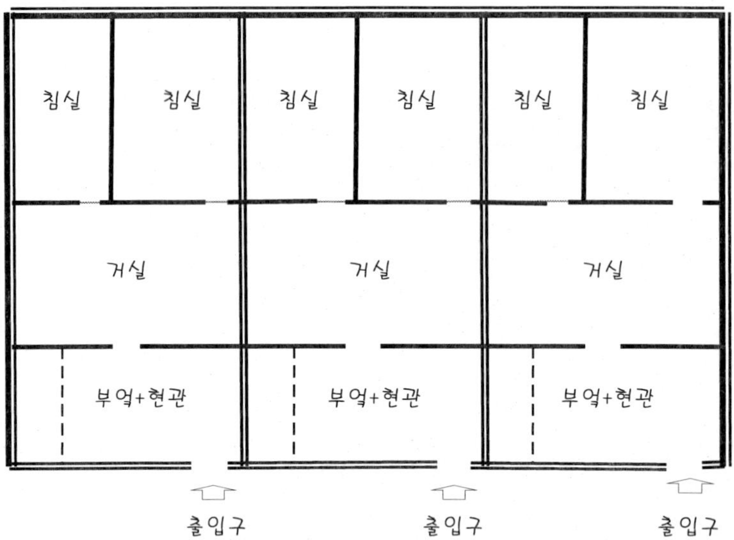

(나) **데이르 엘 메디나 주거지**

이 주거지는 왕가 王家 의 계곡이 있는 테베 Thebes 에 있었다. 이 주거지의 규모, 조성 목적, 주택 특성 등은 카훈의 주거지와 유사하다.

(다) **텔-엘-아마르나 주거지**

나일강 중류 지역, 즉 이집트 중부 지방에 있는 텔-엘-아마르나 Tell-el-Amarna 는 고대 이집트 신왕국 유일의 도시 상류층 개인 주택단지였다. 이 주택 단지는 현재 발굴 중에 있으며, 이 단지의 주택은 자연 건조 흙벽돌 sundried brick 과 목재로 건축되었다. 엘-아마르나 El-Amarna 는 신왕국 제18왕조, 아멘호텝 4세 시절, 10년 동안 이집트의 왕도였다. 그러나 같은 왕조 제12대 왕인 투탕카멘 Tutankhamun 은 왕도를 다시 중왕국 시대의 왕도인 테베, 즉 현재의 룩소르로 옮겼다.

3) 인더스 지역

인더스 문명 지역의 주거단지는 바둑판 형태로 잘 구획되었으며, 도로 및 골목길은 잘 정비되었고, 상수도, 하수도 시설도 완비되었던 것으로 추정되지만, 확실한 자료는 거의 없다. 개인 주택에 관련된 추정자료는 다음과 같다.

(1) **주택 규모** 및 **서비스 시설**

주택의 크기는 신분에 따라서 규제되었지만, 일반 시민들은 대개 우물, 목욕탕, 수세식 화장실, 상하수도 시설 및 중정 등이 있는 비교적 넓은 2층 집에 살았던 것으로 추정되는 유적이 발굴되었다. 2층에 있는 수세식 변기는 벽체에 매설되어있는 방수 배수관에 연결되었다. 깊이가 10m 정도 되는, 개인 집의 원형 圓形 우물은 모두 700여개가 발굴되었다.

(2) **주택 구조** 및 **재료**

2층의 흙벽돌 개인 주택은, 높이가 9m 정도였으며 주택의 외벽두께는 40cm 정도였다. 주택 공사용 주요 건축 자재는 구운 흙벽돌 burned brick, 목재, 방화 목재, 갈대 판재 reed mat, 천연 역청-흙 bituminous soil 등이었다. 구운 흙벽돌 은 대, 중, 소의 크기로 생산되었다. 대형 흙벽돌의 규격은 28×16×9cm 였다.

4) 황허 지역

(1) **신석기 시대**의 **주거 유적**

황허 중류 남쪽 지역인 허난 河南 성 민츠현 양사오 仰韶 에서는 신석기 시대의 대규모 취락 유적지가 발굴되었다. 이 지역에서 발굴된 대표적 주거 유적은 반포 半坡 취락이다. 반포 취락은 고대 중국인들이 집단생활을 하던 마을 유적으로, 방어용 호 濠로 둘러싸였으며, 취락에는 200~300개의 주거 단위가 있었던 것으로 추정된다. 중국 신석기 시대의 주요 주거 유적은 다음과 같다:

-저장 浙江 성, 닝사오 평원; 고상식 高床式, pilotis; 주거
-허난 河南 성 서부, 뤄허 洛河 유역;
원형 및 방형의 方形 수혈식 竪穴式 주거
-산시 陝西 성, 후아현; 원형의 수혈식 竪穴式 주거
-츠산 磁山; 원형 및 타원형의 수혈식 竪穴式 주거

(2) **고대 중국**의 **주택 형태** 및 **재료**

가. **주택 형태**

가) **수상** 水上 **주택**

고대 중국인들은 아주 오래 전부터 물 위에 떠다니는 집에 살았다. 그들은 여러 대의 거룻배를 묶어 평평한 바닥을 만든 다

음 그 위에, 떠다니는 성 城 을 건축했으며, 심지어는 항구나 강 하구에, 수백 척의 작은 배를 묶어 수상 도시를 건설하기도 했다. 현존하는 이탈리아 베니스는 세계적으로 유명한 수상도시이다(사진 1-024). 중국에서는 지금도 황허 黃河, 칭허 淸河 및 양쯔 揚子 강 등에는 주거용 배, 즉 작은 거룻배 三板 들이 있으며, 홍콩에서는 정크 junk, 바크 bark 등의 배를 주거용으로 쓰고 있다.

사진 1-024: 베니스 수상 水上 도시 이탈리아

나) 수상 樹上 주택

고대 중국인 들은 나무, 즉 고목 枯木 이나 고목 古木 위에 집을 짓고 살았다. 그러나 나무 위의 주거 住居 는, 원래는 사람이나 동물보다는 신들의 특권이었다. 그리스 신화의 최고신 제우스 Zeus 는 오래된 떡갈나무 몸통 속의 구덩이에서 살았다. 고대 중국인들의 말에 의하면, 왕들은 왕궁을 짓지 않고 겨울에는 잘 정돈된 동굴에서, 그리고 여름에는 나무 위에서 살았다고 한다. 사람들이 높은 나무 위에서 살고 싶어 하는 것은, 따가운 햇볕을 막아주는 나뭇잎 아래 앉아서 멀리 그리고 넓게 풍광을 즐기고 싶은 바램 때문이다. 그러나 좀 더 절실한 이유는, 높은 나무 위의 주거는 야생 동물이나 예기치 못했던 적들의 침입으로부터 안전이 보장되기 때문이다. 수상 樹上 주택은 기후나 지리적 조건이 유사한 지구촌 곳곳에서도 볼 수 있는 주택 형태이다(사진 1-025).

사진 025: 나무 위의 집 스리랑카 농촌지역

다) **투러우** 土樓

투러우는 다양한 형태의 주택이 존재하는 중국에서도 가장 독특한 주택 형태이다. 투러우는 중국의 고대 아파트인 셈이다. 중국 최초의 아파트 투러우는 건물 한 채의 크기가 거대하고 높이도 3~4층, 즉 16m 나 된다. 평면은 원형, 반달형, 직사각형 등으로 다양하며, 흙벽의 두께는 1~2m 이다. 원형 투러우의 경우 지름이 70m 에 달하는 것도 있으며 중심에는 사당이 있다. 투러우는 흙벽에 있는 대문만 걸어 잠그면 아무도 침입할 수 없는 보루 堡壘 인 셈이다. 투러우는 성씨 姓氏 가 같은 사람, 수십 명에서 많게는 수백 명이 공동체 생활을 하는 집성촌이다. 투러우를 최초로 건축한 사람들은 중원에 살다가 나라가 전쟁에 휘말리자 남쪽으로 이주한 한족 漢族 들이다. 8세기 초부터 건축되기 시작한 투러우는 지금도 꾸준히 건축되고 있다. 투러우는 지금도 중국 동남부, 푸젠성 福建省 융딩현 永定縣 에 2만여 채, 난징현 南靖縣 에 1만5천여 채가 남아있다(사진 1-026).

나. **주택 구조** 및 **재료**

고대 중국인들은 철기시대 이전부터 매우 훌륭한 목재 골조 주택을 건축했다. 도시 주택은 중정 中庭 둘레에 건축되었으며, 농촌 주택은 담장으로 둘러싸인 텃밭의 중심에 건축되었다. 지배계층의 으리으리한 저택 邸宅 은, 매우 다양하고 아름다운 인공 풍광이 설치된 정원의 한가운데에 지어졌다. 저택은 세련된 여러 가지 색으로 도색되었으며, 지붕은 유약을 칠한 기와로 덮어졌다. 저택의 지붕은 매우 높고 경사가 급하며, 보통 겹지붕으로 되어있는데, 이것은 여름철 열기나 폭우를 막기 위함이다. 저택은 일반적으로 여러 채의 주택을 이어 붙여 짓기 때문에 지붕 또한 여러 개이다. 지붕의 개수는 주택 소유주의 부를 상징함과 동시에, 집안으로 들어오는 악령 惡靈 을 막아준다고 생각했다. 중국에는, “주택은 그 안에 사는 사람의 것이지만, 또한 그 주택을 바라보는 사람의 것이기도 하다.” 라는 속담이 있다.

사진 1-026: 투러우 단지 푸젠성, 중국

사진 상; 융딩현의 투러우 단지 전경, 사진 하; 난징현의 투러우 내부, 투러우는 중국의 고대 아파트인 셈이다. 중국 최초의 아파트 투러우는 건물 한 채의 크기가 거대하고 높이도 3~4층, 즉 16m 나 된다. 평면은 원형, 반달형, 직사각형 등으로 다양하며, 흙벽의 두께는 1~2m 이다. 원형 투러우의 경우 지름이 70m 에 달하는 것도 있으며 중심에는 사당이 있다. 투러우는 흙벽에 있는 대문만 걸어 잠그면 아무도 침입할 수 없는 보루인 셈이다. 투러우는 성씨가 같은 사람, 수십 명에서 많게는 수백 명이 공동체 생활을 하는 집성촌이다. 투러우를 최초로 건축한 사람들은 중원에 살다가 나라가 전쟁에 휘말리자 남쪽으로 이주한 한족들이다. 8세기 초부터 건축되기 시작한 투러우는 지금도 꾸준히 건축되고 있다. 투러우는 지금도 중국 동남부, 푸젠성, 융딩현에 2만여 채, 난징현 에 1만5천여 채가 남아있다

제 2 장
고대 아라비아 및 인도차이나 문명

1. 히타이트 문명

1) 문명의 특성

히타이트는 서기전 17세기경부터 서기전 12세기경까지, 아나톨리아 Anatolia 반도, 즉 지금의 터키 중북부 산악 고원 高原, 구릉지에 있었던 왕국이었다. "아나톨리아" 는 로마제국 시대의 명칭이며, 그리스어로는 "태양이 떠오르는 곳" 이라는 뜻이다. 히타이트 인들은 현재 터키의 보가즈쾨이 Bogazköy 에 그들의 왕도, 하투샤를 정하고 철의 왕국을 건설했다. 하투샤가 있던 지명을 보아즈칼레라고도 하는데, 이는 서로 다른 언어의 발음상의 문제인 것 같다. 실제 이들 지명의 프랑스어 발음은 보가즈리앙 Bogazliyan 이다. 히타이트 왕국의 왕도는 현재 터키의 앙카라에서 동동남쪽으로 200km 떨어져 있는 지역에 있었다. 청동기 시대에 살았던, 산악 山岳 민족, 히타이트 Hittite 인들은 인류문명을 뒤 바꾼 제철 製鐵 기술을 발명, 철기 문명을 꽃피웠으며, 그 영향력은 시리아 북부 지역까지 미쳤다. 그러나 지금까지 발굴된 히타이트 왕국의 유적 및 유물은, 같은 시대에 존재했던 다른 왕국에 비해 매우 적은 편이다. 히타이트 왕국의 문명적 특성은 다음과 같다:

-철제 무기 및 농기구를 사용한 봉건적 농경사회
-평민의 신분; 자유인, 장인, 노예
-여성권리 보장, 사형제도 폐지 시행
-점령지, 토착민들의 신앙과 풍속을 존중, 유지시켰으며,
관용과 동화정책으로 다른 지역의 문명을 포용,

흡수하면서 거대한 다민족국가 형성

2) 하투샤 유적 및 유물

하투샤는 정치, 종교의 중심인 히타이트 왕국의 수도이자, 신들의 도시였다. 하투샤는 평균 해발 1000m 의 구릉지대에 자리하고 있었다. 하투샤는, 동서길이 약 1.3km, 남북 길이 약 2.1km, 즉 면적이 약 268ha, 즉 268만m^2 인 왕도 王都 였다. 그 당시 하투샤에는 1만~1만2천명이 살았던 것으로 추정된다. 하투샤는 정돈된 계획 도시였다. 날씨의 신과 태양의 신에게 바친 신전, 왕궁, 주거지, 시장, 요새, 공동묘지 등이 모두 가로, 세로가 반듯하게, 격자형으로 구획, 배치되었다. 도시의 바닥은 배수를 용이하게 하기 위하여 경사지게 만들었다. 하투샤에는 많은 유적과 유물이 있었으나, 온전하게 남아있는 유적은 많지 않다. 하투샤의 신전 터는 1986년 세계문화유산에 등재되었다. 하투샤는 현재 50% 정도 발굴된 상태이며, 발굴된 일부 유적의 흔적은 다음과 같다.

(1) **하투샤 유물**

가. **카데시 평화조약문**

히타이트-이집트간의 평화조약은 히타이트의 하투실리스 3세 Hattushilis III 와 이집트의 람세스 2세가 "카데시 Qadesh" 전투이후 16년만인, 서기전 1259년에 맺은 조약이다. 이 조약은 사상 최초의 평화조약이었으나, 쌍방의 조약문 문구에는 약간의 차이가 있었다. 조약문에는 전황 戰況 을 아전인수식으로 해석, 서로 승리했다고 했으며 자화자찬한 부분이 있기 때문이다. 조약의 기본내용은 상호불가침, 기존의 양국 국경선 인정이다. 히타이트에 있는 조약문서는 점토판에 쐐기문자로 기록되었다.

나. **쐐기문자 점토판**

20세기 이후에 발굴된 쐐기문자 점토판은 오랜 세월동안 잊혀졌던 히타이트 왕국의 모습을 세상에 알리는 중요한 자료였다. 수천 점의 점토판이 폭풍과 태양의 여신인 아린나 Arinna 에게 봉헌된 대사원에서 발굴되었다. 지금까지 2만5000여 점의 점토판이 출토, 대부분이 해독되면서 히타이트 왕국의 전모가 밝혀졌다.

(2) **하투샤 유적**

가. **보가즈쾨이 성채**

도시 전체를 성벽으로 둘러싼 이 성채에는 히타이트 왕국의 왕도 王都 하투샤가 있다. 보가즈쾨이 성채 城砦 의 성벽 城壁 은 이중 성벽으로, 총길이는 대략 8km, 높이는 10m 이다. 이 성벽은 왕궁, 주거지, 4개의 신전 등을 보호하기 위한 것이다. 왕국의 수도 하투샤 근교에는 새해를 축하하고, 풍성한 수확을 기원하고, 왕의 즉위 및 죽음을 기리는 신전들도 있다.

나. **예르카피 요새** 要塞

피라미드와 유사한 형태의 거대한 예르카피 Yerkapi 요새는 히타이트의 왕도, 하투샤가 있는 보가즈쾨이 성채에서 가장 높은 곳에 있다. 이 요새는 군사용 목적이라기보다는 왕국의 위용을 나타낼 목적으로 건설된 것으로 추정된다. 피라미드처럼 돌을 쌓아 올려 만든 이 요새의 높이는 20m, 밑면의 길이는 250m 이다. 이 요새의 상단에는 4개의 스핑크스 문이 있다. 이 요새에서는 성벽 밖 20km 까지 침입자를 살필 수 있다. 요새 하단에는 삼각 형태로 터널을 뚫어 통로로 사용했으며, 터널의 높이는 3m, 길이는 71m 이다.

다. **사자** 獅子**의 문** 門

사자의 문은 하투샤 성벽에 설치된 5개의 문중 하나로서 문기둥에는 사자의 조각상이 있다. 히타이트 왕국에서 사자는 왕의 권위를 상징하는데, 이런 것은 이집트 문명의 영향을 받은 것으로 추정된다. 성벽에는 모두 5개의 문이 있었으나, 현재는 서쪽에 사자의 문과 동쪽에 왕의 문만이 남아있다.

라. **야질리카야 부조** 浮彫

신들의 계곡이라 불리는 야질리카야 Yazilikaya 의 암벽에는 돋을새김의 조각 彫刻 이 있다. 히타이트 예술의 걸작이라고 평가되는 이 조각은 글자와 더불어 "12명의 전사 또는 지하 세계 신들의 행렬" 을 표현하고 있다. 히타이트 왕국에는 신전이 31개나 있었으며, 그들이 섬긴 신은 천명을 넘는다. 히타이트 인들은 점령지 토착민들의 신앙과 풍속을 존중, 유지시켰기 때문이다. 또 다른 히타이트 부조에는 새의 날개가 조각되어 있는데, 이는 히타이트 인들의 신인 태양신을 의미한다.

마. **종자** 種子 **곳간**

식량의 중요성을 인식한 히타이트 인들은 언제 밀어 닥칠지 모를 재난에 대비해서 종자 곳간을 만들었다. 당시 히타이트 왕국은 10년에서 12년 주기로 가뭄, 지진 등의 천재 天災 에 시달렸기 때문이다. 히타이트 인들은 곡물 창고를 지어, 많게는 종자 수백 톤을 보관했다.

바. **저수조** 貯水槽

커다란 돌을 깎아 만든 저수조는, 산비탈 암석지대에서 흐르는 물을 받아 모아 두는 시설이다. 저수조에는 도수로 導水路 가 연결 되어 있다.

3) 문명 발상지 연대기

(1) **히타이트 왕국**의 **형성기**

서기전 2000년경, 현재의 터키 지역인 아나톨리아 반도 북동부, 흑해 연안에 정착한 히타이트 인들은, 서기전 3000년대 말경부터 이 지역에 살고 있었던 하티 Hatti 인들을 제압하고 왕국을 건설하기 시작했다. 서기전 17세기 후반 경에는 히타이트의 왕 하투실리스는, 시리아 북부 지역을 점령, 흑해 연안에서 시작하여, 에게해 및 지중해로 둘러싸인 아나톨리아 전 지역을 장악, 세력을 키우고, 통일왕국의 왕도를 하투샤로 정했다.

(2) 왕국의 번성기

하투실리스의 뒤를 이은, 무르실리스 1세는 서기전 1590년대 경에 유프라테스 강을 따라 내려가 바빌로니아의 아모리테 왕조를 멸망시켰다. 무르실리스 1세의 뒤를 이은 투드할리야시 2세는 서기전 15세기 중엽 강력한 왕권을 확립했다. 투드할리야시 2세의 뒤를 이은, 용맹한 왕 수필룰리우마스와 그의 아들 무르실리스 2세 왕은 아나톨리아 반도 일대를 장악했다. 이즈음 히타이트 왕국의 영토는 아나톨리아 반도 서부 에게해 연안에서 동쪽의 코카서스까지, 북쪽의 흑해연안 산중에서 남쪽으로 시리아를 지나, 이집트의 영토였던 현재 레바논 남쪽지역까지 이르렀다. 당시 히타이트 왕국은 이집트와 지역 패권을 다툴 정도의 강국이었다. 제철 기술을 가지고 있었던 히타이트 왕국은 철제 鐵製 2륜 전차 戰車 의 경량화에 성공, 전투력을 크게 향상시켜 이집트와 맞섰다. 무르실리스 2세 왕의 아들 무와탈리스는 서기전 13세기말 시리아 영유권을 두고, 오론테스 강변 카데시 Qadesh 에서 이집트 파라오 람세스 2세와 격돌했다.

(3) 카데시 전투와 평화협정

서기전 13세기경, 아나톨리아 반도의 맹주는 히타이트 왕 무와탈리스였다. 그러나 이집트의 파라오 람세스 2세가 동방으로의 정복 전쟁을 지속, 지금의 시리아와 터키 국경에 있었던 "카데시" 를 점령, 이집트의 무역 중심지로 만들자, 이에 위협을 느낀 무와탈리스는, 서기전 1275년에 카데시 탈환을 위한 전투를 벌였다. 서기전 1275년에 시작된 이 전투에서 철제무기, 기병대, 철제 전차 鐵製 戰車 병대로 무장한 히타이트 군은 청동제 무기로 무장한 이집트 군을 압도하였으나 지휘관의 판단착오로 승기를 잡지 못하고, 지루한 전투가 지속되면서 쌍방의 국력만 소모하고 있었다. 이렇게 정전 상태가 지속되는 동안 카데시는 다시 히타이트로 넘어갔다. 그러는 동안 히타이트에서는 전투 후 2년 만에 무와탈리스가 죽고, 그의 어린 아들 무르실리스 3세가 왕위를 계승했다. 그러나, 서기전 1267년에 그의 삼촌 하투실리스에게 왕위를 빼앗기고, 그는 이집트로 망명했다. 하투실리스는 하투실리스 3세 Hattushilis III 라는 이름으로 왕위에 올랐다. 이즈음 카데시 탈환의 명분을 얻은 이집트가 카데시를 침공했다. 이런 상황에서 탈취한 왕위가 불안하고, 신흥강국 아시리아가 히타이트를 위협하자, 사면초가에 빠진 하투실리스 3세는 이집트에 평화조약, 즉 히타이트-이집트 조약을 제안하고, 서기전 1259년에 평화협정을 맺었다. 그 후 히타이트 왕국은 급속히 쇠락하였으며, 이 지역에는 신흥강국 아시리아, 그리스 도시국가 등이 등장했다.

(4) **왕국**의 **멸망**

500년 넘게 지속되어온 철의 왕국이 서기전 13세기 이후, 갑자기 멸망한 원인은 아무도 모른다. 뚜렷한 침략이나 화재, 자연재해 등의 기록이 없기 때문이다. 다만 이집트와의 오랜 전쟁으로 국력 피폐, 지중해 해적들, 즉 그리스와 이탈리아의 선조들, 소위 "바다의 민족" 의 침공, 내부 권력투쟁 등이 멸망의 배경으로 추정될 뿐이다.

2. 아라비아 문명

1) 문명의 특성

(1) **고대 문명**

대부분이 황량한 사막인 현재의 아라비아 반도에서는 구석기 및 신석기 시대의 유물이 다수 발굴되고 있다(사진 2-001). 아라비아 반도는 1만여 년 전쯤만 해도 수목이 무성하고 많은 호수와 습지가 있었으며, 야생자원 또한 풍부한 지역이었다. 이 시기에는 아라비아 반도를 "초록의 아라비아 Green Arabia" 라고 불렀다. 또한 아라비아 반도는 고대 문명의 교차로였으므로, 메소포타미아, 이집트, 페르시아 등과의 문명 교류도 활발했다. 아라비아 반도는 근현대에 이르러서도 유향과 몰약 沒藥 의 중요 유통경로였다. 아라비아 반도는 "나바트", "마가르" 및 "딜문 Dilmun" 문명의 중심지였다. 딜문은 서기전 3000년경, 아라비아만 연안을 중심으로 하는 해상교역의 중요 거점이었다. 딜문은 메소포타미아와 멀리, 현재 파키스탄의 인더스 강변을 잇는 거점 도시로서 그들의 문명을 받아들여 문명의 꽃을 피운 아라비아 고대 문명의 발상지였다.

(2) **이슬람 문명**

고대 그리스 문명을 계승한 이슬람 문명의 특징은 융화력이다. 이슬람 문명은, 예언자 "무함마드 Muhammad 를 중심으로, 서기후 622년 이후 아라비아 반도에서 생성, 중근동 中近東 으로 퍼져나갔다. 이슬람 세력이 커지면서 아라비아 반도의 중동부 지역에 있는 메카 Mecca 와 메디나는 이슬람 문명의 중심지가 되었다. 현재 아라비아 반도의 인접국 시리아, 이집트, 이라크, 예멘 등에서는 물론이고 전 세계에서 수많은 이슬람교도, 순례자들이 성지인 메카와 메디나로 몰려들고 있다. 이슬람교도를 칭하는 "모슬렘 Moslem" 은 예언자 "무함마드의 추종자" 를 의미하며, "이슬람 Islam" 은 "신에게 절대 복종" 한다는 뜻이다. 또 한편 "이슬람" 이란 말은 이슬람교의 세계, 또는 이슬람교도

사진 2-001: 아라비아 반도의 고대 유적

사진 상; 아라비아 주요 유적, 사진 하; 아라비아 반도 순례길 및 향 교역로

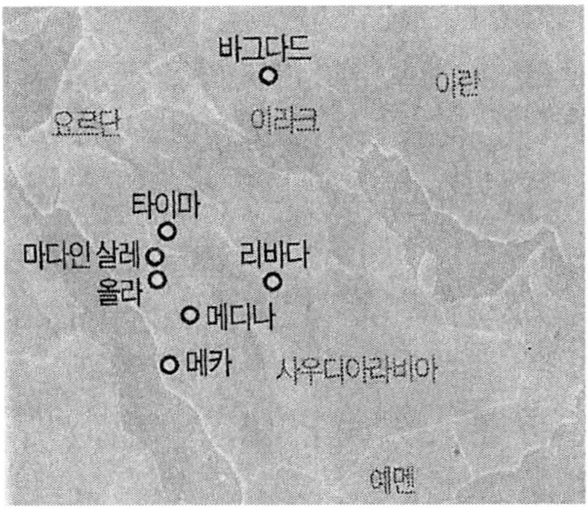

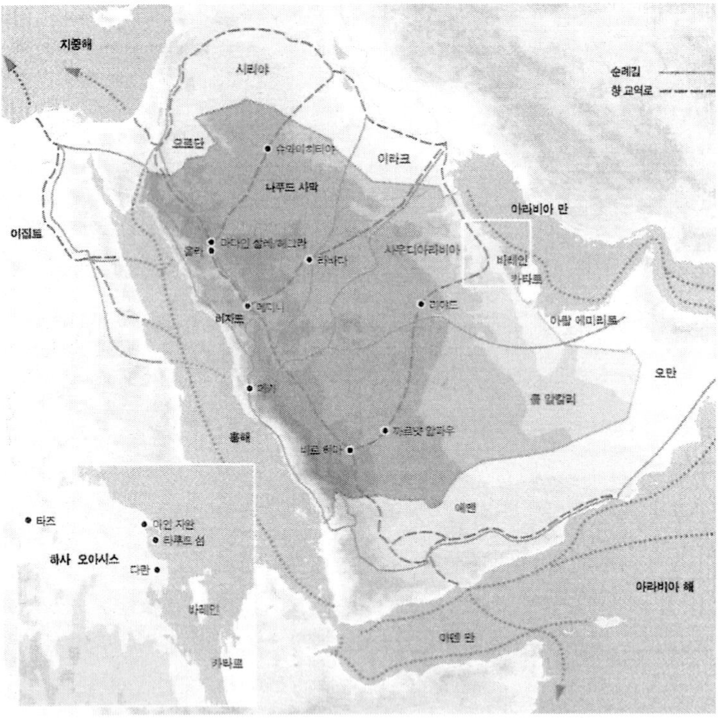

전체를 지칭하기도 한다.

이슬람 문명은 종교가 모든 것, 즉 국가, 사회, 법률, 사상 및 예술 등을 집결시키는 핵으로 작용하는 문명이다. 다시 말해서 이슬람 문명은 신, 예언자, 통치자, 이슬람 공동체 및 율법 샤리아 Shari'ah 에 절대 순종하는 문명이다. 유일신 唯一神 알라 Allah 를 전능의 신으로 믿는 이슬람교는 세계 3대 종교의 하나로서 칼과 코란으로 포교한다. 코란은 알라의 계시를 기록한 이슬람교의 경전이다. 모슬렘들은 배교자 背敎者 에겐 가혹한 형벌을 가한다. 이슬람 세력의 진정한 기적은 무력을 앞세운 군사적 정벌보다는, 정복된 지역을 아랍화, 이슬람화 한 것이다. 이슬람 세력은 처음에는 군사적, 정치적 권력을 통하여, 나중에는 아랍어와 신앙을 통하여 정복지를 이슬람화 했다. 아랍어는 서기후 11세기경에는, 이슬람 문명을 대표하는 수단으로 발전했으며, 동쪽은 인도 및 중국의 경계선으로부터, 서쪽은 그리스, 이탈리아, 프랑스 변방, 스페인 그리고 남쪽으로는 북아프리카에 이르는 광범위한 지역에서 일상용어가 되었다.

2) 유적 및 유물

(1) **선사 시대 유물**

아프리카의 초기 인류가 아라비아 반도에 정착하기 시작한 것은 선사시대로 추정된다. 아라비아 반도에서 발굴된 선사시대의 석기들은 초기 인류가 아프리카에서 쓰던 것들과 같은 것들이었다. 사우디아라비아 남서쪽 마가르 마을에는, "마가르" 문명의 유물들이 많이 발굴되고 있다. 서기전 8110년경 제작된 것으로 추정되는, 구석기 및 신석기시대 유물들은 돌로 만든 칼, 가락바퀴, 갈판, 찍개, 화살촉, 길이 1m 정도의 말 모양의 석상 등이다.

가. **돌 찍개**

아라비아 반도 북부, 슈와이히티야 지역에서 발굴된 구석기 시대의 돌 도구이다. 찍개의 크기는 14×10.3×8cm 이며, 규암 硅巖 을 쪼개서 만들었다(사진 2-002).

나. 말 馬 머리 석상

아라비아 반도 북부, 마가르 지역에서 발굴된 신석기 시대의 말의 머리 모양을 한 석상 part of horse 으로 그 크기는 86×52×18cm 이다(사진 2-003). 이 석상은, 말의 가축화가 5500년 전 중앙아시아 카자흐스탄에서 처음 시작되었다는 기존 학설은 뒤집는 결정적 증거로 평가된다. 말이 사육되었다는 증거는 말머리 부위에 있는 뚜렷한 굴레 형태의 조각이다.

사진 2-002: 돌 찍개 슈와이히티야, 사우디아라비아

사진 2-003: 말 머리 석상 마가르, 사우디아라비아

(2) **오아시스 지역 유물**

아라비아 반도의 동쪽, 고대 아라비아 만, 즉 현재의 페르시아 만 연안의 타루트 섬은 대추야자가 울창한 오아시스 지역으로, 신석기 시대부터 사람이 살았다. 타루트 섬, 다란, 도사리아, 아브까이끄 등은 서기전 2000년대 후반부터 1000년대 초반까지 꽃피웠던 고대 "딜문 Dilmun" 문명의 중심지였다. 이 지역에서 발굴된 유물들은 메소포타미아, 페르시아, 인더스 등의 문명과 관련이 깊은 것들이다. 고대 도시 "게라"로 추정되는 타즈 Thaj 는 고대 그리스 문명의 영향을 받았다.

가. **타루트, 남성 석상** 石像

아라비아 반도 동쪽, 고대 아라비아 만 연안의 타루트 섬에서 발굴된 이 남성 석상은, 서기전 2000년대에 석회석을 깎아 만든 것으로 추정되며, 높이는 94cm 이다(사진 2-004).

사진 2-004: 타루트 남성 석상 사우디아라비아

나. 황금 마스크

기원후 1세기경에 황금으로 만든 장례용 마스크 Funerary mask는 고대 그리스 문명의 영향을 받은 것으로 추정된다. 크기가 150×45mm 인, 이 마스크는 타즈 Thaj 에서 발굴되었다. 이 마스크는 장례의식에 쓰였던 것으로 추정된다(사진 2-005).

사진 2-005: 황금 마스크 타즈, 사우디아라비아

(3) 고대 도시 유물

아라비아 반도의 고대 도시는 북부의 페트라, 타드무르, 울라 al-Ula, 타이마 Tayma 그리고 남부의 까르얏 알-파우 Qaryat al-Faw 등이다. 이들 고대 도시들은 서기전 1000년경 무렵부터 향료 香料 교역로의 거점도시가 되어 번성했다. 울라는 기원전 6세기 무렵부터 기원전 1세기까지 리흐얀 Lihyan 왕조가가 지배했던 웅장한 거대도시였다. 울라에는 거대한 조각과 신전이 가득했었다. 아라비아 반도 북서쪽에 자리한 타이마는 바빌로니아의 마지막 왕 나보니두스 Nabonidus 가 10년 동안 지배하면서 새로운 예술 문명이 전파된 곳이다. 반도 남쪽의 까르얏 알-파우는 가장 부유했던 도시 중의 하나로 지중해 지역의 문명을 받아들여 독자적인 문명을 꽃피웠다.

가. 사람 모습 석상 石像

이 석상은 서기전 4000년경에 만들어진 것으로 추정된다. 기다란 직사각형의 돌에 눈과 코를 추상화처럼 간략하게 새겼다(사진 2-006).

나. 울라, 남성 석상 石像

서기전 4세기~3세기에 사암을 깎아 만든 것으로 추정되는, 185cm×83cm 의 남성 석상이다(사진 2-007). 이 석상은 아라비아 반도 북서쪽에 있었던 울라 지역 신전에서 발굴 되었다. 이 석상의 얼굴, 손, 발 부분은 떨어져 나간 상태지만, 울퉁불퉁한 근육질 몸매는 돋보인다.

다. 주춧돌

아라비아 반도 북쪽에 있었던 타이마 지역에서 발굴된 의례의식의 상징물을 새겨 넣은 주춧돌로 추정된다. 서기전 5세기에서 4세기 사이에 사암을 깎아서 41×38×39cm 크기로 만든 다음 꼬여있는 뱀과 뿔 달린 동물을 새겨 넣었다(사진 2-008).

사진 2-006: 사람 모습 석상 고대 도시 지역, 사우디아라비아 동부

사진 2-007: 울라 남성 석상 사우디아라비아

사진 2-008: 주춧돌 타이마, 사우디아라비아

라. **남성 얼굴상**

청동으로 만들어진 남자의 얼굴상 head of a man 은 아라비아 반도 남부지역 까르얏 알파우에서 발굴되었다(사진 2-009). 높이가 40cm 인 남자의 얼굴상은 서기전 1세기에서 서기후 2세기 사이에 만들어진 것으로 추정된다.

사진 2-009: 남성 얼굴상 까르얏 알파우, 사우디아라비아

(4) **이슬람 시대 유물**

이슬람교의 예언자 무함마드 Muhammad 가 서기후 622년에 박해를 피해 메카를 떠나 메디나로 향한 이후, 이슬람교는 아라비아 반도를 넘어 급속히 세력이 확산되었다. 현재 이슬람교의 성지인 메카와 메디나에는 전 세계에서 수많은 순례자들이 몰려들고 있다. 지난날 향료를 운반하던 교역로는 성지를 향해 몰려드는 사람들의 순례길이 되었다. 이슬람 성지와 순례 길에서 발굴된 유물은 다음과 같다.

가. **카바 신전의 문**

이슬람 성지, 메카에 있는 카바 Ka'ba 신전의 거대한 문 門 은 이슬람 문명의 상징이다(사진 2-010). 이 문은. 1623년에서 1640년까지 재위했던 오스만 제국의 술탄인 무라드 4세가 헌정한 것이다. 이문은 1635년~1636년에 나무로 만든 다음, 이스탄불에서 가져온 세밀한 장식이 있는 은판을 덮어 씌었다. 이 문의 크기는 높이 342cm, 폭 182cm 이다.

사진 2-010: 카바 신전의 문 메카, 사우디아라비아

나. 갈리야 al-Ghaliya 묘비

메카에서 발굴된, 크기가 67×45×13cm 인 이 묘비는 서기후 9세기에 현무암을 깎아 만든 것으로 추정된다(사진 2-011).

사진 2-011: 갈리야 묘비 메카, 사우디아라비아

다. **항아리**

유약을 바른 토기인 이 항아리는 아라비아 반도 중심지역인 라바다에서 발굴되었다(사진 2-012). 이 항아리는 서기후 7~8 세기경에 만들어 진 것으로 추정되며, 그 크기는 높이 66cm, 중심부 지름 45cm 이다.

사진 2-012: **항아리** 라바다, 사우디아라비아

3) 문명 발상지 연대기

선사시대의 아라비아 반도는 아프리카의 초기 인류가 세계로 뻗어 나가면서 거쳐 갔던 지역이다. 아라비아 반도에는, 서기전 4만5천년경부터, 지금의 이라크 남부지역에서 사람들이 몰려와 정착했던 것으로 추정된다. 서기전 4세기경부터는 이 지역에 많은 고대 국가, 즉 나바트, 타드무르, 히라, 갓산, 칸다 등의 왕국이 존재했었다. 아라비아 반도에는 현재 요르단, 시리아, 이라크, 쿠웨이트, 바레인, 카타르, 아랍 에미리트, 오만, 예멘, 사우디아라비아 등의 현대 국가가 있다. 아라비아 반도의 고대 국가 및 사우디아라비아 왕국의 연대기는 다음과 같다:

(1) **고대 국가**

서기전 4세기경부터 아라비아 반도에 존재 했던 주요 왕국의 연대기는 다음과 같다.

가. **나바트 왕국**

나바트 왕국은 서기전 300년경 이전부터 서기후 105년경까지 아라비아 반도 북부에 존재했던 왕국이다. 왕국의 수도 페트라의 동굴에 남아있는 거대한 신전은 고대 왕국의 문명, 즉 나바트 문명의 대표적인 유적이다. 나바트 왕국은 서기후 105년경 로마제국에 멸망했다.

나. **타드무르 왕국**

타드무르 왕국은 서기후 1세기경부터 272년경까지 아라비아 반도 북부에 존재했던 왕국이다.

다. **칸다 왕국**

칸다 왕국은 서기후 480년경부터 529년경까지 아라비아 반도 북부 및 중부를 장악했던 왕국이다.

(2) **사우디아라비아 왕국**

현재 아라비아 반도의 대부분을 차지하고 있는 사우디아라비아 왕국의 연대기는 다음과 같다:

-18세기 이후; 사우드 가문이 오스만 제국의 억압에 대항

-1902년; 부족장 압둘아지즈가 오스만 제국의 치하에 있었던, 현재의 수도 리야드를 탈환

-1927년; 홍해 紅海 연안 도시 제다에서 영국과 제다조약 체결 후 독립했으나 부족 간의 내분지속

-1932년~현재; 압둘아지즈 1875년~1953년 가 1932년 사우디아라비아 왕국 건국, 초대 왕으로 등극하여 1953년까지 통치했다. 압둘아지즈는 정국 안정을 위해 주변의 여러 부족장 딸들 22명 이상을 왕비로 맞아들여 왕자 44명, 공주 최소 60명을 두었다. 2대왕 사우드는 1953년 왕위에 올라 1964년까지 통치했으며, 3대왕의 왕위는 아들이 아닌 나이가 제일 많은 이복형제 파이잘이 맡았다. 이때부터 왕위는 나이순으로 이복형제들이 돌아가면서 맡았으며, 현재는 2015년 1월에 왕위에 오른 7대왕 살만이 통치하고 있다. 현재 사우디아라비아에는 국왕 직계 유력 왕자 200여명을 포함해서 최소 7000여명의 왕자가 있는 것으로 추정된다.

3. 크메르 문명

1) 문명의 특성

크메르 문명 Khmer civilisation, 즉 앙코르 Angkor 문명은, 서기후 7세기초경에 인도차이나 반도 중남부 지역, 즉 현재 캄보디아 왕국의 시엠 립 Siem Reap 북쪽 인근 지역, 앙코르의 중심부에서 발상했다. 앙코르 문명의 주인공 크메르인들은 주변국을 정벌, 고대 크메르 제국을 세워, 통치하면서 그들의 문명을 꽃

피웠다. 크메르 제국의 건축 문명은 종교, 즉 인도의 힌두교와 불교의 융합문명이다. 앙코르 왕조는, 인도에서 들여온 종교 문명을 앙코르 왕조의 종교적, 정치적 신념에 맞게 변형, 발전시켰다. 앙코르 왕조의 종교는 초기에는 시바 신, 위슈누 신 등을 모시는 힌두교였으나, 나중에는 관세음-보살 觀世音-菩薩 신앙, 즉 불교로 바뀌었다. 앙코르 문명의 대표적 유적은 종교를 상징적으로 표현한 수많은 거대한 사원 건축물이다. 300년 넘게 간헐적으로 지속된 대규모 건축공사에서 건축 및 예술 양식은 종교적, 정치적 신념에 따라서 변천을 거듭했다. 12세기말~13세기 초, 자야바르만 7세 때 극에 달했던 거대 규모의 사원 건축 열정은 새롭고 보다 절제된 종교적 경향으로 바뀌었다. 앙코르 제국 문명의 일반 특성은 인접한, 상좌부 上座部 불교, 즉 남방불교 국가인 미얀마, 라오스, 태국, 베트남 등의 문명과 유사하다:

-수많은 종교 건축물; 불교 및 힌두교 사원
-벼 경작 및 소, 돼지 등의 가축사육, 금속 사용
-땅과 조상 숭배; 애니미즘과 같은 원시 신앙 의식을 지님

2) 앙코르 지역과 크메르 문명 유적

(1) **앙코르 지역**

13세기말 이곳을 찾은 중국 원 元 나라 무역사절단의 생생한 기록에 의하면, 앙코르는 번영을 누리던 거대한 도시였으며, 아시아에서 가장 장엄한 도시 중의 하나였다는 것이다. 전성기 때의 앙코르 인구는 100만 명 정도였던 것으로 추정된다.

가. **위치** 및 **명칭**

앙코르 Angkor 는 현재 캄보디아 왕국의 수도 프놈펜으로부터 북북서 방향 250km 지점에 있는, 시엠 립 Siem Reap 북쪽 인근의 지명이다. 앙코르의 옛날, 원래 지명은 "야소다라푸라" 이다.

사람들은 이미 서기후 802년경부터 크메르 제국을 앙코르 제국이라 불렀다. 그러므로 앙코르 문명은 곧 크메르 문명인 셈이다. 크메르는 현재 캄보디아의 옛 이름이다.

나. 앙코르 지역의 왕도

앙코르 지역에는 서기 후 7세기초경부터 크메르인들이 정착하기 시작했다. 앙코르 지역은, 크메르인들이 건설한 고대 앙코르 대제국 Ancient Angkor great Empire 의 심장부였으며, 통치의 중심지이자 신격화한 왕을 숭배하던 곳이었다. 앙코르 지역에는 고대 앙코르 왕조의 왕도 王都, 즉 인드라프라, 프놈 쿨렌, 롤로스, 하리하랄라야, 야소다라프라, 코커 등이 있었다.

다. 앙코르 유적

크메르인들은 앙코르 지역에 수많은 도시와 왕궁, 사원 寺院, 무덤 등을 건설했다. 다시 말해서 앙코르 지역은 고대 앙코르 문명의 거대한 유적군 遺蹟群 이다(사진 2-013). 앙코르 지역에 있는 주요 유적은 다음과 같다:

가) 앙코르 중심 지역

앙코르 와트 Angkor Wat, 박헹 Bakheng, 박세 참크롱 Baksei Chamkrong, 앙코르 톰 Angkor Thom, 베이욘 Bayon, 바푸온 Bapuon, 퓌미아나카스 Phimeanakas, 왕궁 Royal Palace 등

나) 앙코르 동부 지역

토마논 Thommanon, 차오 세이 Chao Say, 테보다 Tevoda, 타 케오 Ta Keo, 타 프롬 Ta Prohm, 반테에이 크데이 Banteay Kdei, 스라 스랑 Srah Srang, 프라삿 크라반 Prasat Kravan, 교회 병원 Hospital Chapel 등

다) 이스트 바레이 East Baray 지역

사진 2-013: 앙코르 유적 시엠 립, 캄보디아

지도 위쪽 중앙이 앙코르 톰이고 그 바로 밑에 앙코르 와트가 있다. 앙코르 톰 왼쪽은 웨스트 메본이다. 지도 아래쪽 왼쪽부터 웨스트 바레이 지역의 웨스트 메본, 악 툼, 프놈 크롬 등의 항공사진, 시엠 립 시가지 상세 지도, 그리고 오른쪽이 앙코르 톰, 앙코르 와트 및 톤레 삽 호수의 항공사진

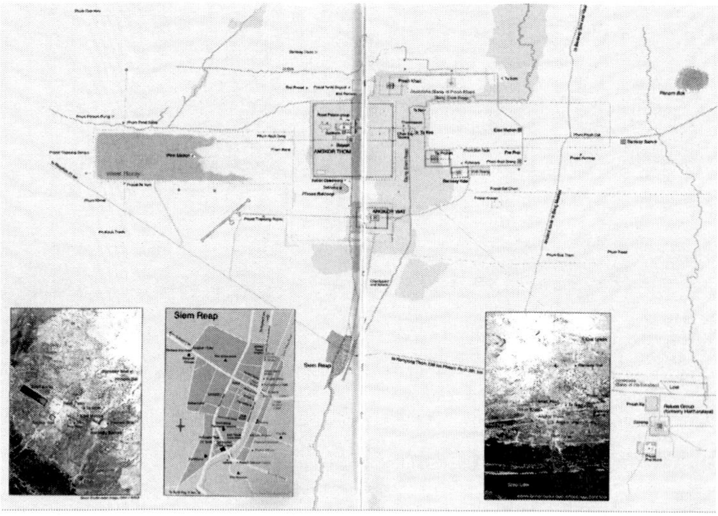

프레 룹 Pre Rup, 이스트 매본 East Mebon, 반테에이 삼레 Banteay Samré 등

라) 앙코르 북동부 지역

프레아 칸 Preah Khan, 네악 페안 Neak Pean, 크롤 Krol, 타 솜 Ta Som 등

마) 웨스트 바레이 West Baray 지역

웨스트 메본 West Mebon, 악 툼 Ak Tum, 프놈 크롬 Phnom Krom 등

바) 로루오스 Roluos 지역

프레아 코 Preah Ko, 바콩 Bakong, 로레이 Lolei 등

사) 반테에이 스레이 Banteay Srei 지역

반테에이 스레이 Banteay Srei, 크발 스페안 Kbal Spean, 벵 메아레아 Beng Mealea 등

(2) **크메르 문명 유적**

앙코르 지역 정글 속에 거의 폐허 상태로 방치되어 있었던 앙코르 와트와 앙코르 톰이 발견된 것은 1960년대였다. 고대 앙코르 왕조의 유적지, 앙코르 지역 일대는 유네스코 세계문화유산으로 지정되었다. 앙코르 지역 일대의 유적을 제대로 발굴, 복원하려면 적어도 100년은 걸릴 것이라는 것이 전문가들의 의견이다. 고대 앙코르 제국의 대표적인 유적, 앙코르 와트는 왕조의 종교적 역량을 과시한 사원 도시이고, 앙코르 톰은 왕조의 국가적 역량을 과시한 대도시이다, 앙코르 와트와 앙코르 톰의 상세는 다음과 같다.

가. **앙코르 와트**

앙코르 와트는, 앙코르 제국의 크메르인들이 건축한 수많은 사원 寺院 도시 중 하나이다. 크메르 건축 문명의 정수인 앙코르 와트의 중심사원은, 사원 건축물 중에서도 그 규모가 가장 크고 웅장하다. 앙코르 와트는 신들의 도시 City of the Gods, 또는 탑의 도시 city pagoda 라고도 불린다. 여기서 "와트" 는 태국어로 사원, 즉 절이나 사찰이라는 뜻이다. 앙코르 와트는 사원 도시이자 건립자인 수리야바르만 Suryavarman 2세 의 무덤이며, 힌두교 Hindu 3대 신의 하나인 비슈누 Vishnu 에게 봉헌된 공식 신전 State Temple 이다.

가) **발굴, 복원** 및 **공개**

정글 속에 묻혀있던 앙코르 와트가 발견된 것은 1960년대였지만, 본격적으로 복원이 시작된 것은 1994년부터이며, 일반에 공개되기 시작한 것은 1998년부터이다(사진 2-014).

사진 2-014: 앙코르 와트 전경 시엠 립, 캄보디아

프놈 쿨렌 고원에서 내려다본, 울창한 열대우림 속의 앙코르 와트

나) 위치 및 규모

앙코르 와트는, 현재 캄보디아 북부 시엠 립 Siem Reap 지역 북쪽, 앙코르 유적지 중심부에 있다. 앙코르 와트 북쪽 1.7km 지점에는 앙코르 톰도 있다. 앙코르 와트에는 중심사원 이외에도 수많은 건축물이 있었다. 앙코르 와트의 외곽 성벽 城壁 의 길이는 동서 1.0km, 남북 0.8km 이다. 성벽을 둘러싸고 있는 해자 垓字 의 폭은 200m 이다. 해자를 포함한, 직사각형 앙코르 와트의 전체 면적은 약 1.68km² 이다. 앙코르 와트 석조 건축물의 동서 기단 基壇 의 길이는 약 180m, 남북 기단의 길이는 약 160m 이다(사진 2-015).

다) 건축 시기

앙코르 와트의 중심 사원은 세계 최대 석조 건축물 중의 하나이다. 앙코르 와트는, 앙코르 제국 전성기의 통치자, 신성왕 神聖王, god-king, 수리야바르만 Suryavarman 2세가 자신의 재위 기간인, 1113년부터 1150년경까지에 집중적으로 건축한 사원 도시이다. 앙코르 와트 건설 공사에는 노동자 10만 명, 코끼리 4만 마리, 조각가 5000명, 기술자 3000명 등이 동원 된 것으로 기록되어 있다.

라) 건축물 특성

앙코르 와트 성벽 및 중심 사원의 정면은 서쪽을 향하고 있으며, 3단으로 쌓아 올린 중심 사원의 첨탑 정상까지의 높이는 65m 이다(그림 2-016). 3단으로 축조된 사원의 의미는, 올라갈수록 심화되는 지식의 층을 상징하는데 이는 불교의 만다라 曼陀羅, 曼荼羅, Mandara 와 같은 것이다. 앙코르 왕조의 사원 건축양식은 인도, 자바, 중국 등의 건축 기본 요소에 앙코르 지역 고유의 건축양식을 융합시킨 것이었다. 앙코르 와트의 정면이 서쪽을 향하고 있는 것은, 일반적으로 사원의 정면이 동쪽인 것과는 다른 측면이 있다. 서향은 죽음을 상징하는 지는 해와 관련

사진 2-015: 앙코르 와트 배치도 및 평면도 시엠 립, 캄보디아

사진 상; 도시 배치도, 사진 하; 앙코르 와트 평면도

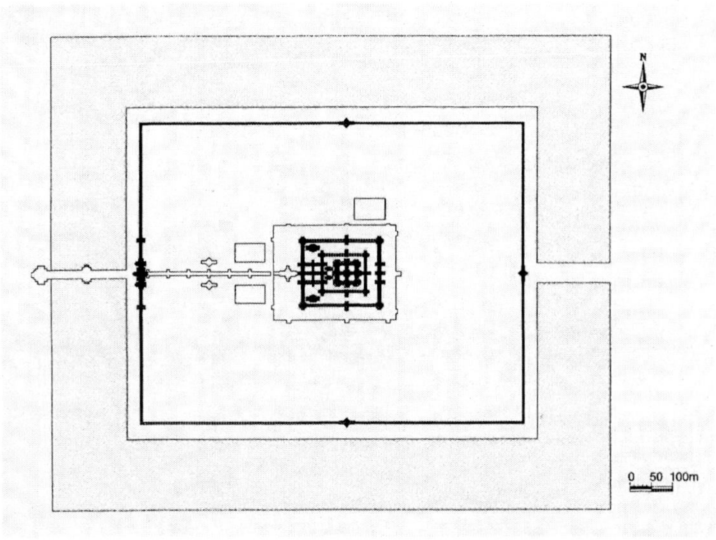

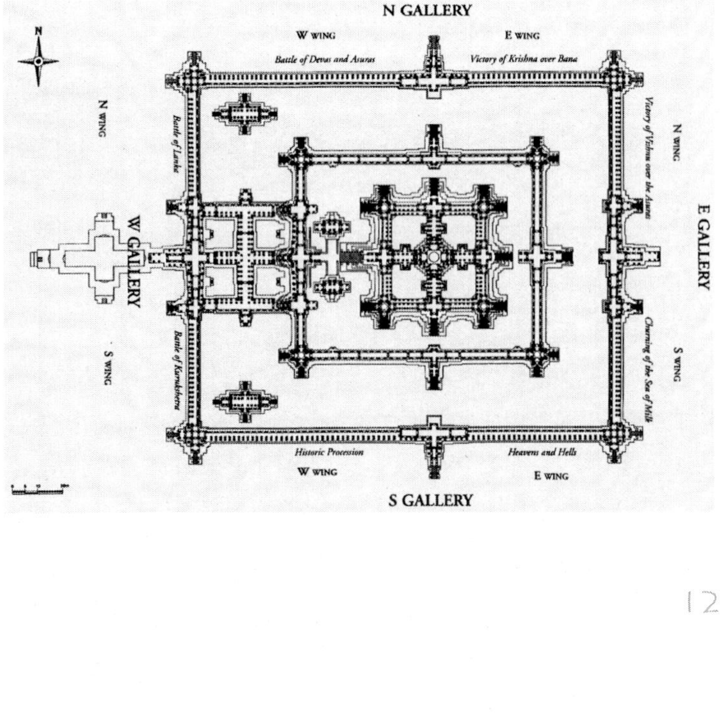

사진 2-016: 앙코르 와트 서향 정면 시엠 립, 캄보디아

앙코르의 사원 건축양식은 인도, 자바, 중국 등의 건축 기본 요소에 앙코르 왕조 고유의 건축양식을 융합시킨 것이다. 앙코르 와트의 정면이 서쪽을 향하고 있는 것은, 일반적으로 사원의 정면이 동쪽인 것과는 다른 측면이 있다. 앙코르에서의 서향은 죽음을 상징하는, 지는 해와 관련이 있는 방향이기 때문이다. 앙코르 와트의 중심 사원은 힌두교의 공식 신전이다.

이 있는 방향이기 때문이다. 이는 앙코르 와트의 중심 사원은 힌두교의 공식 신전 State Temple 이며, 수리야바르만 2세의 무덤이 있는 것과 무관치 않은 것 같다. 앙코르 와트의 중심 사원은 홍토 laterite 및 사암 sandstone 으로 건축되었다.

마) **종교적 상징**

앙코르 와트는 인도, 힌두교의 우주론에 따라서 건설된 사원 도시이며, 우주의 중심, 즉 힌두교 신들이 거주하는 메루 Meru 산 山 을 지상에 재현 한 것이었다. 힌두교 인들은 시바신은 메루산, 즉 수미산에 산다고 생각한다. 앙코르 와트의 중심사원은 우주의 중심인 메루 산이며, 앙코르 와트를 둘러싸고 있는 해자는 우주의 중심을 둘러싸고 있는 큰 바다, 즉 대양 大洋 인 것이다. 해자 위에 건설된 동서 방향의 뚝 길은 인간과 신을 연결하는 다리이다. 이와 같은, 종교적 상징물인 사원의 건축이 가능했던 것은, 당시의 정치 및 종교 체제가 신정 神政 체제로서, 왕은 신탁 神託 으로 왕과 신의 역할을 겸하는 체제였기 때문이다. 앙코르 와트의 해자, 성벽, 높은 탑의 의미는 다음과 같다:

-해자: 종교적 의미는 우주 중심부의 산을 감싸고 있는 성스러운 넓고 큰 바다이며, 실용적 의미는 관개수로 및 외적 방어이다.
-성벽; 히말라야 산맥
-중앙의 높은 탑; 수미산

나. **앙코르 톰**

캄보디아의 암코르 톰에 있는 불교사원, 베이욘 Bayon 사원과 타 프롬 Ta Prohm 사원은, 현재 미얀마에 있는 바간 Bagan 사원과 인도네시아 자바 Java 섬에 있는 보로부두르 Borobudur 사원과 함께 세계 3대 불교 유적지 중의 하나이다. 보로부두르 사원은 현재 족자카르타 Jogjakarta 북서쪽 약 42km 지점에 있으며, 서기후 8세기 말에서 9세기 중엽에 걸쳐 이 지역에서 번성했던 불교 왕국의 샤일렌드라 Syailendra 왕조가 건축한 것으로 추정된다. 보로부두르 불교사원은 1991년 세계문화유산에 등록되었다.

가) **위치**

앙코르 톰은, 현재 캄보디아 북부 시엠 립 Siem Reap 지역 북쪽, 앙코르 유적지 중심부에 있다. 앙코르 톰 남쪽 1.7km 지점에는 힌두교 사원 앙코르 와트가 있다.

나) **명칭** 및 **규모**

앙코르 톰은 좁은 의미로는, 앙코르 제국 왕도의 중심부에 있는 성벽으로 둘러싸인 도성 都城 을 지칭하는 말이지만, 일반적으로는 앙코르 제국의 왕도를 뜻한다. "앙코르 톰" 에서 "앙코르" 는 왕도, "톰" 은 크다는 뜻이다. 따라서 앙코르 톰은 "큰 왕도" 라는 뜻이다. 한편 산스크리트어, 어원에 의한 "앙코르 톰" 의 의미는 "성곽도시", 즉 "도시-국가" 를 의미한다.

앙코르 제국의 왕도, 앙코르 톰에는 1000여 개의 건축물이 있었으며, 그 면적은 310km² 에 달했다. 그러나 앙코르 왕도 중심부에 있는, 정사각형 성벽 城壁, 한 변의 길이는 3km, 즉 면적이 9km² 이다. 성벽에는 5개의 문, 즉 동, 서, 남, 북문 및 승리의 문이 있다. 정문은 남문이며, 동문은 사자 死者 의 문이다. 앙코르 톰 정문인 남문 탑의 상단에는 거대한 얼굴, 관세음-보살, 즉 관음보살상이 조각되어 있다(사진 2-017). 얼굴의 크기는 높이가 3m 에 달한다. 성벽은 홍토 紅土, 즉 라테라이트 laterite 로 쌓아 올렸으며, 그 높이는 8m 였다. 성벽 둘레에는 폭 100m 의 해자 垓字 를 설치했다.

다) **건축 시기**

앙코르 톰은, 12세기말 자야바르만 7세가 기존의 왕도를 개축, 확장한 도성이다. 앙코르 와트보다 조금 뒤에 건설된, 위대한 도시 Great City 앙코르 톰은 15세기 중엽, 즉 앙코르 왕조 멸망 때까지 왕조의 왕도였다. 이 도시의 대부분은 여전히 아열대 밀림 속에 숨겨져 있다.

사진 2-017: 앙코르 톰 남문 탑의 관음보살상 시엠 립, 캄보디아

라) 건축물 및 종교적 특성

앙코르 톰 건설당시는 앙코르 왕조가 대승불교 大乘佛敎 를 신봉하던 시절이었지만, 앙코르 톰의 전체적인 건설 구도는 힌두교 신앙의 우주관을 바탕으로 한 앙코르 와트와 같은 것이었다. 앙코르 톰의 성벽 城壁 안쪽에는 베이욘 Bayon, 바푸온 Bapuon 사원 및 왕궁을 비롯하여 승려, 관료, 군인 등 지배 계층의 주택이 있었다(사진 2-018). 그러나 붉은 흙벽돌 및 석조 건축물인 사원을 제외한 나머지 건축물들은 대부분 목조 건축물이었기 때문에 지금은 흔적도 없이 사라졌다. 이들 건축물이외에도 성벽 밖에는 타 프롬 Ta Prohm, 반티아이 크데이 Banteay Kdei, 프레아 칸 Preah Khan 등의 사원이 있다. 앙코르 톰 지역에 있는 불교 사원에는 힌두교 신앙 양식에 불교 건축 양식이 가미되었다. 주요 사원인 베이욘과 타 프롬의 상세는 다음과 같다.

사진 2-018: 앙코르 톰 배치도 캄보디아 시엠 립

힌두교 신앙의 우주관을 바탕으로 배치된 앙코르 톰의 성벽 안쪽에는 베이욘, 바푸온 사원, 왕궁 및 승려, 관료, 군인 등 지배 계층의 주택이 있었다.

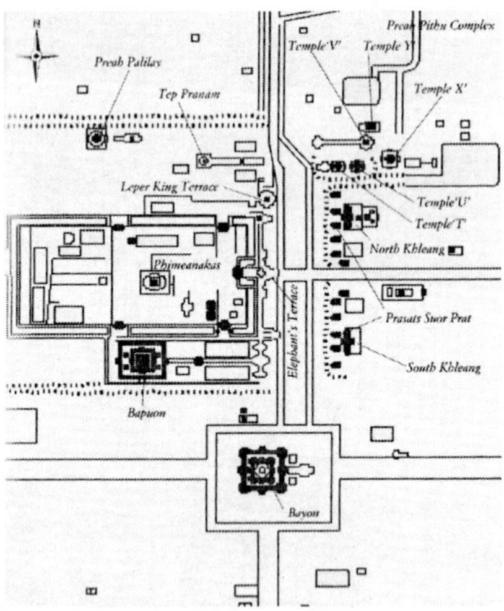

(가) **베이욘 사원** Bayon Temple

앙코르 톰 성벽 안, 중앙의 베이욘 사원은 불교사원으로, 크메르 건축 문명의 정수라고 일컬어진다. 이 사원은 12세기 후반에서 13세기 후반 사이, 즉 자야바르만 7세와 8세의 통치 시기에 건축된 것으로 추정된다. 베이욘 사원의 상단 회랑 얼굴 탑 Face Towers 에는 거대한 관음보살상이 있다(사진 2-019). 베이욘 사원의 외부 회랑에는 전투에 참여한 참족의 군함 대열이 조각되어 있다(사진 2-020). 베이욘 사원의 하단 회랑에는 자야바르만 7세가 참족과의 톤레 샵 해전 海戰 에서 승리한 이야기가 생생하게 부조 浮彫 로 묘사되어 있다(사진 2-021).

(나) **타 프롬 사원** Ta Prohm Temple

앙코르 톰 성벽 밖, 동쪽에 위치한, 타 프롬 사원은 12세기 후반에서 13세기 사이, 즉 자야바르만 7세 치하에서 건축되었고, 인드라바르만 2세에 의해서 확장되었다. 독실한 불교신자였던 자야바르만 7세가 어머니를 위해 지은 불교사원이다. 건축양식은 바이욘 사원과 같다. 수세기 동안 열대강우림 熱帶降雨林 속에 묻혀 있었던 이 사원의 회랑 주변에는, 생장력 生長力 이 왕성한 뱅골 보리수 Banyan Tree 가 상상을 초월 할 정도로 크게 자라, 건축물을 완전 압도했다(사진 2-022).

3) 문명 발상지 연대기

크메르 문명이 꽃피웠던 인도차이나 반도 중남부 지역에는 선사시대부터 사람들이 살았던 유물의 흔적이 있다. 이 지역의 원시 토착민들은 서기전 4000년경 이전부터 동굴에 살면서 돌 깎는 기술을 터득하고, 토기를 만들어 사용했다. 그러나 앙코르 지역에 살던 크메르인들이 문명의 싹을 키운 시기는 서기 후 7세기초경부터이다. 고대 중국인들이나 아랍 상인들의 문헌에 의해서 전해져 내려오는 크메르 제국 및 현대 캄보디아 왕국의 연대기는 다음과 같다.

사진 2-019: 베이욘 사원 회랑 탑의 관음보살 부조 시엠 립

베이욘 사원 회랑의 탑 4면에는 거대한 관음보살 부조가 있다. 이 부조는 변화무쌍한 석양의 붉은 빛에 따라서 각기 다른 표정, 즉 때로는 두려운 모습으로, 때로는 온화한 모습으로, 때로는 자비로운 모습으로 보인다.

사진 2-020: 참족 군함 부조 베이욘 사원 회랑, 시엠 립, 캄보디아

부조는 참족과 크메르 군대의 전투 장면이다. 참족 군함이 크메르 군대를 공격하는 모습이다. 참족 군함의, 20명의 노 젓는 병사와 창과 방패를 들고 적을 공격하는 전사의 모습이 흥미롭고 생생하게 묘사되어 있다.

사진 2-021: 베이욘 사원 회랑의 전투 부조 시엠 립. 캄보디아

적의 공격을 방어하는 크메르 군대, 코끼리 등에 올라탄 장교들이 창과 활을 들고, 코끼리 발밑에 짓밟힌, 중무장한 참족 병사들을 공격하고 있다. 크메르 병사들은 맨발에 헬멧도 쓰지 않았다. 그들은 오직 장식용 벨트만을 몸에 걸치고, 거의 나체 상태로 전투에 참여하고 있다.

사진 2-022: 뱅골보리수 타 프롬 사원, 시엠 립, 캄보디아

열대우림 속에서 가공할 만한 생장 발육을 한 뱅골보리수의 뿌리가 타 프롬 사원의 탑으로 향하는 회랑 입구의 지붕을 뒤덮고 있다.

(1) **크메르 제국**의 **연대기**

고대 인도차이나 반도 지역에는 크메르 제국이 형성되기 이전에 푸난 및 첸라 왕국이 있었다,

가. **푸난 왕국 시대**

푸난 Funan, 扶南 왕국은 기원전 1세기경에 현재 캄보디아 왕국의 남부 연안지대 및 베트남 남부 메콩 델타 지역에 있었던 나라이다. 푸난은 초기 국가의 형태를 갖췄던 것으로 추정된다.

인도 상인들과의 교역이 활발했던 푸난은 인도 문화와 종교를 받아들여 자신들의 토속신앙과 융합, 발전, 메콩강 델타지역을 지배했다. 그러나 푸난의 속국이었던, 메콩강 중류, 내륙의 크메르 첸라 Chenla 가 5세기부터 세력이 강해지면서 7세기 초에 남하, 푸난을 멸망, 지역을 통일했다. 첸라 왕국을 계승하여 크메르 왕국의 초석을 다진 사람은 자야바르만 Jayavarman 1세였다. 크메르 왕조는 왕 명칭에 모두 보호자라는 뜻을 가진 바르만 varman 이라는 접미어를 붙였다.

나. 첸라 왕국 시대

자야바르만 1세의 재위 기간은 675년~681년이었으며, 그가 죽자, 왕위 계승권을 둘러싸고 크메르 왕국은, 연안 쪽의 수 水 첸라와 내륙 쪽의 육 陸 첸라로 분열되었다. 수 水 첸라는, 8세기까지도 군웅이 할거, 혼란에 빠지면서, 인도네시아 자바의 사이렌드라스 왕조에게 점령당했다. 자바 왕조는 수 水 첸라의 라젠드라바르만 Rajendravarman 1세의 아들인 어린 왕을 참수하고 종주권 宗主權 을 행사했다.

다. 앙코르 왕국 시대

크메르족의 앙코르 Angkor, 즉 캄부야 Kambuja 왕조 시대는 802년부터 1432년까지의 630년 동안이지만, 크메르족 최초의 단일 왕국이 탄생한 것은 7세기 후반이었다. 그 이후에 나타난 앙코르 제국, 즉 크메르 제국 시대의 주요 왕의 재위 기간 및 업적은 다음과 같다.

가) 자야바르만 2세

자바에 포로 잡혀갔던 자야바르만 2세는, 8세기 후반에 귀국, "인드라프라" 에 왕도 王都 를 정하고, 790년경부터 메콩강 중류지역을 정복, 톤레 삽 Tonlé Sap 호수 동안 東岸 으로 북상하면서 영토를 확장했다. 자야바르만 2세는 802년에는 왕도를 앙코르 동북부 지역 "프놈 쿨렌 Phnom Kulen" 으로 옮기고, 롱첸 Rong Chen 사원 및 쿠티스바라 Kutisvara 지역에 초기 형태의 사당 祠堂 을 건축했다. 그는 스스로를 전륜성왕 轉輪聖王 이라고 선포하고 즉위식을 거행하면서 자바로부터의 독립을 선언 했다. 이때부터 독자적인 앙코르 시대가 열린 것이다.

앙코르 제국의 초대왕, 즉 크메르 제국의 시조인 자야바르만 2세는 힌두교의 신, 시바와 합체된 존재, 즉 왕즉신 王卽神 의 "신왕신앙 神王信仰" 에 따라서 "데바라자 dévaraja" 숭배 의례 崇拜 儀禮 를 집행했다. 힌두교에서 말하는 "데바라자" 는 신왕이라는 뜻이다. 이와 같은 강력한 종교적 배경이 앙코르 왕조를 지속시킨 기반이었다. 그는 또다시 왕도를 "롤로스" 로 옮겨 통치하다가 835년 사망했다.

나) 자야바르만 3세

앙코르 제국 제2대왕 자야바르만 3세의 재위 기간은 835년~877년이다. 자야바르만 3세는 프레몬티 Prei Monti, 트라페앙퐁 Trapeang Phong, 바콩 Bakong 등의 사원을 건축했다.

다) 인드라바르만 1세

앙코르 제국 제3대왕 인드라바르만 Indravarman 1세의 재위 기간은 877년~886년경이다. 인드라바르만은 인도차이나 반도 주변 지역으로 영토를 확장하면서 왕도를, 앙코르 남동쪽 14km 지점에 있는 "하리하할라야" 로 옮겼다. 인공호수를 축조하고 관개시설을 건설하여 크메르 문명의 기반인 농업을 발전, 식량 증산을 이루었다. 또한 프레아 코 Preah Kó, 사원 건축 및 바콩 Bakong 사원 외벽에 사암 砂巖 판재를 덧붙이는 공사를 했다.

라) 야소바르만 1세

인드라바르만 1세의 아들인 제4대왕 야소바르만 Yasovarman 1세의 재위 기간은 889년~915년경이다. 야소바르만 1세는, 900

년경 왕도를 "야소다라푸라 Yasodarapura" 로 옮겼다. "야소다라푸라" 는 자신의 이름에서 따온 명칭이다. 그는 도로를 건설하고 동쪽에 거대한 저수지 "야소다라타타까" 를 축조하고, 왕도 외곽에는 토성을 쌓았다. 또한 그는 프놈 바켕 Phnom Bakheng, 프놈 복 Phnom Bok, 프놈 크롬 Phnom Krom 등의 사원도 건축했다.

왕도의 건설은, 인도의 전통적 우주론이 제시하는 모델을 따랐으며, 왕도는 그 자체가 하나의 상징적 우주였다. 왕도의 중심부에 세워진 피라미드형 사원, 즉 프놈 바켕은, 인도의 우주론에 등장하는 메루산을 상징한다. 이 사원은 왕국의 번영이 걸려있는 토양의 힘을 집중시킨다고 믿었으며, 초기에는 그 지역의 자연 언덕인 프놈 바켕을 적절히 변형시킨 것이었으나, 후대로 내려오면서 인공적으로 축조된 피라미드형이 되었다.

마) **하르샤바르만 1세**

앙코르 제국 제5대왕 하르샤바르만 Harshavarman 1세의 재위 기간은 915년경~923년이다. 하르샤바르만 1세는 박세이 참크롱 Baksei Chamkrong, 프라삿 크라반 Prasat Kravan 등의 사원을 건축했다.

바) **라젠드라바르만**

앙코르 제국 제9대왕 라젠드라바르만 Rajendravarman 의 재위 기간은 944년~968년이다. 투철한 힌두교 신봉자인 그는 왕도 "코커" 를 버리고 지난 시절 왕도 "야소다라프라" 로 다시 돌아갔다. 라젠드라바르만은 왕도를 다시 건설하면서 피메아나카스 Phimeanakas 를 중심 사원으로 세웠다. 그는 위대한 사원 프레룹 Pre Rup, 이스트 메본 East Mebon 등도 건축했다. 왕도 "야소다라프라" 는, 이때부터 500여 년 동안 앙코르 제국의 왕도가 되었다. 훗날 사람들은 "야소다라프라" 를 "앙코르" 라 불렀다. 그는 현재 메콩강 삼각주 남베트남에 있었던 참파 Champa 국을 공격했다.

사) **자야바르만 5세**

앙코르 제국 제10대왕 자야바르만 Jayavarman 5세의 재위 기간은 968년~1000년경이다. 태평성대 太平聖代 를 누렸던 그는 문물을 크게 발전시켜, 본격적인 크메르 문명의 창시자가 되었다. 그는 초기 크메르 사원의 최고 걸작, 반티아이 스레이 Banteay Srei, 타 케오 Ta Keo 등을 건축하고, 중심사원 피메아나카스의 보수공사를 했다. 이들 사원은 크메르 문명의 건축 사상 思想 과 조각상 彫刻像 을 확립한 것이며, 이런 사상은 크메르 왕조가 멸망할 때까지 지속되었다. 그러나 통치 말기 3사람의 왕위 계승자가 서로 다투어, 9년간의 내전을 치루면서 3사람이 동시에 왕위에 올랐다.

아) **수리야바르만 1세**

앙코르 제국 제13대왕 수리야바르만 Suryavarman 1세는, 3명의 왕위 계승자 중 최종 승자이다. 그는 왕위 다툼을 벌였던, 우다야딧야바르만 1세와 자야비라바르만과는 혈통이 다른 왕이다. 수리야바르만 1세의 재위 기간은 1002년~1049년이다. 수리야바르만 1세는 크메르 제국 최초로 대승불교 大乘佛敎 를 도입한 왕이다. 그는 정부 형태를 강화하고, 수많은 사원을 건축하였으며, 정복 전쟁을 지속하여, 라오스 남부 및 태국 남부, 태국 泰國 만 灣 까지 영토를 확장, 명실공 名實共 히 크메르를 제국의 반열에 올려놓았다.

자) **우다야딧야바르만 2세**

앙코르 제국 제14대왕 우다야딧야바르만 Udayadityavarman 2세는 수리야바르만 Jayavarman 1세의 아들이며, 그의 재위 기간은 1050년~1066년이다. 우다야딧야바르만 2세는 바푸온 Bapuon 사원을 중심산 中心山 으로 하는, 제3차 앙코르 도성 都城 조영공사 造營工事 를 벌이면서 웨스트 메본 West Mebon 사원도 건축했다. 그러나 무리한 앙코르 개축 改築, 확장공사가 화근이 되어 반란이 일어났다. 현재 태국의 북동쪽 코라트 고원에서 온 유력자가 왕위를 찬탈, 왕실의 혈통이 바뀌었다.

차) **자야바르만 6세**

앙코르 제국 제16대왕 자야바르만 Jayavarman 6세의 재위 기간은 1080년~1107년경으로, 그는 현재 태국지역에 있는 피마이 Phimai 사원을 건축했다.

카) **수리야바르만 2세**

앙코르 제국 제18대왕 수리야바르만 Jayavarman 2세의 재위 기간은 1113년~1150년경이다. 그는 앙코르 제국, 즉 크메르 제국을 재통일하고 영토를, 동쪽 베트남 중부 해안에서, 서쪽으로 메콩강 상류지역, 북쪽 중국의 윈난 雲南 지역에서 남쪽 말레이 반도 북부까지 확장 했다. 광대한 영토를 장악한 수리야바르만 2세는 앙코르 제국 최전성기의 통치자로서, 신성왕 神聖王, god-kings 이라는 별칭을 얻었다. 열렬한 힌두교 신자였던 수리야바르만 2세는 자신을 힌두교 신인 비슈누 Vishnu 와 동일시했다.

크메르 문명 최고 융성기를 맞이한 수리야바르만 2세는, 제국의 위세를 보이기 위해서 크메르 건축문명의 대명사인 앙코르와트를 비롯해서 토마논, 차오 세이 테보다, 반티아이 삼레, 벵메아레아 등 수많은 사원을 건축했다. 현재 태국에 있는 프놈룽 Phnom Rung 사원도 그가 건축한 것이다. 그는 이와 같이 방대한 건축 사업을 지속하면서 막대한 노동력과 국력을 낭비했다. 게다가 해외 정복 전쟁이 지속되면서 국민 생활은 피폐해지고 왕조의 위세는 쇠퇴하기 시작했다. 그런 상황에서 왕이 죽자, 시암족과 참족, 즉 태국과 베트남은 수시로 앙코르를 침략하면서 괴롭혔다.

타) **자야바르만 7세**

참족의 지배를 받던 당시, 황태자였던 자야바르만 7세는

1181년에 왕도 앙코르 외곽지대에서 앙코르 제국 제22대왕으로 즉위, 1220년경까지 통치했다. 그는 태국과 전략적 제휴를 맺고, 앙코르를 탈환, 참족을 몰아냈다. 자야바르만 7세는 톤레삽 Tonlé Sap 해전 海戰 에서 참족을 모두 격퇴, 대승을 거두었다. 그는 정복 전쟁을 지속, 선대왕 수리야바르만 Suryavarman 2세가 장악했던 영토를 더욱 확장, 영토를 동쪽 베트남 중부 해안에서, 서쪽으로 미얀마와 태국사이 메콩강 상류지역까지, 북쪽 라오스의 비엔티안에서 남쪽 말레이 반도 북부까지 장악 했다. 그는 인도차이나 반도 거의 전 지역을 석권, 캄보디아 역사상 전무후무한 최대 제국을 건설했다.

자야바르만 7세는 참족이 파괴한 바푸온 사원을 복원하고, 수많은 사원과 왕궁 Royal Palace 을 건축하고, 도로, 교량, 운하, 해자, 거대한 저수지 등을 건설했다. 거대한 저수지는 관개시설, 해자 및 운하의 수량 조절을 위한 수단이었다. 그는 제4차 앙코르 조영 造營 공사를 마무리하면서 마침내 앙코르의 모습을 지금과 같은 거의 완벽한 도시 형태로 확 바꾸어 놓았다. 이때부터 사람들은 "앙코르" 를 "앙코르 톰" 이라 불렀다. 이 당시가 크메르 제국 최고조의 영광을 누리던 때로서, 도성의 넓이는 100㎢, 인구는 100만 명이었다. 이런 규모의 도시는 당시 전 세계에서도 가장 큰 도시 중의 하나였다. 자야바르만 7세는 소승불교 小乘佛敎, 즉 상좌부불교를 도입하고, 자신을 관세음-보살이라 생각했다. 실제로 그는 캄보디아 역사의 영웅이자 부처, 즉 석가모니로 받들어지고 있다. 그는 베이욘 Bayon, 타 프롬 Ta Prohm, 프레아 칸 Preah Khan, 반티아이 크데이 Banteay Kdei 등의 사원과 총 102개의 호스피탈 채펄 Hospital Chapel 을 전국에 건축했다. 그러나 지속된 전쟁과 대규모 건축 공사로 나라살림이 피폐해지면서 앙코르 왕조는 쇠락의 길로 들어섰다. 자야바르만 7세가 1220년경 사망하자 또다시 참족이 침입, 앙코르 제국은 참파국과의 합병 상태로 제국의 명맥을 이어갔다. 이후 제국의 왕들은 실권 없는 명복상의 왕이 되었다.

파) **자야바르만 파라메스바라**

앙코르 제국 제 27대왕 자야바르만 파라메스바라 Jayavarman Paramesvara 는 1327년 왕위에 올랐으나 앙코르 왕조는 곧 멸망했다. 참파국의 과의 합병 상태에 있었던 앙코르 제국은, 세력이 강해진 이웃 국가, 즉 현재 태국의 옛 왕국 "아유타야 Ayuttaya" 에게, 1356년과 1364년에 연거푸 공격을 받고 위협에 시달렸다. 앙코르 제국은 마침내 1431년 또다시 "아유타야" 왕국의 침공을 받고, 방어 능력을 상실, 1432년 앙코르를 버리고, 남동쪽 240km 지점에 있었던, 현재의 캄보디아 왕국 프놈펜으로 도성 都城 을 옮기면서 앙코르 왕조의 종말을 가져왔다. 왕조의 멸망과 함께 찬란했던 앙코르 왕조의 유적들은 정글 속으로 사라져 황폐화 되었다.

(2) **앙코르 왕조**의 **멸망**

가. **외세 침입**

앙코르 제국은, 빈번한 정벌 전쟁으로 국력이 쇠약해진 상태로 이웃 국가, 즉 현재의 베트남 및 태국의 왕조로부터 수시로 침공을 받고, 소모 전쟁을 지속했다. 마침내 외세의 침공에 대항할 중앙 권력이 약화되자 앙코르 제국의 속국들이 각자 독립, 제국이 붕괴되었다.

나. **정치, 사회적 혼란**

과두정치 寡頭政治 와 왕위 계승을 위한 왕실의 잦은 내분으로 지방 세력이 할거 割據, 왕권이 약화되면서 외세의 침공에 효과적으로 대응하지 못했다. 또한 무리하게 수많은 대규모 사원 건축을 강행, 국력 손실이 커지면서, 관개수로의 유지보수가 어려워져 식량 생산이 감소하고 질병이 만연, 국민 생활이 피폐해졌다.

다. **종교적 영향**

13세기에, 고대 힌두사상과 카스트 Caste 제도가 정체 停滯 되어 있던 사회에, 스리랑카에서 숭상 崇尙 되던 상좌부불교, 즉 남방불교가 미얀마, 태국을 거쳐서 크메르 제국에 들어왔다. 상좌부불교는 소승불교의 여러 부파 部派 중 유일하게 현존한다. 상좌 上座, Thera 는 "장로에 의해 이어져 온 붓다의 설법"이라는 뜻이다. 상좌부불교는 석가모니 Sākyamuni 의 가르침을 원형 그대로 유지하고 경전을 중시하며 개인의 깨달음을 위해 정진하는 불교 본연의 종파이다. 상좌부불교의 영향으로, 개인 수련을 강조하고, 왕권에 대한 무조건 복종을 거부하였으므로, 기존의 대승불교와 대립하게 되었다. 그 결과 평등사상이 팽배해진 백성들의 반란이 일어났으며, 왕조의 내부 조직은 와해됐다. 대승불교는 이타주의에 의한 인간 전체의 구제와 불교 전파를 주지 主旨 로 하는 적극적인 불교 종파이다. 대승 大乘 이라는 말은 서기전 1~2세기경에 인도 북부에서 일어난 진보적 불교 세력이 스스로의 교리, 교설을 이르던 말이다. 이들은 종래의 출가자 出家者 위주의 교의 敎義 를 반대하고 재가 在家 의 대중을 두루 교화할 교리 敎理 를 주장하였다. 이들은 스스로의 종파를 대승불교라 하면서 기존의 모든 전통적 불교를 소승불교라 했다. 대승불교를 북방불교라고도 한다.

(3) **캄보디아 왕국 연대기**

가. **프랑스 식민 시대**

태국과 베트남의 핍박에 시달리던 크메르 제국의 후손들은 스스로 나라를 지킬 수 없게 되자, 1853년 프랑스에 보호를 요청, 스스로 프랑스의 식민 국가가 되었다.

나. **캄보디아 왕국 시대**

1953년 프랑스로부터 독립한 현재의 캄보디아 왕국은, 시아

누크 친정 시대, 크메르 공화국 시대, 민주 캄푸치아 시대 및 캄푸치아 인민공화국 시대를 거쳤다.

4. 바간 문명

1) 불교 문명의 특성

바간 문명 Bagan civilisation 은 서기 후 9세기 중반부터 현재의 인도차이나 반도 북서부, 미얀마연방공화국의 중서부, 바간 지역에 있었던 여러 부족들이 꽃피웠던 불교 문명이다. 찬란한 불교 문명을 꽃피운 절정의 시기는 11세기 중반부터 13세기말까지의 바간 왕국 통치 시기이다. 이들이 꽃피운 불교 문명 특성은 다음과 같다.

(1) **흰-코끼리**

불교 건축물에 있는 벽화 속의 하얀 코끼리는 부처, 즉 석가모니의 탄생을, 백색 白色 은 우주의 중심인 수미산 Sumeru 을 뜻한다. 흰-코끼리는 석가모니의 어머니 마야 부인의 태몽 胎夢 과도 관련이 있기 때문이다.

(2) **보시와 공덕**

바간 왕국의 건축공사는, 다른 고대 문명의 건축공사와는 달리 노예나 포로를 동원하지 않고 왕과 백성들이 보시 布施 와 공덕 功德 으로 건축공사를 했다. 동원된 일꾼들에게는 일당을 지불했다. 이와 같은 전통적인 불교문화, 즉 보시의 영향으로 현재 미얀마는 세계 최빈국중의 하나임에도 불구하고 기부문화는 미국 다음으로 세계 2위이다. 또한 미얀마 전국에 산재해 있는 수많은 불탑 佛塔 과 불상 佛像 은 모두 공덕을 쌓기 위한 것이었다.

(3) **세불** 洗佛 및 **금박 의식**

전통적인 상좌부불교 국가 미얀마에서, 불상에 물을 붓고 금박을 붙이는 의식의 의미는 다음과 같다.

가. **불상**에 **붓는 물**

불상에 붓는 물 자체는 불교의 궁극적 목표인 니르바나 경지를 의미한다. 불상에 자기 나이만큼 물을 붓는 것은 마음의 정화이자 깨끗하고 순결하게 살겠다는 실천불교, 즉 남방불교의 생활 그 자체이다.

나. **불상**에 **붙이는 금박**

금박 金箔 의 금색은 태양의 빛깔이며 영원히 불타고 있는 불의 색깔이다. 불은 영원히 녹슬지 않으며 동시에 어떤 불순물이라도 태워버린다. 따라서 미얀마 인들에게 금색은 깨달음 그 자체가 되는 것이다. 이것이 바로 불상이 금색인 이유이다.

(4) **불교**의 **우주관**과 **108 번뇌**

바간 왕국의 모든 불교 건축물에는 숫자로 불교의 우주관을 표현했다. 건축물에는 고대 중국인들의 우주관인 천원-지방 天圓地方 사상도 도입되었다. 108이라는 숫자는 남방불교, 즉 소승불교 또는 상좌부불교에서 말하는 인간의 본능적인 욕망인 욕계 欲界, 색계 色界, 무색계 無色界, 즉 식욕, 음욕, 수면욕의 108번뇌를 상징한다. 108번뇌는 인간의 36가지 번뇌에 삼생 三生, 즉 전생 前生, 현생 現生, 내생 來生 을 곱한 것이다.

(5) **불교 건축물 특성**

가. **불탑** 佛塔 **유형**

바간의 불탑은 2가지 유형이 있다. 하나는 사람이 내부로 들어 갈 수 없는 사리나 유물의 탑이고, 다른 하나는 사리탑과 불상을 모신 사원으로 사람이 내부로 들어갈 수 있다.

나. 건축공사 특성

가) 건축물 축조 공법

대부분의 불교 건축물들은 피라미드 축조 공법을 따랐으며, 벽체는 아치형으로 구축했다.

나) 건축물 치수

불교 사원, 불탑, 수도원 등의 건축물 길이를 잴 때는 "자" 대신 사람의 손과 몸의 길이를 기준으로 삼았다. 사람의 몸은 황금비 黃金比 로 구성되었기 때문이다. 사람 몸의 전체 길이는 "페암", 팔꿈치에서 손끝까지의 길이는 "큐빗" 이라는 기본 단위를 사용하였다. 당시 점토 벽돌의 치수, 즉 가로×세로는 36×18 이었으며, 36과 18은 모두 완전한 수 "9"의 배수이다.

다) 건축물 재료

불탑이나 불교 사원 건축물의 주요 재료는 점토를 불에 구워 만든 붉은 벽돌이었으며 극히 일부이기는 하지만 사암 및 대리석도 사용했다. 반면 이집트의 피라미드나 캄보디아의 앙코르 유적의 건축 주요 재료는 화강암, 석회암, 사암 등이었다.

2) 불교 문명 유적 및 유물

전통적 상좌부불교 국가 미얀마는 국토 전체가 불교 유적지라 해도 과언이 아니다. 미얀마는 가는 곳 마다 수천~수만 개의 불교 유적, 즉 불탑군 佛塔群(사진 2-023), 불교 사원(사진 2-024), 불상(사진 2-025) 등이 있다. 그러나 미얀마에서도 으뜸의 불교 유적은 바간 Bagan 이다. 바간은 11세기 중반부터 13세기 말까지, 미얀마 역사상 최초의 통일 국가의 왕도였다. 바간은 현재 미얀마의 마궤이구와 만달레이구의 접경, 이라와디

사진 2-023: 불탑군 인레 호수, 산주, 미얀마

사진 2-024: 쉐다곤 파고다 양곤구, 양곤, 미얀마

사진 2-025: **좌불상** 파안 룸비니 동산, 카인주, 미얀마

강 동쪽 유역 流域 에 있다. 이라와디 강은 히말라야 동쪽 산악지대에서 발원, 미얀마를 남북으로 관통, 미얀마 남부 삼각주를 지나 안다만 해 Andaman Sea, 벵골만 Bay of Bengal 으로 흘러들어가는, 전체 길이 약 2000km 의 강이다.

(1) **바간 유적**

불탑의 도시 바간은 수많은 불교 건축물의 보고이며 세계3대 불교유적 중의 하나이다. 화려한 불교 문명을 꽃피웠던 바간은 유네스코 세계문화유산으로도 등록되어있다. 현재 바간은 전체 면적이 104km^2 이며, 냥우 Nyaung-U 지역과 북부의 올드 바간 Old Bagan 그리고 남부의 뉴 바간 New Bagan 지역으로 구획되어있다. 냥우 지역은 도시 중심지로서 전통시장이 있으며, 뉴 바간에는 관광객을 위한 휴양시설이 있다. 불교 유적은 올드 바간에 집중되어 있으며, 그 면적은 42km^2 이다.

(2) 불교 건축물 유적

올드 바간에 있는 대부분의 불교 사원, 불탑, 수도원 등의 불교 건축물들은 11세기 중반부터 14세기 초에 건축된 것으로 추정된다. 올드 바간에 불교 건축물의 흔적이 남아 있는 유적지는 5000여 곳에 달하며, 불탑은 물경 400만개가 있었다고 한다. 그러나 수많은 불교 건축물들은, 13세기말 바간 왕국의 멸망 이래 700여 년 동안 습한 기후에 방치되면서 붕괴되고 도굴되어 심각하게 훼손되었다. 또한 바간 지역에는 진도 震度 6.5 정도의 강진이 1917년, 1930년, 1975년 그리고 2016년에도 발생하여 유적 파괴는 가속되었다. 유네스코 발표에 의하면 1996년 현재 3122개의 불교 유적이 남아 있는 것으로 되어 있으나, 현지 전문가들은 현재 2300여 개의 유적이 남아있을 뿐이라고 한다. 현재 올드 바간에 남아있는 주요 불교 건축물의 유적은 다음과 같다.

가. 쉐산도 파야 Shwesandaw Paya

쉐산도 파야는 아뇨라타 Anawraahta 왕이 1057년에 건축한 불탑 사원으로 추정된다. 이 불탑 사원은 향후 수많은 불탑 사원의 본보기가 되었으며, 특히 쉐지곤 파고다의 원형이 되었다. 쉐산도 파야에는, 몽족의 타톤 왕국에서 탈취해온 석가모니의 불발 佛髮 이 안치되어 있다. "쉐산도"는 부처의 성스러운 황금빛 머리카락이라는 뜻이다. 타톤 왕국은 당시 제일의 찬란한 불교 문명을 꽃피웠던 불교 왕국이었다. 이 불탑 사원은 정사각형 붉은 벽돌 기단 위에 축조되었으며, 외벽에는 계단과 거대한 테라스가 있어 5층까지 올라갈 수는 있지만, 내부로 들어갈 수는 없다. 5층 위에는 8각형의 단을 두개 더 쌓고 그 위에 둥근 종 모양의 탑을 세웠다. 탑 꼭대기에는 금빛 우산 모양의 장식이 있다. 5층 테라스에는 넓은 공간이 있는데, 주변의 조망이 우수하여 관광객들에게 인기가 있다(사진 2-026).

사진 2-026: 쉐산도 파야 바간, 미얀마

나. **아난다 파토** Ananda Phato

아난다 파토는 조형미가 뛰어난 바간의 대표적인 불탑 사원이다. 가장 크고 아름다운 이 사원은 아뇨라타 왕의 아들, 짠시타 Kyansittha 왕이 1090년에 착공, 1105년에 완공한 것으로 추정된다. 이 사원은 바간의 다른 사원과는 달리 몽족 왕국과 인도의 불교 예술이 융합하여 완성된 걸작으로 평가된다. 아난다 파토는 인도, 히말라야의 동굴사원을 모방하여 건축했다는 전설도 있다. 이 사원의 이름은 석가모니의 상좌 上佐 "아난다" 의 이름에서 따온 것으로 알려졌으나, "무한한 지혜" 또는 "행복" 이라는 의미를 갖는 범어 梵語, 즉 산스크리트어 "아난다" 에서 유래했다는 설도 있다.

아난다 파토는 붉은 점토 벽돌로 축조된 다음 그 위에 석회를 덧바르고 불교와 관련된 벽화를 그려 넣어 장식했다. 아름다운 불화 佛畵 는 사원 내부의 벽과 천장에도 수없이 많이 있다. 이 사원의 홀에는 수없이 많은 불상이 있으며, 특히 홀 내부에는 동, 서, 남, 북 방향 각각에 키가 9.5m 에 달하는 목조 도금 불상인 본존 本尊, 즉 석가모니불, 4불상 佛像 이 있다. 이 사원은 1975년 지진 때 파괴 되었으나 즉시 완전 복구되었다.

다. 쉐지곤 파야 Shwezigon Paya

쉐지곤 파야는 불상을 모신 법당 뒤에 있는 테라스 형식의 금빛 불탑으로 이라와디 강 중류, 강변 북동쪽에 있다. 이 금빛 불탑은 우아하기 그지없는 종 鐘 모양의 부드러운 곡선을 하고 있다. 규모와 화려함이 압도적인 쉐지곤 파야는 11세기 말에 착공하여 12세기 초에 완공한 것으로 추정된다. 아뇨라타 왕이 착공, 공사 중 사망하자 그의 아들 짠시타 왕이 완공했다. 올드 바간에 있는 대부분의 불탑 사원은 붉은 점토 벽돌로 축조되었지만 이 사원은 유일하게 사암으로 축조되었다. 쉐지곤 파야 주변에는 여러 형태의 불상과 소원을 비는 종들이 있다. 쉐지곤 파야에는 아노라타 왕이 스리랑카의 왕으로부터 받은 부처님의 사리 sarira, 즉 앞니와 쇄골이 모셔져 있다. 전설에 의하면, 쉐지곤 파야는 부처님의 사리를 싣고 돌아다니던 코끼리가 멈춰선 곳에 세워진 사원이라는 것이다. 쉐지곤 파야는 바고 Bago 에 있는 쉐모도 파야 Shwemawdaw Paya 와 양곤 Yangon 에 있는 쉐다곤 파고다의 원형이 되었다. 쉐다곤 파고다에는 높이가 100m 에 달하는 황금 주탑이 있어서, 미얀마 최고의 보물, 황금사원이라는 명성을 얻었다.

라. 피타캇 타익 Pitakat Taik

1057년에 건축된 피타캇 타익은 불교 경전 經典 을 보관했던 서고 書庫 이다. 이 서고에는 아뇨라타 왕이 몽족 Mon 의 타톤 왕국을 정복하고 탈취해온 경전 30세트가 보관되어 있다. 아뇨라타 왕은 이들 경전을 코끼리 32마리에 나누어 싣고 왔다고 한다. 1층 건축물인 이 서고의 출입구는 동쪽에만 나있고, 나머지 3면의 벽에는 햇볕을 차단하고 통풍을 원활하게 하기 위한 작은 개구부만 있다. 당시 서고의 내부는 각종 불상과 불화로 가득 채워졌을 것으로 추정되지만 지금은 아무 것도 없다.

마. **낫라웅 짜웅** Nathlaung Kyaung

11세기경에 건축된 것으로 추정되는 낫라웅 짜웅은 바간 지역에 세워진 유일한 힌두교 양식의 사원이다. 이 사원은 인도의 민족 종교인 힌두교의 신 비슈누에게 바쳐진 사원이다. 내부에는 다양한 형태의 힌두교 신들이 있었던 것으로 추정되지만 대부분 도둑맞거나 파괴되었다. 이 사원은 1975년 지진으로 대부분 붕괴되었지만 곧 복원되었다.

바. **탓빈뉴 파야** Thatbyinnyu Paya

11세기에 건축된 것으로 추정되는 탓빈뉴 파야는 올드 바간에서 가장 높은 사원이다. 하얀색의 웅장한 모습을 한 이 사원의 정상은 금빛 첨탑으로 장식되었다. "탓빈뉴" 는 전지전능한 부처라는 뜻이다. 이 사원의 첨탑에는 사리 등의 성물 聖物 이 있었으나 2차 세계대전 당시 일본군이 도굴해가서 현재는 아무 것도 없다. 4층으로 건축된 이 사원의 높이는 65m 이며 사원의 층별 용도는 다음과 같다:

-1~2층; 승려들 거주
-3층; 유물 보관
-4층; 도서관
-첨탑; 사리 등의 성물을 보관

사. **부 파야** Bu Paya

850년경 이라와디 강변에 세워진 부 파야는 바간에서 가장 오래된 불탑이다. 부 파야의 둥근 모양의 금빛 돔 지붕은 당시 바간 지역의 랜드마크 landmark 역할을 했다.

아. **마누하 파야** Manuha Paya

몽족 Mon 왕국, 타톤의 마지막 왕, 마누하가 바간 왕국의 감금생활에서 풀려나면서 현세에 복을 짓고자, 13세기에 건축한 사원이다. 사원 입구를 지나면 거대한 불상 3개가 있고 그 뒤에는 북쪽을 향하고 있는 와불상 臥佛像 이있다. 이 와불상은 곧 열반 涅槃 에 들어갈 부처의 모습을 상징한다. 마누하 파야 사원에 있는 불상들은 전체적으로 협소한 공간에 모셔져 있는데, 이것은 마누하 왕의 감금생활을 무의식적으로 표현한 것으로 추정된다.

자. **민카바 파야** Myinkaba Paya

11세기경 건축된, 미얀마 불탑의 원형인 민카바 파야는 바간 왕국의 아뇨라타 Anawraahta 왕이, 왕위 쟁탈 과정에서 자신에게 희생된 의붓 형제인 소카테 Sokkate 왕의 영혼을 위로하기 위하여 건축한 불탑이다.

3) 문명 발상지 연대기

인도차이나 반도 북서쪽, 현재 미얀마 지역에는 서기전 3000년~2000년경 사이부터 사람이 살았던 것으로 추정된다. 서기후 11세기 중반부터는 현재 미얀마의 이라와디 Irrawaddy 강 중부 유역에 바간 왕국이 존재했다. 바간 왕국을 불국 佛國 의 꿈을 이룬 왕국, 찬란한 불교 유적지, 또는 경이로운 불교 유적지 등으로 부른다. 바간 왕국은 이웃 국가 크메르족의 앙코르 Angkor 제국과 함께 인도차이나 반도의 양대 강국으로 군림했다. 앙코르 제국은 7세기 후반부터 630여 년 동안 인도차이나 반도 중부지방에 존속했던 강국이었다.

(1) **바간 왕국** 이전의 **부족국가**

인도차이나 반도 북서쪽 지역에서 석기시대부터 작은 부족을 이루면서 살던 사람들은 청동기 시대를 거치면서 본격적인 부족국가로 발전했다. 강력한 부족국가의 출현은 현재 미얀마 북동부 접경지역인, 중국 남서부의 윈난성 雲南省 에서 쀼 Pyu 족이 내려오면서부터이다. 쀼족은 서기전 200년경에 이라와디 강 북부 유역, 삐에 자리를 잡고 세력을 확장했다. 이 지역에서 최초의 왕국이 출현한 시기는 서기 후 107년경으로 추정되지만, 일반적으로는 638년을 쀼족 왕국의 건국 원년으로 생각한다. 쀼족은 849년에는 주변의 샨 Shan 족 및 남부의 몽 Mon 족과도 상거래를 넓히면서 왕국건설의 기틀을 마련했다. 쀼족 왕국은 훗날 바간 왕국의 바탕이 되었다. 당시 이 지역에는 몽족, 라카인 Rakhine 족, 샨족 등의 부족 국가가 있었다.

가. **라카인족**

인도차이나 반도 북서쪽 지역, 즉 현재 미얀마 중서부 해안지대에 있었던 라카인족의 부족 국가는 벼농사를 지으면서, 인도와의 물물 교역을 중심으로 했다.

나. **몽족**

9세기경 중국 서부지역에서 내려온 몽족은, 인도차이나 반도 북서쪽 지역, 즉 현재 미얀마 남쪽지역에 부족 국가를 세웠다. 몽족의 부족 국가는 당시 그 지역에서 불교 문명이 가장 발달한 나라였지만, 훗날 바간 왕국에 복속되었다.

(2) **바간 왕국**의 **흥망성쇠**

9세기 초 쀼족의 왕조는, 인도차이나 반도 북쪽 히말라야 산악지대에서 내려온 새로운 세력에 의해 규합되면서 사라졌다. 새로운 세력의 왕, 삔뱌 Pyinbya 는 849년에 새로운 왕국을 세웠다. 이들은 점차 융성하여 11세기 중반에는, 현재 미얀마의 이라와디 Irrawaddy 강 중부 유역에서 불교 문명을 꽃피웠던 바간 왕국을 세웠다. 이들이 세운 왕국을 훗날 버마 왕국이라 했으며, 이들을 버마족이라 불렀다. 중국 티베트 민족에 속하는 버마족은 현재 미얀마 인구의 70% 를 차지하고 있다. 미얀마에는 대표적인 버마족 외에, 샨족, 몽족, 카인족, 카야족, 카친족, 친족, 라카인족, 와족, 모켄족 등 135개의 소수 민족이 있다.

가. **바간 왕국**과 **아뇨라타 왕**

가) **바간 왕국**의 **번성기**

고대 바간 왕국의 영화는, 1044년 아뇨라타 Anawraahta 왕이 주변의 왕족 및 부족들을 모두 제압하고 버마족 최초의 통일국가를 건설하면서 시작되었다. 1057년 아뇨라타 왕은 이라와디 강 남부 유역에 있었던 몽족 Mon 의 타톤 왕국을 정복, 불경을 비롯한 많은 성물 聖物 을 탈취해 왔다. 또한 타톤의 왕과 왕족 및 수많은 예술가, 건축가들을 포로로 잡아와 바간 왕국의 번영에 기여하도록 했다. 타톤의 마지막 왕 마누하는 감금되었다. 아뇨라타 왕의 아들, 짠시타 Kyansittha 왕 역시 수많은 수도원, 사원, 불탑, 기념비 등의 불교 건축물을 건축, 바간 왕국의 융성에 기여했다.

나) **아뇨라타 왕**과 **불교 융성**

버마족 최초의 통일 국가를 세운 아뇨라타 왕은 수많은 전쟁을 치루면서 전쟁터에서 죽어갔던 수많은 병사들과 포로들을 생각하면서 깊은 고뇌에 빠졌다. 아뇨라타 왕은 새로운 통일 왕국에서는 백성들을 통합할 수 있는 새로운 국가 이념이 필요하다고 생각했다. 당시 바간 왕국에는 인도의 영향으로 대승불교, 힌두교, 정령신앙, 사이비 종교 등의 여러 종교가 있었으나 국가의 구심점이 될 만한 종교는 없었다. 이때 아노라타 왕은, 몽족의 젊은 승려 쉰 아라한 Shin Arahan 을 만나 설법을 듣고 상좌부불교를 국교로 정했다. 쉰 아라한은 금욕적이고 숭고한 성품의 소유자였으며, 몽족은 상좌부불교를 숭상했던 부족이었다. 상좌부불교를 국교로 정한 아뇨라타 왕은 적극적으로 불교를 육성하는 정책을 펴면서 다른 종교는 모두 배척했으므로 불교의 영향력은 점차 커졌다. 아노라타 왕은 인도의 아소카 왕처럼 불교를 통해 자신의 통치 철학을 실현하고자 하면서, 수많은 불탑과 사원을 건축, 불탑 왕국을 건설했다. 아소카 왕은 서기전 3세기경, 최초로 인도를 통일하고 붓다의 가르침을 경전으로 만들고, 불교 전도단을 만들어 스리랑카를 비롯한 9개 국가에 파견해 교세를 전 세계로 확산시켰다. 바간 왕국에 세워진 수천 개의 불탑에는, 부처의 탄생과 열반에 이르는 설화들이 그림과 문자로 새겨진 프레스코 fresco 화가 있다. 바간 왕국 이후의 모든 버마 왕조는 불교의 이념과 사상을 국가의 바탕으로 했다.

나. **바간 왕국**의 **멸망**

243년 동안 지속되던 고대 바간 왕국의 영화는 1287년, 몽골의 침공으로 멸망했다. 징기스칸의 손자 쿠빌라이칸의 기마 군단이 바간 왕국의 코끼리 군단을 물리친 것이다. 그러나 1310년 몽골군이 물러나자 혼란기를 거쳐, 바간 왕국이 있던 지역에는 수많은 부족들의 왕국이 우후죽순 雨後竹筍 격으로 생겨났다. 즉, 바간의 동쪽에는 샨 Shan 왕국, 북서쪽에는 아라칸 Arakan 왕국, 중부에는 잉와 Innwa 왕국, 남쪽에는 한따와디 Hanthawady 왕국이 생겨났다. 한따와디를 함자바티 Hamsavati 라고도 부른다. 한따와디 왕국은 타톤 Thaton, 후-한따와디 Restored Hanthawady 왕국과 함께 몽족의 3대 왕국이다.

가) **타톤 왕국**

타톤은 9세기경에서 1057년까지 이라와디 강 남부 유역에 있었던 몽족 Mon 의 왕국이다. 타톤은 인도차이나 반도에서 최초로 인도로부터 불교 경전을 전해 받고 불교를 받아들인 왕국이다. 상좌부불교를 신봉하는 불교 국가였던 타톤은 당시 불교문명이 가장 발달했던 문명강국이었다. 타톤은 1057년 바간 왕국에 의해 멸망당했다.

나) 한따와디 왕국

한따와디 왕국은 1287년에서 1539년까지 이라와디 강 남부 유역에 존재했던 몽족 왕국이다. 바간 왕국이 1287년 몽골의 침략으로 멸망하자 몽족인 와레우 Wareu 가 몽족을 규합하여 새로운 왕국을 건설, 1307년까지 통치했다. 한따와디 왕국은, 초기에는 수코타이 Sukothai 왕국과 더불어 몽골, 즉 원 元 나라의 조공국 朝貢國 이었다. 수코타이 왕국은, 예전에 시암 Siam 이라고 불렀던 왕국으로, 중국 남부지방에서 밀려 내려온 시암족이 1238년 현재의 태국에 세운 나라이다. 한따와디 왕국은, 1330년 수코타이로부터 독립하면서, 이라와디 강의 남부 삼각주 지역의 바고 Bago 와 모타마 Mottama 및 중부 지역의 아바 Ava 왕국까지도 복속, 세력을 키우면서 100년간의 전성기를 누렸다. 그러나 1534년 따웅우 Taungoo 왕국의 침입으로 국력이 급격히 쇠락, 1539년 주요 지역이 함락 되면서 멸망했다. 1550년 따웅우 왕국의 혼란기를 틈타 잠시 왕국의 회복을 시도하였으나 1552년 따웅우 왕국이 다시 침입, 왕권 복원에 실패했다.

다) 후-한따와디 왕국

한따와디 왕국의 뒤를 이은 후-한따와디 왕국은 1740년부터 1757년까지 잠시 존재했던 왕국이다. 1740년 따웅우 왕국의 쇠약기를 틈타 몽족은 과거 한따와디 왕국의 영광을 회복하고자 반란을 일으켰다. 후-한따와디 왕국은 1752년, 프랑스의 지원을 받아 아바 Ava 지역을 점령하고, 따웅우 왕국을 멸망시켰다. 하지만 수년 뒤 후-한따와디 왕국은 북부지역에 있었던 꼰바웅 Konbaung 왕국의 침공을 받고 멸망했다. 이후 몽족은 미얀마의 소수 민족으로 전락했다.

다. 바간 왕국의 부활

가) 따웅우 왕국

1310년 몽골군이 물러나고 혼란기를 거치면서 바간의 중부, 잉와 Innwa 에 있었던, 멸망한 바간 왕국의 후손들은 세력을 키워 새로운 왕국을 세웠다. 이 왕국이 바로 버마인들의 두 번째 통일 왕국인 따웅우 Taungoo 왕국이다. 따웅우 왕국의 왕 따빈쉐티 Tabinshweti 는 1534년 남쪽에 있었던 한따와디 왕국을 침공, 세력을 약화시키면서, 1539년 주요 지역을 함락, 마침내 한따와디 왕국을 멸망 시켰다. 따빈쉐티는 한따와디 왕국의 항구, 페구 Pegu 를 점령하고 부를 축적하면서 세력을 키웠다.

따빈쉐티 왕의 뒤를 이은 바인나웅 Bayinnaung 왕은 중국 윈난 지방, 라오스, 태국, 인도까지 세력을 확장하면서 지역의 강자로 군림했다. 바인나웅 왕은 현재의 미얀마연방공화국 역사상 가장 위대한 왕으로 손꼽히고 있다. 그러나 따웅우 왕국은 1740년 몽족의 반란으로 급격히 쇠퇴하기 시작, 왕도를 바고에서 다시 잉와 Innwa 로 옮겼다. 따웅우 왕국은, 1752년 후-한따와디 왕국의 침공으로 멸망당했다. 잉와는 14세기 샨 Shan 족이 처음으로 왕도로 정한 이후 400여 년 동안 여러 왕국이 번갈아가며 왕도로 삼았던 요충지이다.

나) 꼰바웅 왕국

따웅우 왕국이 후-한따와디 왕국에 멸망당하자, 얼마 뒤, 즉 1757년 바고 Bago 북부지역에 있었던 버마족, 족장 알라웅따야가 군대를 일으켜 몽족 왕국, 즉 후-한따와디를 격파하고 새로운 왕국을 세웠다. 이 왕국이 바로 버마인들의 세 번째 통일 왕국인 꼰바웅 Konbaung 왕국이다.

(가) 왕국의 영토 확장

꼰바웅 Konbaung 왕국의 알라웅따야 왕은 바고를 거쳐 동쪽으로 진격, 현재의 태국 땅에 있었던 아유타야 Ayuttaya 왕국을 공격하던 중 암살당했다. 야유타야는 14세기에 찬란한 문명을 꽃피웠던 태국의 옛 왕국이다. 알라웅따야 왕의 아들 신뷰신 Shinbyushin 1767년 야유타야를 멸망시키고 그 목적을 달성 했다. 알라웅따야 왕의 또 다른 아들 보도파야 Bodawpaya 왕은 1784년 마침내 북서쪽, 인도 접경에 있었던 아라칸 Arakan 왕국을 정복, 자신의 왕국에 복속시켰다. 그리고 알라웅따야 왕의 손자 바지도 Bagyidaw 왕은 인도의 동북부, 아쌈 Assam 지역을 점령 했다. 이리하여 당시 인도를 점령하고 있었던 영국과 맞붙게 되었다.

(나) 영국과의 전쟁

① 1차 전쟁

1824년 꼰바웅 왕국, 보도파야 왕의 후계자 바지도 Bagyidaw 왕은 당시 인도를 점령하고 있던 영국군과 국경에서 충돌, 패전 후 라카인 주를 비롯한 인근의 영토를 빼앗겼다.

② 2차 전쟁

꼰바웅 왕국은 1차 전쟁에 이어서 벌어진 영국군과의 2차 전쟁에서도 패하면서 양곤 Yangon 을 포함한 인근의 많은 영토를 점령당했다. 양곤은 원래 항구도시였으나 영국 식민 통치시절 수도가 되었다.

③ 3차 전쟁

꼰바웅 왕국의 민돈 왕은 새롭게 왕국을 정비하고 영국에 대항하기 위하여, 1853년 수도를 잉와에서 만달레이 Mandalay 로 옮겼다. 그러나 1878년 민돈 왕이 후계자를 정하지 못하고 죽자, 왕족간의 골육상쟁 끝에 그의 아들중 하나인 티보 Thibaw 가 왕이 되었다. 티보는 이미 양곤을 포함한 많은 영토를 점령하고 있었던 영국을 견제하기 위하여 프랑스와 손잡으려했다. 그러나 이를 눈치 챈 영국군이 만달레이로 침공, 티보의 항복을 받아냈다. 영국군은 꼰바웅 왕국의 마지막 왕 티보를 체포, 인도로 유배 보냈다. 이렇게 해서 꼰바웅 왕국은 역사의 뒤안길로 사라졌으며 이후 미얀마는 영국의 식민지가 되었다.

(3) 미얀마 연대기

현재 인도차이나 반도에서 가장 큰 나라 미얀마는 중국, 인도, 방글라데시, 라오스, 태국과 국경을 맞대고 있다. 인구 5600여만 명중 89%가 불교 신자인 대표적인 불교 국가, 미얀마는 국토 면적이 67만6578㎢ 이다. 미얀마의 행정 구역은 7개 구와 7개 주로 구성되어 있다. 7개 구는 사가잉구, 만달레이구, 마궤이구, 바고구, 에야와디구, 양곤구, 따닌타리구이고, 7개 주는 카친주, 친주, 샨주, 라카인주, 카얀주, 카인주, 몽주 등이다. 미얀마의 굴곡진 근세사 近世史 는 다음과 같다.

가. 영국의 식민 통치

영국의 식민 통치는 영국이 1824년 꼰바웅 왕국의 중서부, 현재의 라카인 주를 점령하면서 시작되었다. 100여년이 넘게 지속된 영국의 식민 통치로 많은 자원이 약탈당하고 생활이 궁핍해지자 1936년 승려와 양곤의 대학생들이 식민통치에 반기를 들고 파업을 주도하면서 독립의 발판을 마련했다.

나. 일본군의 침략

1939년 2차 세계대전이 발발하면서 일본군이 침공해오자, 양곤의 대학생 파업을 주도했던 아웅산은 독립군을 모집하고 일본군과 협조하여 영국군을 인도로 몰아냈다. 그러나 일본 역시 식민통치를 시작하면서 가혹한 강제노동, 민간인 무차별 학살, 부녀자의 위안부 강제 징집 등 악랄한 만행을 저질렀다. 1945년 일본군의 패전으로 3년 동안의 일본 식민통치는 막을 내렸다.

다. 독립, 군사정권과 민간정부

일본 군대가 물러나고 영국으로부터 독립한 미얀마의 참담한 현실 정치 역정 歷程 은 다음과 같다:

-1947년; 식민 통치 종식, 영국으로부터 독립
-1948년 1월 4일; 버마연방공화국출범
-1962년; 군부 쿠데타 coup d' Etat
-1989년; 또다시 군부 쿠데타,
국명 개칭, 버마 Birma →
미얀마연방공화국 Republic of the Union of Myanmar
-2005년; 수도 이전,
양곤→네피도 Naypyidaw
-2011년; 군민 軍民 혼합정부 탄생
-2015년; 온전한 민간정부 탄생,
53년 동안 지속된 군사정권 종식 終熄

제 3 장
고대 중앙아메리카 및 뻬루 문명

1. 식민통치와 문명 말살

1) 중앙아메리카 및 뻬루

(1) **문명**의 **동질성**

16세기 중반이후 스페인의 식민통치 아래 있었던 중앙아메리카의 여러 나라와 남아메리카 뻬루의 역사와 문화는 피식민 지배, 원주민의 몰락, 흑인 노예 유입과 가톨릭 세력에 의한 동화가 있었다. 이들 지역에서는 아주 오랜 세월동안 매우 다양한 원주민 문명이 발상, 소멸했다. 지리적으로 좀 멀리 떨어져 있는, 남아메리카 안데스 산맥 la Cordillère des Andes 과 태평양 연안에 걸쳐있는 뻬루에서 조차도 역사와 문명의 동질성은 뚜렷하다. 이들 지역의 사람들은 19세기 초부터 스페인을 비롯한 유럽 각국의 식민통치에서 벗어나 독립했다. 현재 이 지역에는 메히꼬를 포함한 중앙아메리카에 8개국, 카리브 해 도서에 13개국 그리고 남아메리카에 12개의 독립 국가가 있다(사진 3-001).

(2) **앵글로 아메리카**와 **라틴 아메리카**

영국 및 프랑스 사람들은 북아메리카 대륙을 침략 侵掠 했고, 포르투갈, 네덜란드와 스페인 사람들은 중앙아메리카 및 남아메리카를 침략, 원주민을 라틴문화에 동화시켰다. 현재 북미 대륙에서는 영어와 프랑스어가, 중남미 대륙에서는 스페인어, 포르투갈어, 영어 및 네덜란드어가 사용되고 있다. 중남미 대륙의 대부분의 국가, 즉 16개 국가에서는 스페인어를 사용한다. 다만 벨리세와 가이아나 Guyana 는 영어가 공용어이고, 브라질은 포

사진 3-001: 중남미 및 카리브해 도서국가

중앙아메리카 및 남아메리카 지역에 살고 있었던 마야, 아스떼까 및 잉까 문명의 후손들의 나라는, 현재의 메히꼬, 구아떼마라, 엘 살바도르, 온두라스, 벨리세 등과 남아메리카의 뻬루이다. 이들 나라는 모두 1821년에 독립했지만, 온두라스는 1838년에 독립했다. 이들 나라 중 메히꼬는 아스떼까 및 마야 문명의 본고장이자 스페인의 주된 식민지였으며, 뻬루는 남아메리카 지역, 잉까 문명의 후손들의 나라이자 스페인의 남아메리카 대륙 식민지의 본거지였다.

르투갈어를, 수리남 Suriname 은 네덜란드어를 사용한다. 중남미 대륙을 라틴 아메리카 Látin América 라고 부른 사람은 프랑스 제2제정 Second Empire 의 황제 나뽈레옹 3세 1808~1873 였다. 현재의 미국과 캐나다, 즉 북미 대륙을 앵글로-색슨 Anglo-Saxon 족의 앵글로 아메리카라고 불렀던데 대한 차별화로, 중남미 대륙은 라틴족의 영향권에 있음을 과시하기 위함이었다. 그러나 현재 중남미 지역에서는 라틴 아메리카보다는 메조아메리카 Mesoamerica, 즉 중앙아메리카라는 말을 쓴다.

(3) 아메리카 대륙 이주 연대기

아메리카 대륙으로 사람들이 들어오기 시작한 시기는 5만년 전이라는 설도 있고, 3만년~1만5천년 사이의 어느 시점이라는 설도 있다. 또한 동아프리카 East Africa 에서 살던 호모 사피엔스 Homo sapiens 가 아시아 대륙 북부 지역을 거쳐, 서기전 약 2만 년경에 아메리카 대륙으로 넘어 왔다는 주장도 있다. 이시기는 지구 제4빙하기의 중반 이후쯤 되는 시기, 즉 서기전 11만~1만 년경이다. 최근에는 메히꼬의 유까딴 반도에 있는 한 동굴의 작고, 더러운 물웅덩이 Black Hall, 즉 cenote 밑바닥에서, 15~16세 정도로 보이는 소녀의 유해 遺骸, human remains 가 발굴되었다. "나이아 Naia" 로 이름 붙여진 이 소녀는 서기전 1만 2900년경에 살았으며, 유전학적 분석에 의해 아시아계로 밝혀졌다. 즉, 나이아는 마야인들 Mayas 의 할머니인 셈이다.

중앙아메리카 대륙에서 사람들이 농경생활을 하면서 정착했던 시기는 서기전 5000년~4000년경으로 추정된다. 메히꼬 중부 고원 지역에서 옥수수를 재배하고 곡물의 씨를 뿌려 경작 耕作, 정착생활을 하면서 고유문명을 발상시킨 시기도 서기전 5000년경으로 추정된다. 광대한 중앙아메리카 지역, 민족 고유의 문명은, 메히꼬 중부 및 남부, 구아떼마라, 벨리세, 엘살바도르, 온두라스 서부, 니까라구아의 태평양 연안, 꼬스따 리까의 동북부 지역 등에 살던 다양한 민족과 그들의 다양한 언어로 형성되었지만 상호간에 매우 유기적인 관계를 유지하고 있었다. 아메리카 대륙에서의 인류의 이동, 정착 연대기는 다음과 같다:

가. **제4빙하기 말기**

아메리카 대륙은 제4빙하기 말기인 4만~3만 년 전 사이에 서서히 사람이 살 만한 환경으로 변한 것으로 추정된다. 많은 학자들은 1만4천 년 전 아시아 대륙과 북아메리카 대륙이 건조하고 추운 평원으로 연결되었던 시기에, 아시아 대륙의 북부 및 북동부, 즉 시베리아 Siberia 에서 살던 사람들이 현재의 베링해협 the Bering Strait 을 건너 북아메리카 대륙으로 들어와서, 중앙아메리카를 거쳐 남아메리카로 이동, 정착했다고 추정한다. 한편 아메리카 대륙의 인류는 원래 아르헨티나의 라 빰빠 La Pampa 지역에 살았던 사람들이라는 주장도 있다. 이시기에 아주 소수이기는 하지만 대양주 Oceania 및 아프리카 대륙에 살던 사람들도 아메리카 대륙으로 들어왔다고 주장하는 학자도 있다.

나. **구석기** 및 **세노석기 시대**

서기전 3만~1만4천 년인 구석기 archeolithic 시대에서 서기전 1만4천~7천 년인 세노석기 zenolithic 시대에 이르는 동안에 사람들은 무리를 이루어 다니면서 석기 stone weapons 를 가지고 동물, 물고기 사냥 및 식물 채집 등을 하면서 살았던 것으로 추정된다. 서기전 1만 년에는 기후 변화로 기온이 상승하면서 매머드 mammoth 와 같은 홍적세 Pleistocene era 의 거대 동물군 mega-fauna 이 절멸하고, 새로운 동식물군 fauna and flora 의 새로운 종 種 이 등장했다. 기후 변화가 시작 된지 약 1천~2천년 후에는 농경생활이 등장했다.

다. **원-신석기 시대**

서기전 7천~2천5백 년인 원-신석기 protoneolithic 시대에는 사람들이 한곳에 정착, 농경생활을 하면서 옥수수, 콩, 호박, 꽃,

고추 등을 재배해서 살았던 것으로 추정된다. 서기전 4500~3500년경에는 최초의 도기 제품 pottery objects 이 등장했다.

라. **전-고전** 또는 **형성 시대**

서기전 2천5백년부터 서기후 150년까지인 전-고전 pre-classic 시대 또는 형성 formative 시대에는 중요 문명의 발생, 발전의 토대가 되는 촌락이 형성되고, 단순한 사회조직이 생겼으며, 최초의 의례 중심지가 형성되었다.

마. **고전 시대**

서기후 200년부터 800년까지인 고전 시대 classic period 에는 단순했던 옛 촌락이, 계획적이고, 고도로 조직화 되고, 완전히 기능화 된 도시의 중심이 되었다. 고전 시대의 사회 및 정치 조직은 더욱 복잡해졌다. 쇠퇴기인 이 시대 말기에는 수많은 도시에서 정치, 사회적 갈등이 절정에 달했다. 고전 시대를 대표할 수 있는 특징은 다음과 같다:

-신권 정치 theocracy 의 등장; 성직자, 사제 등이 통치자
-급속한 인구 성장 및 상품 생산 활발
-호화 사치품 거래, -공공 건축물 건축
-축제, 의례 조직의 생성

바. **후-고전 시대**

서기후 1000년에서 1521년 사이인 후-고전 시대 post-classic period 는 사회, 문화가 새로운 질서로 개편된 시대이다. 전쟁, 도발이 심해지면서 사회가 불안정해지자, 군사력의 증대가 중요한 문제가 되었으며, 결국은 군국주의 중요성이 커졌다. 사회조직은 농경과 전쟁에 기반을 두었으며, 전쟁 승리로 인한, 패전국으로부터의 공물은 승전국 경제의 토대가 되었다. 장거리 교역도 활발해졌다. 이즈음에 아메리카 대륙에 스페인을 필두로

해서 유럽 여러 국가의 악당들이 들이 들이닥쳤다. 1521년은 메히꼬 중앙고원에 있었던 아스떼까 제국이 멸망한 해이다.

2) 스페인의 침략과 식민통치

(1) 중앙아메리카 항로 개척

이탈리아 출신 항해가 크리스또발 꼴론 Cristóbal Colón, 즉 크리스토퍼 콜럼버스 Christopher Columbus 는 동양으로 가는 항로가 있을 것이란 확신을 갖고, 1485년부터 포르투갈, 제네바, 베네치아, 영국 등에 항로 개척을 위한 지원을 요청하였으나 모두 거절당했다. 마침내 콜럼버스는 까스띠야 Castilla 왕국의 이사벨 여왕의 지원을 받아, 동양의 인도로 가는 항로를 개척하기 위해 대서양 쪽으로 출항했다. 당시 스페인 지역에는 까스띠야 왕국과 아라곤 왕국 현재의 까딸루냐, 바르셀로나 이 있었다.

1492년 8월3일 스페인 남서부, 세비야 Sevilla 를 떠난 콜롬버스는 3척의 배로 출항한지 70일 만인 1492년 10월12일 미지의 섬, 현재의 바하마 군도 Bahama Islands 중의 하나인 산 살바도르 San Salvador 에 도착했다. 이 섬은 미국 플로리다 반도, 마이애미 Miami 동쪽 600km 지점에 있다. 그 후 콜럼버스는 3번 더, 즉 1493년, 1498년 그리고 1502년에 탐사 항해를 했지만, 콜럼버스는 1506년 자신이 스페인에서 죽을 때 까지도 그곳이 아시아 대륙인 줄로 알았다. 그곳이 미지의 새로운 대륙이란 것이 밝혀진 것은 한 참후에 새로운 탐험가들에 의해서였다. 콜럼버스가 도착했던 곳이 새로운 대륙이라는 사실이 알려지자 이후 유럽의 악당들이 벌떼처럼 달려들어 침략 전쟁을 하면서 약탈을 시작했다. 콜럼버스의 새로운 항로 개척은, 결국 스페인을 비롯한 영국, 프랑스, 네덜란드, 덴마크, 포르투갈 등 유럽 각국의 침략자들이 이 지역을 침공할 수 있는 길을 열어준 셈이 되었다. 이들이 제일 먼저 정복했던 곳이 현재 카리브 해의 섬, 이스빠니오라 Hispaniola 의 도미니카 공화국과 아이티 Haiti 였다.

(2) 침략 전쟁과 식민지 건설

1492년 중앙아메리카로의 항로가 열리자, 스페인 침략자들은 1496년에, 카리브 해 섬나라인 현재의 도미니카 공화국 수도, 산또 도밍고 Santo Domingo 에 식민지 전초 前哨 기지를 건설했다. 스페인 악당들이 이 지역을 침공한지 20여년 만에, 3천년을 이어온 중앙아메리카 및 뻬루의 찬란한 문명은 괴멸되었다. 스페인 침략자들은 문명 파괴뿐만 아니라 악마의 선물, 즉 홍역, 페스트, 천연두 등의 전염병을 가져와 수많은 원주민들을 죽음으로 몰아넣었다. 16세기에 있었던 유럽 기독교도들의 대항해시대가 가져온 중남미대륙에서의 참극 慘劇 의 역사는 다음과 같다:

-1502년

아메리꼬 베스뿌시오 Américo Vespucio 가 브라질을 탐험

-1510년

스페인 침략자, 디에고 발라스께스 Diego Valázquez 가 꾸바 Cuba 를 정복, 이어서 중앙아메리카 대륙 본토인 빠나마 Panamá 에 최초로 식민 도시, 산따 마리아 델 다리엔 Santa María del Darien 을 건설

-1513년

바스꼬 누녜스 데 발보아 Vasco Núñez de Balboa 가 빠나마 지협 地峽 을 횡단, 최초로 태평양 연안에 도착

-1517년

스페인 꼬르도바 Córdoba 출신의 침략자, 프란씨스꼬 에르난데스 Francisco Hernadez 가 아메리카 대륙을 탐험

-1519년~1533년

스페인 침략자들은 1519년 중앙아메리카 대륙 본토를 침공,

1521년에 메히꼬 중앙고원의 아스떼까 제국 Imperio Azteca, Aztec empire 을 정복, 이어서 1524년엔 구아떼마라 지역을 침공, 1533년엔 잉까 제국의 수도 꾸스꼬 Cuzco 에 입성, 잉까를 멸망시킴

-1535년~1541년
스페인 침략자들은 1535년에 현재의 뻬루 Perú 에 식민 도시, 리마 Lima 를 건설, 1541년에는 유까딴 지역을 정복, 마야 부족의 주요 도시들을 멸망시킴, 마침내 스페인 침략자들은 메히꼬를 비롯한 중앙아메리카 및 남아메리카 태평양 연안지역에서 300여 년 동안의 식민통치를 여는 초석을 다짐

(3) **부왕청 설치**와 **식민 통치**

스페인 왕실은 식민 통치 초기에는 콜럼버스와 맺은 협약에 따라서 총독 정치를 했다. 그러나 1535년부터는 부왕 副王, virrey 제도를 신설, 부왕청 副王廳 을 설치하고 왕실에서 파견한 부왕으로 하여금 식민지 관할지역을 통치하게 했다. 스페인 본국 왕실에서 파견된 부왕들은 현재의 멕시코 씨티를 중심으로 하는 중앙아메리카 전지역, 서인도제도 Les Antilles, 즉 카리브해 Caribbean Sea 일대와 브라질을 제외한 남아메리카 전체의 광대한 지역, 특히 뻬루를 중심으로 하여 식민 통치를 하면서 무자비하게 수탈해갔다. 스페인 침략자 侵掠者 들은 원주민들을 짐승처럼 부리면서 금과 은을 채굴, 스페인으로 보내 왕실의 부를 축적했다. 1502년부터는 원주민 노동력이 부족해지자 아프리카에서 흑인 노예를 수입하기 시작했다. 가혹한 노동력 착취와 학살, 그리고 유럽에서 들어온 전염병으로 수많은 원주민들이 사망했기 때문이다. 믿기지는 않지만, 16세기중반 2천만 명이었던 아스떼까와 마야의 원주민 수 數 가 17세기 중반에는 100만 명까지 급감했다고 한다. 마찬가지로 1500년경에 약 600만 명이었던 잉까 원주민들도 1560년대에는 100만 명 정도까지 줄어

들었다고 한다.

1537년에는 교황이 원주민을 인간으로 선언하고, 1556년에는 원주민 노예제도가 폐지되면서 본격적으로 흑인 노예의 수입이 이루어졌다. 스페인 침략자들은 원주민 문명 파괴뿐만 아니라 원주민조차도 무자비하게 살육했다. 스페인 침략자들을 비롯한 유럽의 여러 나라 악당들은 아메리카 대륙에서 인류 역사상 최대의 인종 대학살 만행을 저질렀다. 특히 스페인 침략자들은 마야, 잉까, 아스떼까 문명의 말살을 자행했다. 스페인 악한들이 1535년부터 1776년까지 이곳에 설치한 4개의 부왕청은 다음과 같다:

-1535년, 누에바 에스빠냐 Nueva España;
메히꼬, 중앙아메리카 및 카리브 해 일대 관할
-1544년, 엘 뻬루 El Perú;
뻬루, 볼리비아 및 칠레 관할
-1718년, 누에바 그라나다 Nueva Granada;
빠나마, 꼴롬비아, 베네수엘라 및 에꾸아도르 관할
-1776년, 라 쁘라따 La Plata;
아르헨티나, 우루과이 및 빠라과이 관할

(4) 원주민 문명 파괴

스페인 침략자들은 식민통치 기간에 원주민 문명을 말살하고, 원주민들의 신전, 왕궁 등을 철저히 파괴했다. 그들은 파괴된 유적지 위에 자신들의 성당, 공공건축물, 주택 등을 지으면서 유적지에 있었던 돌들을 마구잡이로 빼다 썼다. 특히 스페인 악한들은 당시 남아메리카 대륙 최대 제국이었던 잉까에 있었던 수많은 건축물의 파괴 행위를 자행했다. 중남미대륙 문명파괴에 앞장섰던 스페인 침략자들의 만행 蠻行 은 다음과 같다.

가. 스페인 침략자들의 선봉장 先鋒將

가) 에르난 꼬르떼스

꼬르떼스 Hernán Cortés, 1485~1547 는, 1521년 아스떼까를 정복, 스페인에 복속시켰다. 꼬르떼스는 아스떼까 제국의 수도, 떼노츠띠뜰란 Tenochtitlán 에 있었던 모든 신전과 유적을 파괴하고 그 기초 위에 스페인 풍의 건축물을 짓고 그들의 도시를 건설했다. 게다가 꼬르떼스는 무자비한 인종 말살 정책, 즉 혼혈 정책을 펴, 아스떼까 인들의 혈통을 없애려 했기 때문에 지금은 그들의 후손들을 찾아보기가 어렵게 되었다. 식민지에서 폭정을 일삼고, 권세를 누리던 꼬르떼스는 1528년, 스페인 왕실에 의해서 권좌에서 축출, 본국으로 소환되었다.

나) 뻬드로 데 알바라도

뻬드로 데 알바라도 Pedro de Alvarado 는 1524년 2월 12일~14일 끼체 Quichés 를 함락 시키고 신도시를 건설하면서 구아떼마라 일부 지역을 스페인에 복속시켰다. 그러나 이 신도시는 1542년 화산 대폭발에 이어, 200년 후의 대지진으로 폐허가 되었으며, 오늘날까지도 그 모습으로 남아 있다. 끼체는 현재 구아떼마라 남부 고지대와 메히꼬 치아빠스주 접경지역에 있는 께살떼낭고 Quezaltenango 부근에 있었던 마야의 도시였다. 께살떼낭고는 해발 2335m, 인구 약 10만 명의 국경도시이다.

다) 디에고 데 마사리에고스

디에고 데 마사리에고스 Diego de Mazariegos 는 1540년 메히꼬의 치아빠스주와 구아떼마라 대부분의 지역을 정복, 이들을 스페인에 복속시켰다.

라) 프란씨스꼬 데 몬떼호

프란씨스꼬 데 몬떼호 Francisco de Montejo 는 1527년에서 1546년 사이에 유까딴 반도의 마야 부족국가들을 차례-차례 次例次例 정복했다.

마) **프란씨스꼬 삐사로**

삐사로 Francisco Pizarro, ?~1541년 피살 는 잉까를 멸망시켰다. 삐사로는 식민통치 기간에 잉까의 도시를 철저하게 파괴하고 스페인화 하였다. 잉까의 도시, 특히 꾸스꼬의 잉까 건축물을 포함한 모든 잉까 문명을 말살하면서 정복자, 스페인의 힘을 과시하고자 만행을 저질렀다. 제왕 帝王 노릇을 하던 악한 삐사로는 결국 1541년에 리마 Lima 에서 정적들에게 피살당했다.

나. **스페인 사제들의 만용** 蠻勇 과 **업적**

프란씨스꼬회 소속, 스페인 사제 司祭 들은 1535년 마야 문명이 번성했던 유까딴 Yucatán 반도에 잠입했다. 프란씨스꼬회는 산 프란씨시꼬 데 아시스 San Francisco de Asís 가 1209년에 창설한 가톨릭교의 한 종파이다. 스페인 사제들은 원주민들을 진정한 신앙의 길로, 사실 누구를 위한 진정한 신앙의 길인지는 모르겠지만, 인도한다는 구실 아래 마야 문명을 철저하게 파괴했다. 사제들이 저지른 원주민 문명 파괴 행위는 다음과 같다:

- 원주민들의 우상을 파괴하고 신전을 불태워 없앰
- 인신공희 人身供犧 의식을 치르는 자를 극형에 처함
- 원주민들의 노래와 춤 금지; 춤과 노래에는 악마의 혼이 깃들어 있다는 명목으로 이를 행하는 자를 가차 없이 처형
- 의식용 서적을 불태움; 마야 문자의 서적과 마야인의 신앙은 분리될 수 없다는 생각에서 마야 서적을 불태우고 이를 소지한 자들을 처형

가) **디에고 데 란다**

유까딴 반도에 잠입한 최초의 스페인 주교 디에고 데 란다 Diego de Landa 는 마야인의 영혼과 마야문명을 파괴한 악한중의 악한이다. 1549년에 이 지역에 잠입한 란다는 마야의 문자와 풍습에 관심을 갖고 마야인 들의 용기, 절제, 의지를 찬양하기

도 했으나, 끝내 기독교적 맹신 사고를 기준으로 원주민들에게 만행을 저질렀다.

(가) 마야 신앙의 말살

란다는 마야 인들의 토속 전통신앙이 성행하는 것을 막기 위해 토속신앙 의식을 행하는 마야인 들을 고문, 화형에 처했다.

(나) 마야 문화의 말살

란다는 마야 인들의 책, 즉 필사본들 筆寫本, codices 은 미신과 악마의 거짓말로 가득 차있다고 생각, 모든 필사본들을 불태워 버렸다. 란다는 원주민들의 향연, 노래, 춤, 그림, 천체관측 등의 필사본에는 모두 악마의 혼이 깃들어 있다고 생각했다. 그래서 란다는 마야인의 족보, 전기 傳記, 문학, 과학, 의학, 역사, 예언서, 천문학, 노래집, 의식문서 등 수천 권에 달하는 필사본들을 모두 불태워 버렸다. 그런데 우연히도 오직 3권의 서로 다른 필사본 codex 만이 현재 유럽의 3개 도시에 각각 남아 있기는 하지만, 이들 필사본의 원래 명칭은 아직 밝혀진바 없다. 대신 이들 필사본 각각에는 보관되어있는 도시의 이름이 붙여졌다.

① 마드리드 필사본

스페인 마드리드 필사본 Codex Madrid 에는 종교의식, 천문학, 고문서 등에 관한 내용이 기록되어있다(사진 3-002).

② 드레스덴 필사본

독일 드레스덴 필사본 Codex Dresden 에는 마야 문자 해독에 필요한 중요한 자료, 즉 천문학 astronomy, 역법 calendar, 매우 정교한 수학 계산 mathematical calculations, 일식 및 월식 등이 그림문자 및 숫자로 기록되어있다(사진 3-003). 숫자는 기호, 즉 점이나 막대기 등을 조합하여 기록했다. 이 필사본의 역법에는, 달력이 2012년 12월까지만 기록되어있어, 나중에 종말론의 빌미가 됐다.

③ 빠리 필사본

프랑스 빠리 필사본 Codex Paris 에는 글자 쓰기 writing, 천문학, 역법 曆法, 점성술 등이 기록되어있다(사진 3-004).

사진 3-002: 마드리드 필사본 34쪽, 마드리드, 스페인

그림 위쪽 원내; 마야 천문학자가 하늘을 향해 튀어나온, 한눈으로 별들을 관찰하고 있다.

사진 3-003: 드레스덴 필사본 53쪽, 드레스덴, 독일

점이나 막대기 기호 등을 조합하여 기록했던 숫자와 일식 및 월식 등이 그림문자로 기록되어있다.

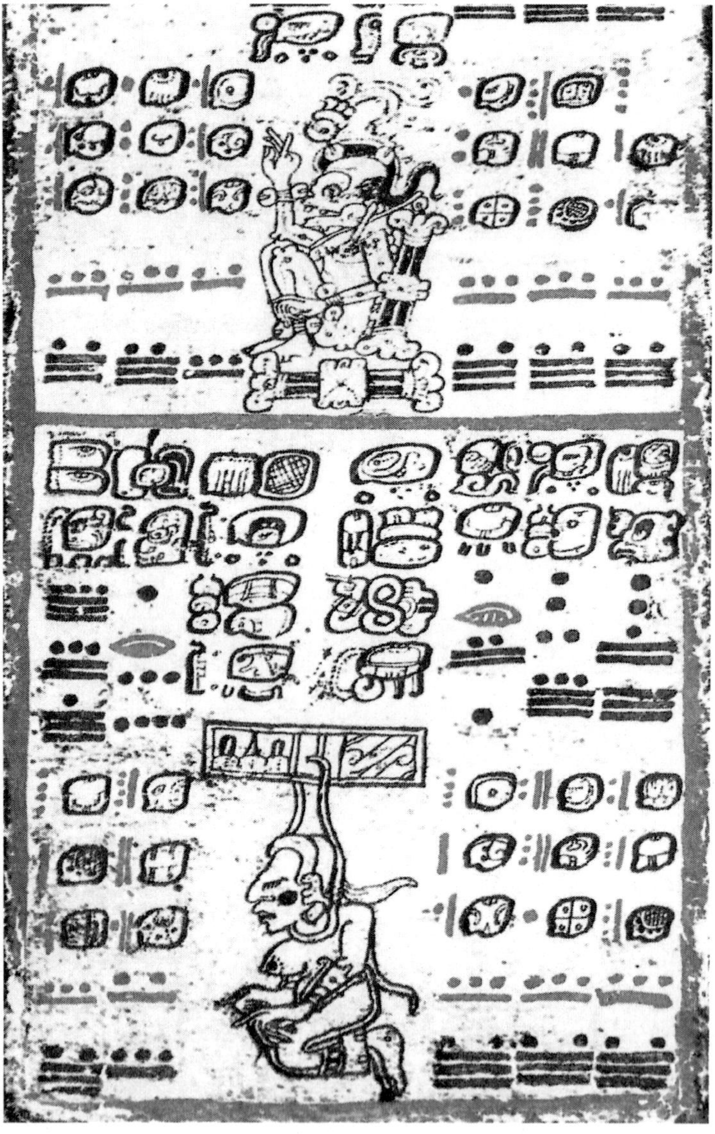

사진 3-004: 빠리 필사본 23쪽, 빠리, 프랑스

그림문자와 천문학에 관한내용이 함께 기록되어 있다. 13개의 숫자와 20개의 기호로 구성된 촐낀 Tzolkin, 즉 260일 주기 260-day cycle 의 달력은 신비스러운 동물로 표현되어 있다.

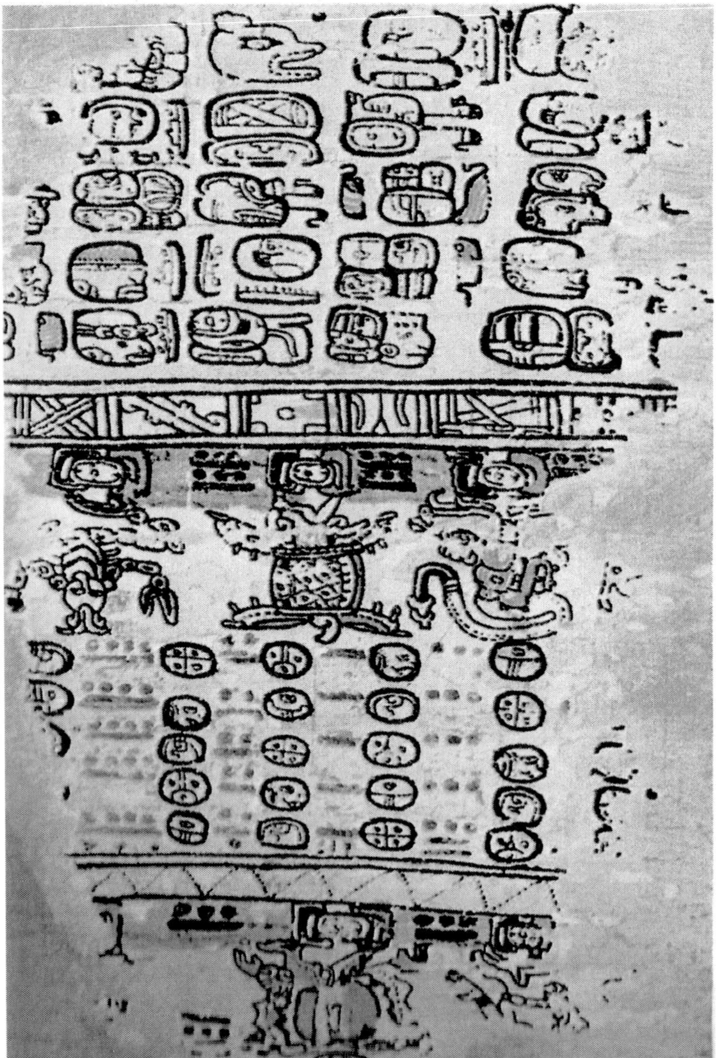

나) 프란씨스꼬 이메네스와 뽀뿔 부

18세기초 구아떼마라에서 봉직하던, 스페인 신부 프란씨스꼬 이메네스는 마야 인들의 성서 Secret Book 이자 문학의 정수라고 일컬어지는 뽀뿔 부 Popol Vuh 를 스페인어로 번역을 시작하여 1721년에 끝냈다. 그러나 이 책이 세상에 알려지기 시작한 것은 번역본이 출판된 19세기 중반 이후이다. 현재 뽀뿔 부의 원본은 남아 있지 않고, 사제들이 번역한 번역본만이 미국 시카고의 도서관에 있다.

뽀뿔 부 원본은 1690년, 구아떼마라 남부 도시, 치치까스떼낭고 Cichicastenango 에 있는 산또 또마스 Santo Tomás 성당에서 발견되었다. 치치까스떼낭고는 해발 2030m 의 계곡에 자리 잡은 인구 8천명의 마야 원주민의 작은 마을이다. 뽀뿔 부는 1554년에, 끼체족 후손의 귀족들이 사라져 가는 마야의 역사와 문화를 보전하기 위해서, 상형문자 필사본 筆寫本, codices 및 구전 口傳 으로 전해져 내려오는 마야의 풍습, 우주관, 우주 및 인간 창조 신화 등을 라틴어 알파벳 문자를 차용해서 기록한 책이다.

3) 독립 운동과 독립 쟁취

스페인을 포함한 유럽 여러 나라의 식민통치 아래 있었던 메히꼬를 포함한 중앙아메리카의 여러 나라와 카리브 해의 여러 도서 국가 그리고 뻬루를 포함한 남아메리카의 여러 나라에서는, 19세기 초 급변하는 국제정세에 따라서 독립의 바람이 불기 시작했다. 스페인 침략자들의 패악질도 1588년 자국의 무적함대가 영국함대에 무너지면서부터 서서히 기울기 시작했다. 스페인의 제해권 制海權 이 약화되면서 카리브 해는 유럽에서 건너온 해적들의 무법천지가 되었다. 특히, 영국의 상선단 商船團 이라고 불렸던, 영국 해적들이 카리브 해를 주름잡으면서 영국의 세력이 확대되었다. 마침내 영국은 1713년 스페인으로부터 흑인 노예 교역권을 넘겨받았다. 1807년에는 프랑스의 나뽈레옹 1세가 스페인 본토를 침공, 스페인 왕실의 왕권을 빼앗았다. 나뽈레옹

1세는 1808년 자신의 형 조제프 Joseph, 1768~1844 를 새로운 스페인 왕으로 임명하면서 식민지 메히꼬도 탈취했다. 그러자 중앙아메리카 스페인 식민지에서는 왕의 정통성을 문제 삼아 복종을 거부하고, 곳곳에서 끄리오요 Criollos, 즉 스페인 태생의 부모를 둔 식민지 태생의 백인들을 중심으로 하는 독립운동이 전개됐다. 1815년 스페인 본토에서는 페르디난드가 스페인 왕에 복귀하지만, 그가 식민지에서 요구하는 자치권을 받아들이지 않았다. 그러자 식민지에서는 독립운동의 기세가 더욱 강해졌다. 식민지에서의 독립운동은 식민지역에 있었던 가톨릭 사제들로부터 시작되었다. 이 지역에서 식민 지배를 받던 나라들은 자주독립운동의 바람이 거세게 불던 19세기 초부터 독립하기 시작했다.

(1) 사제의 독립 운동

가. 바르또로메 데 라스 까사스

도미니꼬 dominico, 즉 산또 도밍고 Santo Domingo 파 派 의 사제, 바르또로메 데 라스 까사스 Bartolomé de las Casas 는 1550년, 메히꼬의 치아빠스에서 식민통치 주의자들과 맞서 원주민 노예금지법을 얻어냈다.

나. 이달고와 모레로스

오랜 세월의 식민통지 끝 무렵, 압제에 시달리던 원주민과 혼혈인들을, 스페인 악한들의 가혹한 통치로부터 해방시키려는 독립운동에 앞장선 사람은 사제, 이달고 Miguel Hidalgo 와 모레로스 José María Morelos 이었다. 이달고는 1810년 9월 15일, 메히꼬에서 스페인 식민통치주의자들에게 대항하는 봉기를 촉구, 최초의 독립운동의 불씨를 지폈으나 결국 실패로 끝났다. 이달고는 원주민과 메스띠소를 지휘해 독립전쟁을 일으켰지만 스페인 군대의 막강한 무력에 패하고 처형당했다. 뒤를 이은 모레로스는

1815년 인권 법조항을 고치게 하고 독립운동을 계속 했지만 이내 체포되어 처형당했다. 비록 그들이 독립운동을 하다 뜻을 이루지 못하고 처형되긴 했지만 그들의 죽음 뒤에는, 식민지 전국이 독립전쟁의 소용돌이에 빠져드는 일이 벌어졌다. 이어서 스페인 자유주의자들이 폭동을 일으키고 스페인 식민지 의회를 장악하자, 식민지의 주요 세력집단인 끄리오요가 스페인 본토와의 단절을 선언하면서 독립의 길이 열리기 시작했다. 이런 연유로 메히꼬 사람들은 이달고를 메히꼬 독립의 아버지라고 부른다.

(2) **중앙아메리카 국가** 및 **뻬루**의 **독립**

중앙아메리카 및 남아메리카 지역에 살고 있었던 마야, 아스떼까 및 잉까 문명의 후손들의 나라는, 현재의 메히꼬 México, 구아떼마라 Guatemala, 엘 살바도르 El Salvador, 온두라스 Honduras, 벨리세 Belize 등과 남아메리카의 뻬루 Perú 이다. 이들 나라는 모두 1821년에 독립했지만, 온두라스는 1838년에 독립했다. 이들 나라 중 메히꼬는 아스떼까 및 마야 문명의 본고장이자 스페인의 주된 식민지였으며, 뻬루는 남아메리카 지역, 잉까 문명의 후손들의 나라이자 스페인의 남아메리카 대륙 식민지의 본거지였다. 이들 두 나라의 독립전쟁, 투쟁 및 독립 쟁취 이야기는 다음과 같다.

가. **메히꼬**의 **독립**

메히꼬는 스페인 침략자들의 혼혈정책, 독립전쟁 그리고 내전 內戰 및 혁명 끝에 탄생한 혼혈족 국가이다. 스페인 침략자들의 가혹한 식민통치가 끝나갈 무렵인, 1821년 9월에, 스페인 군인이었던 아구스틴 데 이뚜르비데 Agustin de Iturbide 가, 스페인을 배반하고 독립군을 지휘, 현재의 멕시코 수도, 멕시코 씨티 CDMX: Ciudad de México 를 점령하고 독립을 선언했다. 그러나 그는 진정한 멕시코의 독립보다는 개인적인 욕망, 즉 황제가 되고 싶었다. 황제가 되려는 그의 야욕은 결국 국민들의 강력한 저항에 부딪혀, 그는 1824년에 총살되었다. 이후 멕시코에서는 최초로 공화제 헌법이 공포되고 공화제도가 확립되었다. 그러나 신생 독립국 멕시코에서는 공화제 이후에도 3년간의 내전, 프랑스에 의한 재식민지화, 꾸 데따, 장기간의 독재정치, 시민혁명에 이은 10년간의 내전 등으로 극심한 정치 혼란이 지속되었다. 독립 이후 메히꼬에서 일어난 정치 역정 歷程 은 다음과 같다:

-1824년; 과달루뻬 빅또리아 Guadalupe Victoria 가 공화제하의 초대 대통령으로 선출

-1833년~1855년; 22년 동안 무려 36번의 대통령을 선출하는 등 극심한 정치 혼란이 지속된 불운의 시대

-1835년; 미국과의 전쟁 패배로 캘리포니아, 텍사스 등의 영토를 미국에 할양하고, 이어서 1848년에는 뉴멕시코와 애리조나를 헐값에 팔아넘기면서 멕시코는 영토의 절반 이상을 미국에 빼앗김

-1857년; 스페인 군인 출신 대통령들의 실정에 대한 국민들의 불만이 폭발, 기득권 계층의 보수파와 자유주의파간에 내전, 즉 개혁전쟁이 일어났다. 3년간의 내전에서 자유주의 파를 이끈 원주민 출신 베니또 후아레스 Benito Juárez 가 승리

-1861년; 메히꼬 민주주의의 아버지로 불리는, 베니또 후아레스가 대통령으로 선출되면서 국가의 안정 기반을 구축

-1862년; 메히꼬 내전 중 프랑스에 진 빚을 갚지 않자, 프랑스의 황제 나뽈레옹 3세 재위: 1852~1870 가 메히꼬의 영토 일부를 점유, 1864년 합스부르크 왕가의 막시밀리안을 메히코 황제

로 추대, 메히꼬의 재식민지화를 시도했다. 그러나 막시밀리안 황제국은 1867년에 붕괴됨

-1871년; 호세 데 라 크루스 프로피리오 디아스 José de la Cruz Profirio Diaz 가 꾸 데따 Coup d' Etat 를 일으키고 집권,

-1876년; 디아스가 대통령으로 취임하면서 33년간 독재 정치를 지속했다. 디아스는 스페인 식민통치로부터의 독립 이래 벌어진 전쟁과 정치 불안을 종식시키고 메히꼬의 산업화를 이끌어 메히꼬의 경제를 눈부시게 발전시킴

-1906년; 디아스의 장기간의 독재정치로 인해 인권상황이 최악으로 치닫자 망명 정치인들이 반정부 신문을 발행하면서 혁명의 불길을 당김

-1910년 이후; 혁명군의 공세로 디아스 사임, 이어서 혁명군 출신의 대통령이 취임하지만 암살되면서 의회가 해산되고 시민 혁명군과 정부군 간에 과격한 내전이 10년간 지속되면서 200만 명이 목숨을 잃었다. 1917년엔 시민혁명이 성공하지만 이후에도 정적의 암살과 지역 폭동은 지속되었다. 혁명정부에 이어 자리매김한 메히코의 정당정치는 오늘날에도 지속되고 있음

오늘날의 멕시코, 즉 메히꼬 연방국 Estados Unidos Mexicanos 의 독립기념일은 9월 16일이고, 혁명 기념일은 11월 20일이다. 수도의 영문 명칭은 멕시코 씨티 Mexico City 이지만 현지의 스페인어 명칭은 씨우다드 데 메히꼬 CDMX: Ciudad de México, 즉 멕시코 씨티이다. 2016년 1월 22일 법 개정 이전에는 메히꼬 데.에페. México D.F.: Distrito Federal, 즉 멕시코 연방구였다. 현지인들은 간단히 엘 데.에페. El D.F. 라고 부르기도 했다.

수도 멕시코 씨티는 멕시코의 수도임과 동시에 32번째 독립된 연방주가 되었다. 멕시코의 국토 면적은 197만 2550 ㎢ 이며, 2010년대 초 총인구수는 약 1억 명 정도이다. 통계상 인종 분포는 혼혈인 Mestizo, Mulatto 및 Zambo 60%, 원주민 Indígenas 30%, 백인혈통 Peninsular와 Criollos 9% 및 기타 1% 이지만, 현실과는 다소 차이가 있다는 것이 현지인들의 지적이다. 지난 500여 년 동안 너무 복잡하게 수많은 혼혈 인종이 생겨났기 때문에 정확한 집계가 불가능 한 것이다. 특히 원주민 이었던 순수 혈통의 아스떼까 인들과 마야 인들이 몇 명이나 생존하고 있는지는 마무도 모른다. 스페인 침략자들의 혼혈정책으로 생겨난 오늘날 메히꼬 연방국의 혼혈인 및 백인 계보는 다음과 같다:

-메스띠소 Mestizo; 원주민과 백인의 혼혈인
-물라또 Mulatto; 흑인과 백인의 혼혈인
-삼보 Zambo; 원주민과 흑인의 혼혈인
-뻬닌술라르 Peninsular; 스페인 태생 백인
-끄리오요 Criollos; 부모는 스페인 태생이지만 식민지에서 태어난 백인

나. 뻬루의 독립

19세기 초부터 남아메리카 대륙 전체에는, 수백 년에 걸쳐 지속되었던 가혹한 식민통치에 대한 불만, 저항, 반란에 이은 독립전쟁이 지속되었다. 뻬루의 독립 역시 이런 추세의 일환으로 이루어 졌다. 뻬루의 남쪽과 북쪽에서 인접 국가들이 식민통치에서 해방되면서 뻬루의 독립전쟁도 시작되었다. 뻬루는 스페인의 남아메리카 대륙 식민지의 본거지였던 관계로 남아메리카대륙 독립전쟁의 마지막 결전지가 되었다. 뻬루 남쪽 지역에서 호세 데 산 마르띤 José de San Martin 이 아르헨티나와 칠레를 해방시키고 북진하면서, 1821년 뻬루 수도 리마를 공격, 해방시켰다. 뻬루 북쪽 지역에서는 시몬 볼리바르 Simón Bolívar 가 베네수

엘라와 콜롬비아를 해방시키고 남진했다. 남진과 북진을 지속하던 남아메리카 해방군은 1822년에 에꾸아도르에서 만났다. 이때 호세 데 산 마르틴은 은퇴하고 프랑스로 돌아가면서 남아메리카 독립의 전권을 볼리바르에게 넘겼다. 볼리바르의 해방군은 1824년, 리마와 꾸스꼬의 중간지점에 있는 아야꾸초 Ayacucho 전투에서 스페인 군대를 무찌르고 뻬루를 완전히 독립시켰다.

뻬루는 스페인으로부터 독립은 하지만, 정치는 기득권 계층인 끄리오요를 중심으로 하는 소수 상류층의 권익 보호에 급급했다. 독립이후에는 수많은 정치지도자들이 교체되면서 사회혼란이 지속되었다. 이런 와중에 군부 정권이 들어서고, 이 군부 정권을 또 다른 군부 정권이 뒤엎는 악순환이 지속되었다. 이때 사회주의 노선을 따르는 정치 집단이 등장하지만 정치 불안과 경제 불균형은 심화되었다. 독립 이후 뻬루에서는 군사 꾸 데따에 의한 독재를 거쳐 민간 정부 시대가 열렸으며 그 연대기는 다음과 같다:

-1886년; 스페인 잔당들과의 전투에서 승리

-1879년~1883년; 칠레와의 전쟁에서 패배,
아따까마 사막 Desierto de Atacama 을 칠레에 빼앗김

-1929년; 아따까마 사막 북부의 일부분인
따끄나 Tacna 지역을 칠레로부터 돌려받음

-1980년; 베라운데 떼리 Belaúnde Terry 대통령 취임,
민간정부시대 열림

-1985년; 알란 가르시아 Alán García 대통령 취임, 취임 2년만에 경제가 수렁에 빠지고 민생이 도탄 塗炭 에 빠지자, 빈곤층이 많이 사는 지방을 중심으로 게릴라 준동, 테러를 일삼고 일

부 산간지역을 점령, 해방구 설치, 사회혼란 가중

-1990년 이후; 알베르또 푸히모리 Alberto Fujimori 대통령 집권, 게릴라 소탕, 국가 경제 발전 이룸. 그러나 권위주의, 부패, 인권유린 그리고 3선연임 선거에서 부정 등으로 대규모 시위 발생, 대통령 사임. 이어서 2001년 원주민 출신 똘레도 대통령 취임, 경제 회복과 자유 시장 확대 정책을 위한 긴축 정책을 펴지만 국민들의 지지를 받지 못함. 2003년에는 공무원 집단의 격렬한 시위로 비상사태 발생, 2006년 이후 매 5년마다 새로운 대통령 선출 현재에 이름

남아메리카 지역, 잉까 문명의 후손들의 나라이자 스페인의 남아메리카 대륙 식민지의 본거지였던 나라가 현재의 뻬루공화국 Republica del Perú 이다. 뻬루는 식민통치의 영향으로 거의 스페인 화 된 나라이며, 독립기념일은 7월 28일이다. 뻬루의 수도는 리마 Lima 이고, 국토 면적은 128만 5220 km² 이다. 2010년대 초, 현재 뻬루의 총인구는 약 2800여만 명 정도이고, 통계상 인종 분포는 원주민 45%, 메스띠소 37%, 백인 혈통 12%, 흑인 5%, 기타 1%이지만, 이는 통계상의 수치 일뿐 사실과는 거리가 멀다는 것이 현지인들의 생각이다.

2. 스페인 식민지의 원주민 문명

멕시코 중앙고원 Central High Plateau 에서, 유까딴 반도, 구아떼마라를 거쳐 뻬루 Perú 남동부 꾸스꼬 Cuzco, 칠레 Chile 에 이르는 지역에는 서기전 수세기 전부터 수많은, 고도로 발달한 원주민 문명이 발상, 소멸을 반복했다(그림 3-001). 이들 문명 중 스페인 식민통치 기간에 세상에 알려진 문명이 마야 Mayas, 아스떼까 Aztecas 또는 Aztec, 잉까 Incas 또는 Inkas 문명이었다. 아스떼까 문명의 원래 명칭은 메히까 문명 Méxica civilización 이다. 그

그림 3-001: 마야, 아스떼까 및 잉까 문명 발상지

*마야: 메히꼬 남부 유까딴 반도, 벨리세, 구아떼마라, 온두라스, 엘살바도르 등
*아스떼까: 메히꼬 중부, 구아떼마라, 엘살바도르 등
*잉까: 뻬루, 꼴롬비아 남부, 에꾸아도르, 볼리비아 서부, 칠레 중북부 등

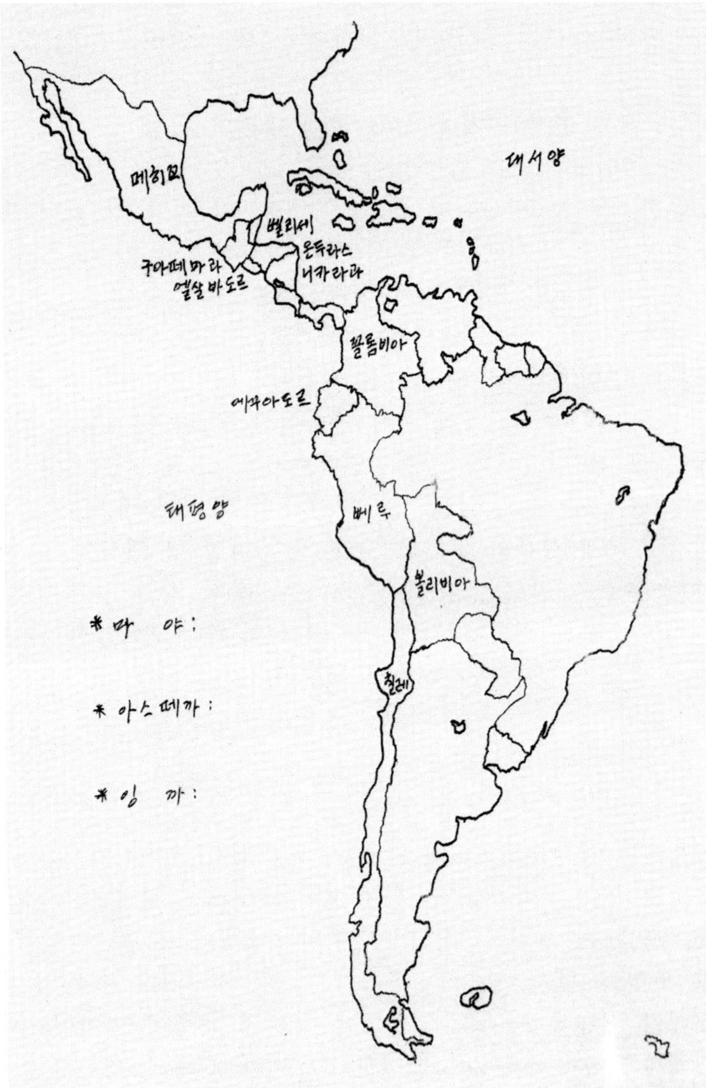

렇지만 이들 3개 문명이 이 지역을 대표하는 문명은 결코 아니다. 이들 3개 문명은, 이 지역에 존재했던 수많은 고유 문명에 비하면, 빙산의 일각일 뿐이다. 특히 아스떼까 및 잉까 문명은 전성기가 15세기 중반에서 16세기 중반까지 약 100년 정도일 뿐이다. 더구나 아스떼까 및 잉까 문명은 그들 고유 문명이라기 보다는 기존의 원주민 문명을 계승, 발전시켜 짧은 기간 동안 존속하다 사라진 문명이다. 이상의 수많은 문명 중 마야, 아스떼까 및 잉까 문명은, 16세기 초 스페인 사람들이 이 지역에 침입했을 즈음에는 이미 절정기를 지나 쇠락의 길로 접어들고 있었다. 3천여 년을 이어온 이지역의 원주민 문명은 스페인 침략자들에 의해 순식간에 붕괴, 멸실되었다. 이 지역의 문명 관련 자료는 대부분 스페인 식민통치 시절, 스페인 침략자들이 원주민들로부터 들은 이야기나 겉보기 현상들을 막연한 추측으로 지어내어 스페인어로 기록된 것이 대부분이다. 따라서 원주민들의 원래 문명의 진실과는 다소 거리가 있을 수도 있다. 현재 이 지역에 존재하는 문명 유적 또한 원형상태로 보존된 것은 거의 없고, 대부분이 복원된 것들이다. 이지역의 주요 문명 관련 용어 및 지명의 표기는 현지 언어인 라틴 아메리카 스페인어 Latin America Spanish 발음을 따랐다.

1) 마야 Mayas 문명

마야 문명의 뿌리는 서기전 5000년경으로 거슬러 올라간다. 이 시기부터 유까딴 반도 중부해안 지역에 사람이 살기 시작했다. 그러나 마야 문명이 역사에 흔적을 남긴 기간은 서기전 1500년대부터 서기후 1500년대까지 약 3000년 동안으로 추정된다. 마야 문명의 역사적 여정은 다음과 같다.

(1) 마야 문명의 역사적 여정 旅程

가. 원시 고대 古代, archaic

서기전 5000년에서 2500년까지의 시기로서, 고대 마야 인들이 현재의 벨리세, 구아떼마라, 메히꼬의 치아빠스주 등지의 해안 海岸 에서 무리지어 살면서 자신들의 문명을 형성하기 시작했다. 이시기에 연장 tools 및 오지-그릇 pottery 을 만들어 사용했던 흔적이 발견되었다. 연장을 만들 때는 주로 흑요석 黑曜石, obsidian 이나 현무암 玄武巖, basalt 을 이용했다.

나. 전-고전 시대 pre-classic

서기전 2500년에서 서기후 250년까지의 시기이다. 지금부터 약 4500년 전, 원조 마야인의 한 무리 a proto-Maya group 가, 현재 구아떼마라의 우에우에떼난고 Huehuetenango 도 道, 꾸추마떼네스 고지대 Cuchumatenes Highlands 에 정착 농경사회를 이루었다. 수렵-채취인 hunter-gatherers 과 농부 famers 가 함께 살던 혼합경제 mixed economy 시대였다. 이시기 초기부터 점진적으로 마야부족 의 고유 문명 특성 Maya culture's own traits 이 나타났다. 특히 오지-그릇 pottery 의 독창성은 주변 다른 부족의 그 것과는 비교할 수 없을 만큼 뛰어났다. 마야의 조상들은 정착 후 점진적으로 주변의 다른 언어 사용 지역으로 이주 移住 해 나가면서 마야의 영토 Maya territory 를 확장했다. 또한 확장된 마야의 영토로는 수많은 다른 부족의 사람들이 모여들었다. 이시기에는 시기별로 커다란 변화가 일어났으며 그 상세는 다음과 같다.

가) 초기 전-고전시대 early pre-classic

서기전 2500년에서 1200년까지의 시기로서, 강가나 석호 潟湖, lagoons 가까이에서 살던 사람들이 마을을 형성하고, 수렵-채취를 하면서 농사를 지었다. 이시기부터 마야 부족 문명의 특성이 나타났다.

나) 중기 전-고전 시대 middle pre-classic

서기전 1200년에서 300년까지의 시기로서, 열대우림 저지대에 주요 도시의 도심 major urban centers 을 건설 했다. 서기전 550년경에는 마야 문명의 고유한 형태가 나타나기 시작했다. 서기전 500년경에는 열대우림 저지대 forest lowlands 에, 인구밀도가 매우 높고 기념비적인, 마야 부족 최초의 장엄한 도시들이 출현했다.

다) 말기 전-고전 시대 late pre-classic

서기전 300년에서 서기후 250년까지의 시기로서, 마야 문명이 공고하게 발전된 시기이다. 이시기에는 최초로 정치, 사회, 종교 및 군사 담당 정예 elites 를 양성하여 신분을 부여하는, 사회 신분제도를 만들었다. 또한 이시기에는 최초로 상형문자 비문 碑文 이 등장하고, 역사적 인물들의 가장 오래된 초상화가 등장한다. 주요 도시에는 인구가 증가하면서 사회가 발전했다. 이시기에 현재의 구아떼마라 지역, 벨리세 지역, 메히꼬의 유까딴 반도 지역에는 마야의 도시들이 생겨났다.

다. 고전 시대 classic

서기후 250년에서 1000년까지의 시기이다. 이시기에 마야 인들은 자신들의 마제석기 磨製石器 문명과 옥수수 문명을 꽃 피웠다. 농경의 집중화로 인구가 폭발적으로 증가하면서 새로운 도시를 건설했다. 필연적인 현상으로 무역의 증강, 건축, 과학 및 예술이 눈부시게 발전하고 수많은 상형문자 비문 碑文 이 등장했다. 마야는 중앙아메리카 지역에서 가장 화려한 문명을 건설했으나 생각이 다른 사람들 간의 권력 투쟁이 발생하고, 띠깔 Tikal 과 까라끄물 Calakmul 간의 분쟁이 지속되면서 다음과 같은 시대적 특성이 나타났다:

가) 250년~300년

이시기는 마야 문명의 정체 正體 가 확실히 드러난 시기이다. 이시기에는 사회적으로 다소 복잡한 관계를 갖는 수많은, 작은 마야 도시들이, 현재 멕시코의 유까딴 Yucatán, 낀따나 로오 Quintana Roo, 깜뻬체 Campeche, 따바스꼬 Tabasco 및 치아빠스 Chiapas 주 州 지역에서, 그리고 구아떼마라의 뻬뗀 Petén 도 道 및 벨리세 등지에서 생겨났다.

나) 300년~600년

정치 센터 political centers 가 생기는 마야 도시가 증가하고, 작은 도시들이 큰 도시로 발전하면서 마야 문명이 활기차게 발전하기 시작했다.

다) 600년~800년

마야 문명의 발전이 절정을 이룬 시기이다. 이시기에 마야 부족의 대표적 통치자중의 한명은 빠렌께의 성스러운 군주, 빠깔 K'inich Janahb' Pakal, 기원후 603~683 이었다. 이시기에는 건축, 조각, 회화, 도자기. 천문학, 수학 등의 학문이 최고조에 달했던 것으로 추정된다.

라) 800년~1000년

마야 문명이 절정기를 이룬 후 사라진 시기이다. 이시기 끝무렵에는 고전 마야 문명의 종말을 가져온, 이른바 "마야 붕괴 Maya collapse"의 조짐 兆朕 이 나타났다. 마야 도시들의 갑작스러운 붕괴는 마야 중앙 지역의 핵심 도시에서 발생한 강력한 정치, 사회적 위기 sociopolitical crisis 에 기인 한 것으로 추정된다. 이런 위기로 마야의 거의 모든 도시가 동시에 방기 放棄 되면서 마야 부족의 도시들이 한순간에 몰락했다. 이때부터 마야 인들은 자신들의 본거지를 떠나기 시작했으며, 마야 인들이 자취를 감추면서 순수한 마야문명도 사라졌다.

라. **후-고전 시대** post-classic

서기후 1000년에서 1524년까지의 시기로서, 시기별 상세는 다음과 같다.

가) 전기 **후-고전 시대** early post-classic

서기후 1000년에서 1250년까지에는 멕시코 중앙고원 Central High Plateau 과 멕시코만 해안지역 Gulf of Mexico coast 으로부터 이민족이 침략해왔다. 즉, 987년경에는 똘떼까 Tolteca 또는 Toltec 족이 유까딴 반도 쪽으로 침입, 무주공산 無主空山 상태였던 치첸 이뜨사를 접수했다. 1200년경에는 마야빤 Mayapán 의 통치자 꼬꼼 Cocom 이, 치첸 이뜨사를 포함한 여러 주요도시들을 멸망시키고 똘떼까 인들을 몰아냈다.

나) 후기 **후-고전 시대** late post-classic

1250년에서 1524년까지의 시기로서, 새로운 마야 도시국가 Maya states 들이 마야 제2의 전성기를 형성하였으나, 곧 권력투쟁이 심화되고 내란이 일어났다. 1441년에 뚜뚤 시우 the Tutul Xiu 가 마야빤을 멸망시켰고, 1450년경에는 토착 마야 부족과 이뜨사 Itza 족 간에 내란과 전쟁이 발생, 마야의 주요도시들은 버려진 상태가 되었다. 이시기에 많은 군소 마야 도시-국가들이 서로 투쟁하면서 유까딴 반도가 16개의 정치적으로 독립된, 적대관계의 영지 領地, political domains, cuchcabal 로 분할되었다.

마. **스페인**의 **정복 전쟁 시대** spanish conquest

1524년에서 1697년까지의 시기로서, 자중지란 自中之亂 으로 이미 붕괴상태에 있었던 마야 부족 국가들이, 스페인 침략자들의 정복전쟁으로 인해 결정적으로 종말을 맞이한 시기이다. 스페인 침략자들은 1524년에 지금의 구아떼마라 남부 고지대 highlands 에 있었던 깍치껠 Cakchiquel 의 수도 익심체 Iximché 와 끼체 Quichés 의 수도 구마르까 Gumarcah, 즉 우따트란 Utatlán 을 함락 시켰다. 스페인 침략자들은 1527년부터 1546년까지 본격적으로 유까딴 반도의 마야 부족국가들을 정복하면서 마야 부족국가들을 초토화시켰다. 끝까지 살아남았던 마야 최후의 중심도시 띠깔은 구아떼마라 북부 정글 속에 있었다.

스페인 침략자들은 1695년에, 유까딴 반도 중부의 깊숙한 열대우림, 라깐돈 Lacandon 에서 라깐돈 부족을 몰살 시켰다. 이 사건은 라깐돈 인들을 인류 역사에서 완전히 사라지게 한 명백한 인종 말살 행위였다. 이때 유까딴 반도에 살던 마야 부족 Yucatán Mayas 의 일부는 스페인 침략자들의 지배를 피해서 열대우림 깊숙한 곳으로 사라졌다. 1697년 마야 전멸 소탕작전에 나선 스페인 침략자들은 처절한 학살을 자행, 마야 문명을 완전히 역사 속으로 사라지게 했다. 이해에 마지막으로 남아있던 마야 최후의 성채, 즉 구아떼마라 중북부 뻬뗀 Guatemalan Petén 도道 에 있었던, 따 이뜨싸 Ta Itzá, 즉 떼이아살 Tayasal 이 함락되었다. 이 도시는 구아떼마라에 있는 뻬뗀 이뜨싸 호수 Petén Itzá lake 제방 堤防 에 있었다. 따 이뜨싸는, 이뜨싸 부족 혈통의 까넥 가문 the Canek family 이 통치했던 마야 도시-국가 중 하나이다. 유까딴 반도 이외의 지역에서 여전히 존재하고 있는 마야의 주요 도시-국가들은 다음과 같다:

-구아떼마라; 또뽁스떼 Topoxté, 우따뜨란 Utatlán,
사꾸레우 Zaculeu, 믹스꼬 비에호 Mixco Viejo

-엘살바도르; 씨우아딴 Cihuatán

-벨리세; 라마나이 Lamanai

(2) 마야 부족

가. 지난날의 마야 부족

가) **마야 부족장**

마야 부족 가운데 당시 세력이 가장 강했던 이뜨사 Itza 부족의 핵심 도시는 구아떼마라 중심부에 있었던 "떼이아살 Tayasal" 이었다. 스페인의 침략자 에르난 꼬르떼스가 군대를 이끌고 떼이아살에 도착한 시기는 1525년이었다. 콧수염을 기른 자들이 십자가를 앞세우고 성가를 부르며 미사를 진행하자, 이를 지켜보던 부족장과 원주민들은 감명을 받고, 침략자인 이들을 전설로 전해져 내려온 신의 사자 使者 로 착각했다. 부족장은 스스로 자신들의 우상을 파괴하고 십자가를 두고 가라고 간청했다. 꼬르떼스는 십자가와 함께 부상당한 말을 맡기면서 당신들이 이 말을 치료하는 것은 신의 뜻이라고 했다.

나) **"치민 착"**

꼬르떼스가 한 말을 정말로 신의 뜻이라고 생각한 부족장과 원주민들은 부상당한 말을 지극 정성으로 치료하였으나 말은 얼마 후 죽었다. 부족장과 원주민들은 이 말을 기리기 위해 조각 彫刻 을 만들어 세우고 "치민 착" 이라고 부르면서 떠받들었다. "치민 착" 에서 "착 Chac 또는 Chaahk" 은 비와 천둥의 신이며, "치민" 은 이 지역에 서식하는 말과 유사한 동물 "맥 貘, tapir" 을 말한다.

나. **오늘날**의 **마야 부족**

현재 메히꼬 남부의 치아빠스 주 州 에 있었던 마야의 중요 부족 국가에는 백성은 있으나 온전한 나라의 형태를 갖춘 곳은 없었다. 마야족은 수많은 부족이 수백, 수천의 부족 집합체를 만들어 부족국가 형태를 이루면서 연합체를 만들었으나, 이들 전체를 통합, 통솔할 단일 중앙집권체제, 즉 근대적 의미의 제국을 이루지는 못했다. 마야족에게는 부족국가연합체 전체를 지배할 수 있는 강력한 중앙집권적 상비군도, 단일 중앙권력도 없었다. 그 결과 스페인 침략자들도 마야 부족국가 모두를 식민지화하지는 못했다. 다만 유까딴 반도에 있는 마야 최대 도시, 치첸 이뜨사 Chichen Itza 를 비롯해서 몇몇 중요 도시를 유린했을 뿐이다. 그런 연유로 고대 마야 인들의 후손들은, 지금까지도 메히꼬 남부 치아빠스 Chiapas, 유까딴 반도, 구아떼마라 북동부, 벨리세, 온두라스 등지에서 약 200만 명이, 부족 고유의 전통을 유지하고 마야어를 사용하면서 마야 마을을 형성하여 살고 있다 (사진 3-005).

사진 3-005: 전통복장의 마야 부족 원주민 가족

(3) 지리 및 기후 환경

마야 문명이 발상, 번성했던 곳은 북위 15도~20도 사이의 북반구 열대지역으로, 아주 대조적인 지리 및 기후 환경과 맞닥뜨린 곳이다. 토지의 고저 高低 에 따라서 고지대 Highlands 와 저지대 Lowlands 로 분할됨과 동시에, 문명 특성과 방위 方位 에 따라서 북부, 중부 및 남부 지역으로 구분되었다.

가. 북부 저지대 및 중부 고지대

북부 저지대와 중부 고지대 접점 지역의 평균 고도는 300m 정도인 반면, 중부 화산지대인 고지대에는 고도가 1000m 인 곳도 있다. 고지대에는 고도가 무려 4000m 나 되는 높은 산도 있다. 이곳의 기후는 덥고 습하며 일 년 내내 폭우가 쏟아진다. 이런 연유로 인해 고지대는 침엽수 밀림 密林 과 고산 한랭 기후대 수목 cold climate trees 으로 뒤덮여 있다.

또한 현재의 구아떼마라 북부지역인 중부 고지대에는 3개의 강, 즉 우수마친따 강 Rio Usumacinta, 그리할바 강 Rio Grijalva 그리고 모따구아 강 Rio Motagua 의 상류 headwaters 가 있는 관계로 이 지역 곳곳에는 호수와 샘물이 많아 식용수도 풍부했다. 특히 중부와 북부의 접점 지역인 까라끄물 Calakmul 에 있는 열대우림 jungle 은 아메리카 대륙에서 아마존 다음으로 넓은, 지구 제2의 허파로서, 유네스코 UNESCO 에 의해서 "공동 생물권 보존과 세계 유산 지역 Joint Biosphere Reserve and World Heritage Site" 으로 지정되었다(사진 3-006).

나. 남부 및 태평양 연안 지역

남부는 산악과 태평양 연안 지역으로, 여름철은 폭우가 쏟아지는 우기 雨期 인 반면, 겨울철에는 건조하고 춥다. 다만 태평양 해안지대는 겨울철에도 따뜻하다.

사진 3-006: 까라끄물 공동생물권 보존지역 깜뻬체, 메히꼬

정글 속의 건축물은 칸 왕국, 즉 뱀의 왕국이라 불리는 까라끄물의 성채이다.

(4) **마야 문명 발상**과 **소멸**

가. **문명 발상지**

마야 문명은 농경사회였던 신석기시대에 발상했으나 그 이후의 청동기나 철기문명의 흔적은 보이지 않는다. 즉 마야 문명은 석기 문명에서 더 이상 발전하지 못하고 그 변화나 진화가 멈춘 것이다. 서기전 수세기 전부터 존속했던 마야 문명의 발상 지역은 크게 세 지역으로 구분 된다(그림 3-002):

가) **북부 저지대** northern lowlands

메히꼬의 유까딴 반도 Yucatán peninsula 일대, 즉 깜뻬체, 낀따나로오 및 유까딴 주

나) **중부 고지대** central highlands

구아떼마라 뻬뗀 Peten 도 道, Department, 벨리세, 그리고 메히꼬 치아빠스 Chiapas 주 州 북부와 따바스꼬 주 및 온두라스 서부지역

다) **남부** 및 **태평양 연안** southern and Pacific coast

메히꼬 치아빠스 주 남부와 구아떼마라 남부 및 엘살바도르의 태평양 연안 지역

나. **마야 문명**의 **형성** 및 **소멸**

가) **마야 문명 연대기**

(가) **고전 마야 문명**

고전 마야 문명은 마야의 고전 시대 classic, 서기후 250년~1000년에 유까딴 반도 지역에 존속, 번성했던 문명이다. 이 문명은 서기후 600년~800년 사이에 절정을 이루었으나 그 후 100여 년

그림 3-002: 마야 문명 발상지

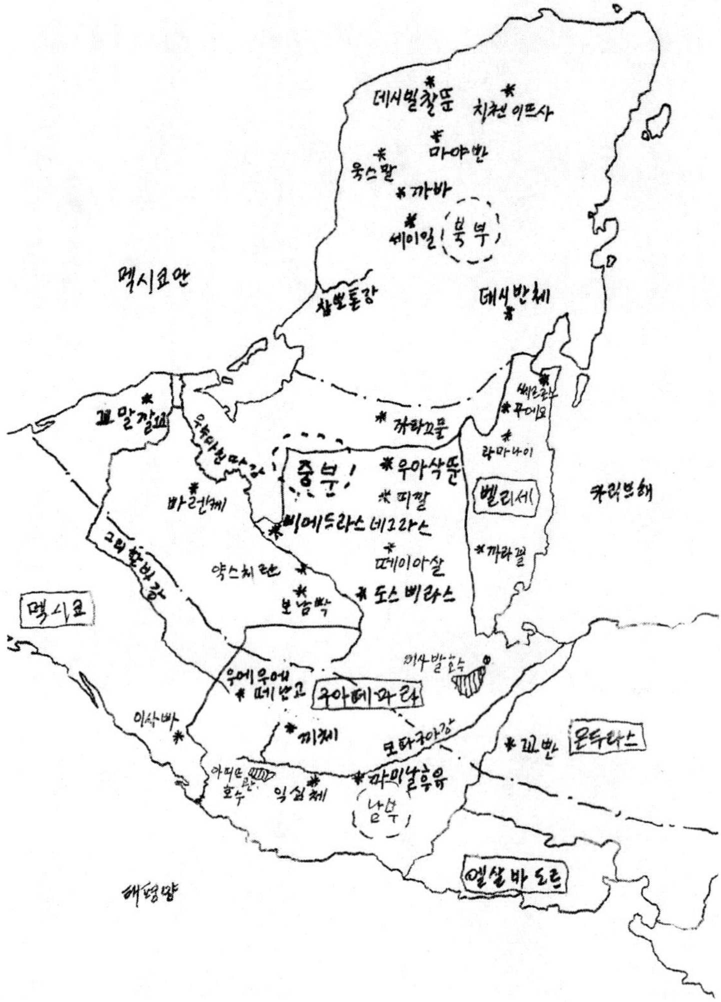

동안 서서히 쇠퇴, 10세기 초에 종말을 맞이했던 것으로 추정된다. 마야 인들은 10세기 초부터 내란과 외세의 침입 등으로 자신들의 도시를 버리고 내륙 밀림 지역으로 이동했다. 즉, 고전 마야 문명이 쇠망 衰亡 의 길로 치달은 것이다.

(나) 마야-똘떽 문명

마야-똘떽 Maya-Toltec, 즉 마야-똘떼까 Maya-Tolteca 문명은 "전기 후-고전 시대 early post-classic, 서기후 1000년~1250년" 에 형성되었다가 소멸한 문명이다. 이문명은 고전 마야 문명이 다른 부족의 문명, 즉 마야 족과 똘떼까 족이 유까딴 반도에서 공존하면서 새롭게 만들어낸 혼합 문명이다. "똘떽" 은 영어식 표현이고 "똘떼까 Tolteca" 는 스페인어식 표현이다.

자신들의 본거지, 즉 유까딴 반도의 주요 마야도시를 떠났던 일부 마야 인들은 약 반세기가 지난 후인 10세기 중반 경 다시 돌아와 자신들의 "고전 마야 문명" 의 명맥을 이어가려 했다. 그런데 10세기가 끝나갈 무렵, 멕시코 중앙고원 Central High Plateau 과 멕시코 만 해안지역 Gulf of Mexico coast 으로부터 이민족이 침략해왔다. 즉, 987년경에 멕시코, 즉 메히꼬 México 이달고 Hidalgo 주 州 의 뚜라 Tula 에 있었던 똘떼까의 군사 집단이 유까딴 반도 북쪽 끝에 있었던 치첸 이뜨사 Chichén Itzá 를 침입, 마야족을 복속시켰다. 이때부터 마야와 똘떼까 족이 공존하면서 똘떼까와 마야의 문명이 혼합된 문명, 즉 마야-똘떼까 문명이 형성되었다. 이 문명은 수백 년 동안 고전 마야 문명과 함께했으나, 이시기에 이미 순수한 고전 마야 문명은 자취를 감춘 것으로 추정된다.

치첸 이뜨사를 정복한 똘떼까 족은 이어서 유까딴 반도 전체를 지배했으며, 11세기경에는 구아떼마라 고지로 침입, 메히꼬 양식의 신전 도시를 건설했다. 이시기에는 해상 무역 maritime trade 이 활발해지면서 에끼스깜보 Xcambó, 꼬수멜 Cozumel, 뚜룸 Tulum 등과 같은 새로운 상업 도시가 생겨났다. 해상 무역의 주요 품목은 소금, 꿀, 면화 棉花, cotton 등이었다. 이시기에는 건축 및 조각에서도 새로운 양식 樣式 이 등장하고, 뱀, 독수리 전사, 재규어 전사 및 깃털 달린 뱀 등의 조각이나 도상 圖像 등이 유행했다. 똘떼까의 신, 께찰꼬아뜰 Nahuátl deity Quetzalcóatl 의 숭배도 확산되면서 께찰꼬아뜰은 치첸 이뜨사의 주신 主神, chief deity 이 되었다. 마야 인들은 이신을 꾸꿀깐 Kukulcán 이라고 불렀다. 이시기에는 마야의 화려한 전통 문명이 똘떼까 풍습 customs 에 녹아들었다.

(다) 신-마야 문명

신-마야 문명은 마야의 "후기 후-고전 시대 late post-classic, 1250년~1524년" 에 형성, 소멸된 문명이다. 이문명은 고전 마야 문명 및 마야-똘떼까 문명의 바탕 위에 형성되었다. 이문명은 15세기 중엽까지 문명의 꽃을 피우면서 제2 마야문명, 즉 신-마야 문명의 전성기를 이루었다. 선조들의 땅에서 쫓겨났던 고전 마야의 후손들은 자신들의 본거지로 다시 돌아와 13세기 중엽부터 16세기 초까지 마야 국가들 Maya states 을 복원, 건설하고 새로운 마야 문명을 발전 시켰다. 그러나 이문명은 고전 마야 문명의 수준에는 못 미쳤으며, 주목할 만한 유적도 거의 없다. 신-마야 문명은 진정한 의미의 마야 문명이 아니라는 것이 많은 학자들의 공통된 시각이다.

고전 마야 인들은 똘떼까에 의해서 따바스께뇨 Tabasqueño, 마야빤 Mayapán 등지로 쫓겨났다. 그러나 13세기 초에 마야빤의 통치자가 치첸 이뜨사를 포함한 여러 주요도시들을 멸망시키고 똘떼까 인들을 몰아내자 마야 인들은 다시 돌아왔다. 마야빤은 유까딴 반도의 북부 지역 거의 모두를 정복, 마야 도시 국가 간의 동맹 관계를 깨고, 주변 12개 도시를 지배했다. 이 지역의 맹주로 군림했던 마야빤이 15세기 중엽에 멸망하자 권력 투쟁이 심화되어 내란과 전쟁이 일어나, 이 지역 마야 국가들은 공중분해 되었다. 신-마야 문명을 발전시킨 마야 부족국가의 대부분이 이미 멸망 상태에 있었던 시점에 스페인 정복자들이 들이닥치자, 속수무책으로 당했다. 그 이후 스페인 침략자들은 무자비하게 마야 문명을 말살시켰다.

나) 마야 문명의 소멸 원인

유까딴 반도를 중심으로 발상한 마야 문명이 절정기의 어느 날 갑자기 흔적도 없이 사라졌으나 그 원인은 지금까지도 정확히 밝혀진 것이 없다. 절정에 달한 마야 문명은 서기후 10세기 초에 갑자기 사라졌다. 유까딴 반도 남부의 고전 마야는 기원후 889년에, 중부 산악지대의 고전 마야는 기원후 925년에 이미 사라졌던 것으로 추정된다. 마야 인들이 떠난 궁궐, 신전, 삐리미데 등의 건축물들은 열대 정글 속에 묻혀버렸다.

마야 인들이 도시를 떠난 이유는 확실치는 않으나, 지속되는 전쟁, 가뭄 drought, 척박한 농지 및 인구 급증으로 인한 기근 饑饉, famine, 전염병, 제사장 등의 지배계층에 대한 평민의 반란, 내란, 및 외부 적의 침입 등으로 추정된다. 특히 잔인한 식인종으로 알려진 까리베 족 caribes 의 잦은 침략은 공포의 대상이었다. 고전 마야 문명 소멸의 일반적 추정은, 이민족 침략으로 인한 도시 간 전쟁 및 내란, 자연재해 및 지속적인 생태계 파괴로 인한 농업 생산력 상실, 인구과잉, 정치세력간의 세력다툼 등이며 그 상세는 다음과 같다.

(가) 자연 재해

열대 우림의 황열, 빈혈, 괴혈병 등의 전염병 발생과 지진, 허리케인 등의 자연 재해로 멸망 했다는 설이다.

(나) 환경 파괴

척박한 토양의 토지를 농지로 개간하였으나 농지가 황폐화되어 식량의 생산성이 저하되었다. 게다가 지속되는 흉작 및 가뭄 등이 겹쳐 식량 부족이 장기화되면서 마야 인들이 영양실조에 걸려 모두 멸망 했다는 설이다.

(다) **인구 과잉**

인구 과잉과 식량 생산의 한계로 경제적 능력을 상실하여 멸망 했다는 설이다.

(라) **정치 실패**

귀족 등의 지배 계층이 극도로 미신에 탐닉, 신권 神權 정치를 지향하면서, 우상 숭배를 위하여 과도하게 신전을 건축, 국가 재정이 고갈되었다. 어려운 경제 사정을 신의 힘을 비러 해결하려는 권력자들의 발상에 항거, 농민들이 반란을 일으켜 멸망했다는 설이다.

(5) **마야 문명**의 **특성**

마야 문명의 특성에 결정적인 영향을 끼친 문명은 현재 멕시코 치아빠스주 지역에 있었던 이사빠 Izapa 문명과 멕시코 중앙 고원 지역에 있었던 떼오띠우아깐 문명이다. 특히 떼오띠우아깐 문명은 마야 문명의 특성을 결정짓는 수많은 장려 壯麗 한 요소들에 심대 甚大 한 영향을 끼쳤다. 그런데 주목해야할 점은 마야의 중심 도시 띠깔과 고대 멕시코의 탁월한 문명 유적 떼오띠우아깐은 서로 약 1000km 정도 떨어져 있다는 사실이다. 띠깔은 구아떼마라의 북부 정글 속에, 그리고 떼오띠우아깐은 메히꼬 중앙 고원의 한 계곡에 있었다. 아마도 당시 사람들이 교역과 탁월 卓越 한 문명에 대한 욕구를 충족시키기 위해서 빈번하게, 먼 거리까지도 왕래했던 것으로 추정된다.

농경 부족인 마야 인들은 현재 중앙아메리카, 유까딴 반도의 열대우림 熱帶雨林 에서 그들의 석기 문명과 옥수수 문명을 계승 발전시켜 마야 문명을 이루어 냈다. 마야 문명은 태양을 향해 우뚝 솟은 문명이라는 칭송을 들을 만큼 가장 화려하고 찬란한 문명이었다. 그러나 마야 문명은 거대한 부족의 단일 문명이 아니고, 독립된 소수 부족 각자가 서로의 문명을 공유하면서 자신들만의 독자적인 특징을 갖는 문명이었다. 그런데 마야 문명은 절정기에 갑자기 흔적도 없이 역사 속으로 사라졌다. 그 원인은 지금까지도 오리무중이다. 마야 문명에 관해서는 학자마다 의견이 달라 정설이 없으나 여기서는 여러 학자들이 공통으로 주장하는 내용을 중심으로 기술했다. 마야 문명의 특성, 유적 및 유물 이야기는 다음과 같다.

가. **인문, 사회** 및 **정치**

가) **경제 제도**

전-고전시대 pre-classic, 마야 사회의 경제 제도의 기본은 가정의 욕구 family needs 를 충족시키는 것이었다. 당시 사회의 기간 基幹 이었던 농경 및 축산 활동은 다음과 같다.

(가) **집약 농업**

마야 인들은 화전 火田 위주의 경작을 했지만, 인공저수지와 같은 새로운 급수시설 waterworks 을 창안하여 집약농업 intensive agriculture 을 시행, 곡물 생산량을 현저히 높였다. 마야 인들은 1200년경부터 금속을 사용하였지만 크게 발전시키지 못하고, 16세기까지도 돌도끼, 돌망치, 나무막대 등의 농기구를 사용하였다. 집약농업의 발전으로 식량문제가 해결되면서 인구가 급속히 증가했다. 마야 인들의 농경생활 초기의 기반은 화전에서 경작한 옥수수였다. 옥수수는 해발 2400m 고지에서도 경작이 가능함은 물론 수확량도 다른 곡물보다 월등했으므로 마야 인들은 옥수수를 신의 작물이라 했다. 마야 인들은 "꼬야" 라는 나무막대기를 사용하여 옥수수를 경작했다. 또한 마야 인들은 콩 beans, 감자, 사탕수수, 호박 squash, 고추 chili, 목화 木花. cotton, 카카오 cacao 등 및 여러 종류의 야채 vegetables 도 재배했다. 마야 인들은 수확한 농산물을 지하 저장소에 보관했다. 지하 곡물

저장소는 석회암 石灰巖 바닥을 우물 형태로 깊게 깎아 내서 만들었다.

(나) 축산업 및 지역 특산물

마야 인들은 개, 칠면조 등을 가축으로 사육하였으며, 사슴, 멧돼지, 새 등의 고기도 섭취했다. 또한 양봉 養蜂 과 수지 樹脂 채집도 했으며, 수지는 의례용 儀禮用 향료로 사용하였다. 마야 인들은 카카오 열매를 통화 通貨 단위로 사용하였다. 마야 인들의 지역별 특산물은 다음과 같다:

-유까딴 반도; 소금, 벌꿀, 목면 木棉 제품
-중부 및 남부 지방; 석기 石器, 카카오 열매, 깃털

나) 사회 신분 및 정치조직

마야 사회에서는 전-고전시대 말기인, 서기전 300년에서 서기후 250년까지의 시기에 이미 정치 및 성직자 계급제도 religious hierarchies 와 사회적 신분의 차별화 제도가 확립되었다. 이런 제도들은 주거 및 의식 儀式, ceremony 을 위한 건축물과 특정 지역에서 확연히 드러났다.

(가) 사회 조직 및 통치권

전-고전 시대 pre-classic 마야 사회 조직의 기본은 부족 집단 family groups 이었다. 각개의 가정이 모여서 구성된 부족 집단은 각각의 문명, 언어, 영토를 공유 共有 했다. 마야 사회에서 각각의 가정은 아버지 yum 가 다스렸다. 마야 공동사회 communities 의 모든 권력은 한사람의 우두머리 chieftain 또는 cacique 에게 집중되었다. 이런 권력 집중은 소규모 농촌 공동사회 small rural communities 에서도 마찬가지였다. 마야의 이런 제도는 고전 시대 classic 와 후-고전 시대 post-classic 까지도 변함없이 지속되었음은 물론이고, 마야 이후의 아스떼까로 계승, 발전되었다.

유까딴 반도에 있었던 대규모 마야 부족 집단, 즉 바따보옵 bataboob 을 통치했던 최고 통치자 supreme ruler 를 "진짜 사나이 True Man" 라는 뜻을 가진 " 아라츠 우이닉 Halach uinic" 이라했다. 최고 통치자는 자신의 영토에서 경제, 사법, 종교의식 등에 관한 모든 권력을 독립적으로 행사했으며, 그의 지위는 혈통 bloodline 에 따라 세습되었다. 마야 사회의 정치 및 사회 조직의 기본 단위는 다음과 같다:

-가정 familia; 아버지가 다스리는 사회적 단위
-끄란 clan; 가정이 모인 소규모 부족집단
-바따보옵 bataboob; 끄란이 모인 대집단

(나) 사회적 신분 및 역할

고전 마야 사회에서의 사회적 신분은 특권층 privileged class, 생산계층 productive class 및 노예 등으로 구분되었으며 그 상세는 다음과 같다:

-특권층; 통치자, 관리, 예술가, 신관 神官, 군대 지휘관, 상인
-생산계층; 평민, 장인 匠人, 농민
-노예; 전쟁 포로, 부족 수장 首長 및 귀족의 농노 農奴

① 특권층

고전 마야의 특권층, 즉 최고 통치자, 관리 officials 및 신관들은 사회경제계획 socioeconomic planning, 공공사업계획 programming public works, 그리고 정치 및 전쟁 전략을 짜는 일을 했다. 이들의 주된 일은 국력을 키우고 영토를 확장하는 것이었다. 또한 이들은 과학 지식을 창출하고 역사 기록을 보존, 유지 維持 하는 일도 했다. 이들은 고도로 발달된 문자로 역사를 기록했다. 특권층에 속하는 상인 商人 들은 외국과의 장거리 무역을 하면서 일종의 정치행위, 즉 상대 교역국을 정탐하는 일을 담당했다.

고전 마야 사회의 특권층은 천문, 역법 曆法, 신학 등의 지식을 독점했다.

㉮ 귀족

귀족 nobles, hidalgos 은 고전 마야 사회 특권층의 핵심 구성원이었다. 이들의 정치적 계급 political hierarchy 은 귀족 가문 家門의 사회적 등급 social level 에 따라 결정되었다. 고전 마야 사회에서의 귀족은 공적 功績 이 뛰어난 혈통의 사람들이었다. 그들은, 적어도 당시 마야 사회에서는 정치, 종교 또는 군사 권력으로, 다른 사람들을 지배하도록 하늘이 점지해준 운명을 타고난 사람들이었다.

㉯ 신관

고전 마야 사회의 최고위 신분은 성직자 priests, 즉 신관이었다. 신관은 귀족 출신이거나, 성서 sacred books, 법전, 불 fire 등에 관한 연구 및 감독 등의 다양한 기능을 수행하는 사회 집단 출신이었다. 그러나 신관은 주로, 다른 일 보다는 통치자의 종교 의례 rulers' rites 를 주관하는 사회 집단에서 많이 배출되었다. 신관들 중에는 여신관들 priestesses 도 다수 있었다.

② 생산 계층

고전 마야 사회에서 사회생활에 필요한 물질 생산에 동원된 사람들은 사회 하층계급 lower level 집단에 속해 있는 하층민 inferior men, 즉 생산계층의 사람들이었다. 생산계층은 귀족이 아닌 사람, 건축공사 현장이나 공예품 공장 등에서 일하는 사람 또는 농부 등으로 구성되었다.

(다) 정치 조직

서기후 600년에서 800년까지에, 마야 도시-국가들이 전성기를 누렸던 시대에도, 마야 사회에는 강력한 단일 중앙집권세력은 없었다. 당시 마야 부족의 가장 강력한 도시-국가였던 띠깔, 까라끄물, 빠렌께, 꼬빤 등이 정치적으로 형식적인 연합은 이루었으나, 관습과 제도 측면에서는 융합하지 못하고 각각 자신들만의 고유성을 유지했다. 전 세계 고대 사회 서기후 250년~1000년에서 여성 권력자의 등장은 흔한 일은 아니지만, 마야 사회에서도 역시 여성 최고 권력자들은 있었다. 띠깔 Tical 의 우넨 바람 Unen B'Alam 과 빠렌께 Palenque 의 욜 이끄날 Yohl IK'nal 이 바로 그런 여성들이었다. 마야 문명 절정기에는 60개 이상의 부족 왕국 kingdoms 이 있었으며, 이들 왕국에는 각각의 신성 군주 神聖君主 가 있었다. 고전 시대 classic 마야 사회에서는, 한사람의 신성 군주 Sacred Lord 또는 Divine Lord, 즉 K'uhul Ajaw, 즉 신권 神權 을 대행하는 군주가 정치, 종교 및 군사 등에 관한 모든 권력을 가지고 있었다. 이들 왕국 사이에는 주도권과 재산 쟁탈을 위한 강력한 정치적 충돌이 자주 일어났다.

나. **마야**의 **종교**

마야 사회의 모든 생활, 즉 농경, 예술, 전쟁, 무역, 과학, 건축 등은 모두 종교에 연관되어 있다. 마야 종교에서 의인화된 신의 모습은 사람의 얼굴, 사람의 몸통 등으로 묘사되었다. 또한 오래됨의 상징은 주름살, 이가 빠진 입의 모습 등으로 표현했다. 신성한 기운 sacred energies 을 뿜어내는 동물로는 재규어, 맥 tapirs, 긴꼬리새 quetzals, 독수리, 사슴, 토끼 rabbits 등의 모습이 활용되었다. 마야의 사회에서 종교와 관련되는 여러 가지 이야기는 다음과 같다.

가) **마야 예언**

마야 사회의 귀족 계층은 정교한 역법 체계에 의한 예언의 힘을 과신, 위기 상황에서 탈출하려는 노력과는 정반대의 방향을 선택, 멸망의 길로 들어선 것으로 추정된다. 마야 지배계층은 서기후 790년에 정치적 격변이 발생한다는 예언을 믿고, 농민

반란의 사회적 소요 및 침략 전쟁 등을 예언에 따른 당연한 귀결로 생각했다. 귀족 계층은 이런 일들을 신들의 요구를 충족시키는 것으로 생각했다. 마야 인들의 달력에서 시간의 종말, 다시 말해서 장기주기 長期週期 의 마야 역법에서, 한 주기가 끝나는 시점이 2012년 12월21일이었다. 이런 날짜들은 마야 달력을 오늘날의 태양력으로 환산 추정한 것이다. 후세 사람들은 이 날을 지구 종말의 날로 오해했다. 또 다른 예언에 의하면 2012년 12월23일에 대홍수가 일어나 지구가 멸망한다는 것이었다. 당시에는 1년은 18개월, 한 달은 20일 이었으며. 256년을 주기로 재앙이 발생했었다.

나) **마야 신화**

우주 universe 의 본질과 관련된 마야 인들의 신화 Mayan myths 는 마야 고전 시대 Classic period 부터, 빠란께 Palenque, 꼬바 Cobá, 꾸이리구아 Quiriguá 등지에서 상형문자로 기록되었다. 현존하는 마야 신화는, 스페인 식민통치 시절에 신화 원본을 라틴어 이야기체로 다시 쓴 것들이다. 마야의 대표적인 신화 원본은 뽀뽈 부 Popol Vuh 이다.

(가) **우주 창조**와 **인신공희**

마야 인들에게는 우주 universe 란 불가항력적인 성스러운 힘 sacred forces 으로 가득 찬 곳이었다. 마야 인들은 이 성스러운 힘이 사람과 자연, 그리고 확고하게 존재하고 있는 모든 실체 實體 들이 서로 작용할 수 있게 해준다고 생각했다. 마야 인들은 창조주들 creators 이, 우주 cosmos 를 사람 man 이 살 수 있도록 창조했으므로, 사람들은 창조주들을 공경하고, 지속적으로 양식을 제공하여 영속성을 유지하도록 해야 한다고 생각했다. 사람들은 이미, 공경과 양식 제공이라는 신의 요구 gods' need 에 호응하고 있다. 사람들은, 창조주들이 우주의 생명을 유지하면서 삶을 지속할 수 있도록 해야 한다는 본질적인 임무를 알고 있기 때문이다. 이런 연유로 헌신과 인신공희가 행해진 것이다.

(나) 세상 파괴와 재창조

마야 인들은 세상 world 은 몇 개의 시기 several occasions 에 따라서 순환하면서 존재해왔다고 생각했다. 신들은 주기적으로 세상의 질서를 다시 잡기위하여, 커다란 재해 災害 를 일으켜 기존의 세상을 파괴한 다음 또다시 다른 세상을 창조했다. 신들이 우주 universe 를 창조하고 파괴하는 목적은 인간의 진화 human evolution 를 위함이다. 사람들 men 은 다음 시기 eras 에 더욱더 훌륭한 모습으로 다시 창조되기 때문이다. 그 진화는, 예를 들자면, 옥수수 반죽덩어리가 어떤 형태의 실체가 되는 시기, 즉 절정기까지 지속된다.

(다) 마야의 신 神

마야 인들은 3대신 三大神, 즉 아버지 신, 어머니 신 및 선악 신을 비롯하여 다수의 신을 숭배했다. 마야 인들은, 신들은 각각 상반된 이원성 二元性 의 속성을 갖고 있다고 생각했다. 이런 마야 인들의 생각은, 멕시코의 똘떼까 및 아스떼까 계 系 의 문명과 유사했다. 마야 인들이 섬겼던 다양한 신은 다음과 같다.

① 하늘의 용신

마야 고전시대 Classic Period 에는 하늘 공간 heavenly space 은 신 神, 즉 머리가 두 개에 깃털이 달린 용 dragon 으로 묘사되었다. 이 용은 방울뱀, 긴 꼬리 새, 악어 및 사슴의 모습을 혼합해 형상을 하고 있다. 이 하늘의 용 Celestial Dragon 은, 마야 종교 religion, 즉 이참나흐 Itzamnaaj 에서 최고의 신이다. 이 용 신은 우주의 풍성한 기운을 상징한다.

② 땅의 신

땅 Earth 은, 하나의 동물, 즉 지하 세계의 물을 떠다니는 악어로 표현되었다. 악어의 등에서는 식물이 자란다. 땅과 관련된 다른 신들에는 주신인 이신 god E 과 옥수수 신 Deity of maize 또는 Deity of corn 이 있다. 이 신은, 옥수수 잎이 달린 속대 corncob 처럼 길게 늘어진 머리 모습을 한 젊은 남자로 묘사되었다.

③ 달의 신

달 Moon, 즉 익스첼 Ixchel 은 어머니 여신 Mother goddess 이며, 분만과 직조 織造 의 신 Deity of childbirth and weaving 이었다.

④ 별의 신

별 신 Stars-gods 들은 하늘을 가로질러 흐르는 신이다. 별 신 중 으뜸 신은 태양신 Sun God, 즉 K'inich Ajaw 이다. 지구 주위를 도는 태양신은 세상에 원기를 부어 넣고, 생명 life 과 유동성 transience 을 결정한다. 고전 마야 인들은 처음에는 태양이 지구 주위를 돈다고 생각했다.

⑤ 물의 신

물의 신 착 Chaahk 은 땅의 층 earth level 과 연결된 신이다. 물의 신은 성스러운 비와 빛 rain and lightning 그리고 자연의 호수와 강으로 묘사된다.

⑥ 풍요의 신

까비일 Kawiil 은, 혈통을 지배하는 풍요의 신이다. 이 신의 한 다리 leg 는, 때로는 휘감아 올린 뱀의 형상으로 묘사되기도 한다. 이런 형상은 제왕의 홀 笏, dummy scepter 을 상징한다.

⑦ 죽음의 신

지하세계의 가장 깊은 곳에는 죽음의 신이 있다. 이 신은 병과 죽음 자체를 만들어 낸다. 죽음의 사자 使者 또는 죽음을 상징하는 동물은 올빼미, 거미, 전갈, 나방 등이다.

⑧ 인간 및 동물의 신

인간의 활동을 보호하는 신들과 "동물의 군주 Lords of the animals"는 지하세계의 끝에 있다. 자연을 돌보는 동물의 군주는 사람 또는 동물의 모습을 하고 있다.

다) 세상의 구조 및 분할

고전 시대 마야 인들은, 사람들이 사는 세상은 3개의 주된 수평면 three horizontal planes, 즉 하늘 heavens, 땅 earth 그리고 지하세계 underworld 로 구성되었다고 생각했다. 특히 땅은 평평한 사변형 평판 flat quadrangular plate 이라고 생각했다. 마야 인들이 생각했던 세상의 구조 및 분할은 다음과 같다.

(가) 세상의 구성 및 위치 표시

마야 인들은 세상은 하늘 13층, 땅 그리고 지하 9층으로 구성되었다고 생각했다. 그들은 세상의 위치를 길고, 짧은 2개의 력 曆 으로 표시하고 상형 문자, 즉 신성 문자로 기록했다.

(나) 세상의 4등분할

마야 인들은 세상의 3개 층 three levels 은, 기본방위 중심 inter-cardinal points 에서 4개의 방향 four directions, NSEW 으로 분할되었다고 생각했다. 4개의 방향은 각각 고유한 색, 즉 남쪽 S 은 황색, 북쪽 N 은 백색, 동쪽 E 은 적색 그리고 서쪽 W 은 흑색으로 구분된다. 각 방향에서는 각기 다른 색의 케이폭 ceiba, 즉 판야나무 panja tree 가 자란다. 케이폭 위에는 같은 색의 새가 내려앉는다. 이 나무들의 중심에는 위대한 어머니 케이폭 Great Mother Ceiba, 즉 녹색 케이폭 green ceiba 이 있다. 케이폭의 가지는 하늘 층 celestial levels 을 꿰뚫고 올라가고, 뿌리는 지하세계로 뻗어 내려간다. 어머니 케이폭은 세상의 축 world axis, 즉

axis mundi 이자, 마야의 성스러운 나무 sacred tree of the Maya 이다. 의식을 진행하면서 황홀경에 빠진 무당 shaman 은, 이 축을 통해서 신의 영역으로 들어갈 수 있다.

라) 의식과 축제

마야 인들의 모든 의식과 축제는 마야 역법 曆法 을 기준으로 행하였다. 멕시코 똘떽, 즉 메히꼬의 똘떼까 문명이 침투할 무렵, 마야 사회는 산사람을 제물로 바치는 인신희생 人身犧牲, 즉 인신공희 人身供犧 의 관습이 성행했었다. 마야 인들은 의식을 거행하기 전에, 몸을 정화 淨化 하는 일을 먼저 실행했다. 즉, 의식에 관련된 몸의 정화를 위해서 성생활을 금지하고, 잠을 자지 않고, 단식과 목욕을 했다. 마야 인들의 의식 및 축제에는 기도, 코펄 수지 copal resin 향 피우기, 노래, 춤 그리고 행진 등도 포함한다. 또한 축제 때에는 특별 음식을 준비한다. 눈알무늬 칠면조 ocellated turkey, 사슴 고기 venison, 및 엑소로이츠꾸인뜨리개 xoloitzcuintli dog 등의 고기, 성수 聖水, chicha and balche 등이 준비된다. 신관은 신을 맞이하기 위한, 영혼을 준비시키기 위하여 이 성수를 마신다. 마야 사회에서 주신들 main gods 에게 봉헌되었던 공식적인 주요 의식 및 축전 祝典, celebrations 은 다음과 같다.

(가) 신 숭배 의식

마야 공동사회 Maya communities 에서 가장 중요한 일은, 신 숭배 의식 rites 이었다. 그렇지만 숭배 대상인 신들은 보이지도 않고 만져 볼 수도 없을뿐더러 냄새 scents 도 맛 taste 도 없는 존재이므로, 사람들은 신을 닮은 어떤 실체 substances, 즉 그림이나 형상을 만들어야만 했다. 마야 인들은 이런 실체 앞에 제물을 바치고 의식을 거행했다. 마야 인들의 신 숭배 의식에서 제물을 바치는 방식은 헌신 獻身, self-sacrifice 과 인신공희 人身供犧, human sacrifice 였다. 마야 인들은 동물과 사람의 영혼들

spirits 은 그들의 피와 심장 속에 살아있다고 생각했기 때문에 피를 보이는 헌신과 인신공희가 신 숭배 의식의 중심 경향이 된 것이다. 헌신은 육체의 여러 부분에서 피를 뽑아 종이에 그려진 신의 영상 images 에 바치는 것이었다. 인신공희는 헌신과는 다른 형식을 취한다. 즉, 인신공희는 사람의 목을 자르거나, 화살로 쏘아 죽이거나, 살아있는 사람의 심장을 추출 抽出 하거나 물웅덩이 cenotes 에 던져 넣는 방식 등으로 진행되었다. 인신공희와 헌신 의식은, 달력에 정해 놓은 시기 calendar periods 의 공공축제 public ceremonies 때 거행되었다.

(나) **세상 재창조 의식**

세상 world 의 기원 起源, origin 을 재창조하는 의식은 마야 사회의 가장 중요한 의식 중의 하나였다. 이 의식은 주기적으로 행해지며, 기념식 記念式, commemoration 으로서가 아니고 현재의 활동 present action 으로서 행해지는 것이다. 이 의식을 거행함으로서 현재의 활동 속에서, 세상 World 이 한 번 더 재창조되고 시간 time 은 다시 태어난다고 믿었다.

(다) **통치자 의식** 儀式

통치자와 관련된 특별 의식 specific rites 에는 왕의 즉위식 卽位式 및 20년 마다 거행되는 까뚜네스 katunes, 즉 20주기 의식 등이 있다. 통치자 자신은 신神 과 무당 shamans 의 속성 屬性 을 부여받은 반신반인 半神半人 의 신분이었지만, 의식을 거행할 때는 금식 禁食, 금욕, 금수면 禁睡眠, 자기-희생 self-sacrifice, 즉 헌신 등과 같은 고행 의식 ascetic rites 을 실행 했다. 통치자의 헌신은 주로 식물의 가시로 자신의 음경 陰莖, penis 을 찔러 피를 뽑아내는 일이었다.

(라) **공놀이 의식**

마야의 군주를 위한 의식 중, 특히 주목할 만한 의식은 공놀이 ball game 이다. 공놀이의 중요성은 마야의 주요 도시에는 어디에나 공놀이 경기장 ball court 이 있다는 사실로 입증된다. 공놀이 경기장은 마야의 주요 의식 거행 지역과 같은 곳에 건설되었으며, 경기장은 별을 상징하고 공놀이는 통치자를 위한 중요한 의식으로 치러진다.

① 경기장 시설

마야의 공놀이 경기장에는 의식 거행을 위한 의전 儀典 시설, 즉 신전이 있다. 경기장의 장축은 대개 길이가 150m 나 되며, 장축의 양쪽에는 높은 벽이 평행으로 세워져 있다. 양쪽 벽의 중앙, 상단에는 각각 공을 넣는, 돌로 만든 큰 수직 고리가 돌출되어있다. 벽 하단 경사면에는 경기 모습과 목에서 피가 흐르는, 제물로 바쳐진 사람들의 모습이 돋을새김으로 새겨져 있다. 공놀이가 끝나면 인신공희, 즉 제물로 바쳐진 산 사람의 심장을 꺼내서 제사지내는 종교의식도 거행되었다.

② 경기 방법

공놀이 선수 ball player 는 가슴과 손목에 보호대를 착용한다. 공놀이 경기할 때는 손을 사용하지 않고, 무릎과 어깨만을 사용하여 상대편의 공을 빼앗아, 양쪽 평행 벽 중앙 상단에 있는 고리 안에 집어넣는다. 공은 "울레" 라는 나무에서 채취한 고무로 만들었다. 마야 전통의 공놀이 경기는 오늘날의 축구경기와 비슷했던 것으로 추정되지만, 공놀이에는 종교적 의미가 있었다.

공놀이에서 상대팀과의 투쟁은 우주 개벽의 상징성을 나타내는 것이며, 그런 투쟁은 우주 cosmos 의 존재가 가능하다는 사실을 보여주는 것이다. 우주 존재의 가능성은 마야의 다양한 신화 myths 속에서, 하늘의 밝음 이라는 존재 bright, heavenly beings 와 지하세계의 어둠이라는 존재 dark, infra-terrestial beings 간의 투쟁으로 입증되고 있다. 사람 men 팀과 신성한 전쟁 sacred war 팀 간의 공놀이 play 는 우주의 힘 cosmic forces 간의 싸움 fight

을 상징했다. 통치자들 governors 로 구성된 통치자 팀과 기타 신분이 높은 명사들 personages 팀 사이에서 벌어지는 경기는, 별들 stars 을 움직이게 만드는 의식의 기능 ritual function 을 갖는다. 일어날 수 있는 별들의 움직임은 세상 universe 의 존재를 긍정하는 것과 같은 것이다. 또한 세상이 존재한다는 것을 긍정적인 사실로 받아드리게 만드는 것은 왕 kings 의 중요한 책임 중의 하나이다. 다시 말해서 왕은 세상의 축으로서의 역할을 해야 하는 것이다.

③ 경기 기록원

공놀이 경기 기록원 markers 은 신성 숫자 sacred figures, 즉 경기 결과를 기록하고, 신비한 경기 장면을 연출해 낼 수 있도록 신분이 보장된 사람이다. 기록원이 하는 일 가운데 몇 가지 일은 신화적인 우주 개벽설 cosmogony 과 관련이 있다. 상징적인 우주 개벽설은, 마야 인들뿐만 아니라 중앙아메리카 전 지역의 주민들에서도 나타난다. 한편 볼 게임 마커 Ball Game marker 는, 단순히 볼 게임의 지표인 원형 석판 Disk of Chinkultik 을 지칭하기도 한다. 이 원형 석판의 중앙에는 손목에 보호대를 착용하고, 복잡한 머리 깃털 장식을 한 공놀이 선수가 조각되어 있으며, 가장자리 원형 띠 band 에는 서기후 591년을 나타내는 상형문자가 조각되어있다(사진 3-007).

(마) 장례 의식 및 부장품

마야 인들의 윤회사상 輪回思想 은 불교의 그것과 일맥상통한다. 불교에서는 사람들은 끊임없이 삼계육도 三界六道 를 돌고 돌며 생사를 거듭한다고 했는데, 마야 인들도 같은 생각이었다. 불교에서 말하는 삼계는 천계, 지계, 인계, 즉 하늘, 사람, 땅의 세 세계이고 육도는, 사람이 살아서 한 행위에 따라서 저마다 가서 살게 된다는 지옥도, 아귀도, 축생도, 아스라도, 인간도, 천상도를 말한다. 마야 인들의 복잡한 장례 의식 funereal rites 은

사진 3-007: 볼 게임 마커 또니나, 치아빠스, 메히꼬

죽음 후에 오는 영혼의 생활 spirit living 에 대한 생각 때문이다. 마야 인들은 영혼이 내세 來世, beyond the grave 에 도착하는 곳은, 신이 결정하는 죽음의 형태에 따라서 달라진다고 믿었다. 영혼은 위험한 길을 따라서 여행을 한 다음, 지하 세계 underworld, 즉 Xibalbá 의 마지막 층 final level 에 도착한다. 거기서 영혼은 죽음의 신과 만나고 휴식할 장소를 얻는다. 하지만 영혼은 자손들의 의식에 참여하기 위해서 되돌아갈 수도 있다.

실제로, 마야 문명 번성기 600년~800년 때, 빠렌께의 성스러운 군주 governor, 빠깔 Pakal 왕의 석관 石棺, sarcophagus 뚜껑에는, 그가 젊은 옥수수 신으로 환생했음을 표현한 상형문자가 새겨져 있었다. 오늘날에도 마야 인들은 그런 생각에 사로 잡혀 있다. 이런 믿음 때문에 마야 인들은 무덤 속에, 물과 음식을 가득 채운 그릇, 보석 및 사람, 신, 동물 등의 작은 상 像, figurines 등의 많은 물건들을 넣었다. 때로는 죽은 사람의 개를 함께 무덤 속에 넣기도 했다. 개의 영혼이, 죽은 주인이 앞으로 가야할 길을 안내할 것이라고 믿었기 때문이다. 이들 중 가장 두드러진 경우는 통치자 sovereigns 또는 ruler 의 매장 burials 이었다.

① **통치자**의 **매장**

통치자, 즉 왕이나 그의 가족이 죽은 경우에는, 소수의 남자와 여자를 죽은 자와 함께 묻었다. 통치자의 부장품 副葬品, grave goods, funeral effects 중에는 값비싼 장의용 그릇 ritual vessels 과 옥 玉 으로 만든 수많은 보석을 비롯하여 옥구슬과 마스크 등이 있었다.

② **옥구슬**과 **마스크**

죽은 통치자의 입-가에는 옥구슬 jade bead 을 놓았는데, 이것은 영혼 불멸 不滅, immortality 을 보장하는 상징이었다. 통치자의 얼굴에는 값비싼 보석으로 만든 마스크를 씌었다. 실제로 발굴된 빠란께와 까라끄물 통치자의 마스크는 최상 품질의 옥으로 만든 것이었다. 마스크를 만들어 씌우는 목적은, 썩어 없어지기 쉬운 통치자의 얼굴을 보존하려는 것이었다. 또한 마스크는 파멸을 방지하고, 위인의 개성을 빨아들이고, 그의 영혼이 머릿속에 머무르게 하여, 마법처럼 군주를 악마 malevolent beings 로부터 보호하고, 지하세계로의 여행을 기다릴 수 있게 하려는 것이다.

(바) **통과 의식**

마야 사회에서도 오늘날과 같은 세례 baptism, 사춘기 의식 puberty ceremony 과 같은 통과 의식 rites of passage 이 있었다.

(사) 무당의 굿 및 기타 의식

마야 사회에서는 죽음과 부활에 관련된 무당의 굿 shamanic initiation rites 이나 무당 자신의 수신 修身 을 위한 고행의 실천 ascetic practices 의식도 있었다. 또한 정신 활성을 촉진하는 버섯과 식물을 사용하는 치료와 예측 의식 ceremonies 도 있었다. 뿐만 아니라 수많은 의식 중에는 사사로운 가족 숭배의식도 있었다.

다. 마야의 과학 지식

고전 마야 인들의 과학 지식은 체계적이고, 복합적이었으며 상형문자와 숫자를 활용한 표기 수단이 발달했었다. 마야 인들은 완벽한 문자 체계, 발달된 과학지식 및 수학 능력 등을 바탕으로 수학 mathematics, 천문학 astronomy, 연대학 年代學, chronology, 의학, 점성술, 건축기술, 조형예술 plastic arts 등에서 탁월한, 수많은 문명 유적 및 유물을 남겼다.

가) 문서와 문자 체계

(가) 문서의 기원과 활성화

중앙아메리카 지역에서의 글쓰기 writing, 즉 문서 작성은 싸뽀떽 Zapotecs, 올멕 Olmecs, 믹스떽 Mixtecs, 또또낙 Totonacs, 아쓰떽 Aztecs 등 여러 부족국가에서 개발되었으나, 이런 문서 작성을 활성화 한 것은 마야 인들이다. 마야 인들의 문서 작성과 숫자 체계 system of numbers 의 기원 起源, origins 에 관한 흔적은 메히꼬의 뜨레스 싸뽀떼스 Tres Zapotes, 베라끄루쓰, 몬떼 알반, 오아하까 등의 지역에서 엘 살바도르의 찰꾸아빠 Chalcuapa 에 이르기까지 마야 인들이 살았던 매우 광범위한 지역에서 찾아볼 수 있다. 마야 인들이 작성했던 문서 원문 原文, texts 은, 필사본 codices, 돌 stones, 치장벽토 장식 stucco decoration, 경석 보석 hard-stone jewels, 도기 pottery, 뼈 bones, 조가비 conches, 물고기 가죽 등을 비롯하여 기타 다양한 재료에 기록되어 있다. 마야 인들의 이런 원문들은 주로 비문 또는 필사본 codex 으로 우리들에게 전해지고 있다. 필사본은 나무껍질 종이나 동물 가죽에 글을 써서 만들었다. 마야 고전시대 Classic 의 필사본들은, 대부분 부서지기 쉬운 종이에 기록하였기 때문에 거의 모두가 사라졌다. 게다가 마야 후-고전시대 Post-Classic 의 필사본들은 스페인 침략자들에 의해서 거의 모두 불태워져 없어졌다. 스페인 침략자들은 마야의 필사본들을 우상 숭배의 상징물로 생각하였으며, 그것들은 마야를 정복하고 복음을 전파하는데 장애가 된다고 생각했다. 그런 만행에도 불구하고 우연히도 마야의 필사본 중 단 3권이 유럽의 3개 도시, 즉 드레스덴 Dresden, 마드리드 Madrid 그리고 빠리 Paris 에 보관되어 있다. 이들 3권 필사본에는 각기 보존되어있는 도시의 이름이 붙여졌다. 원래의 필사본 이름이 지금도 밝혀지지 않고 있기 때문이다.

(나) **문자 체계**와 **상형문자**

마야 인들은 서기전 3세기경부터, 오랜 세월에 걸쳐서 각기 다른 30여 가지의 언어와 문자, 즉 상형문자를 사용했던 것으로 추정된다. 마야의 상형문자는 고대 이집트의 상형문자보다 훨씬 더 복잡하고 다양했다. 마야 인들의 상형문자는 표의문자 表意文字 와 표음문자 表音文字 의 결합으로 이루어진 복잡한 체계의 문자이다. 이런 복잡한 마야 문자를 신성문자 神聖文字 라고도 한다. 표의문자는 어떤 사물을 단순한 그림, 즉 형상으로 표시하여 시각적으로 의미를 전달하는 문자이고, 표음문자는 사람의 말소리를 기호로 나타낸 문자이다. 표음문자는 단음문자 單音文字 와 음절문자 音節文字 로 구분된다. 마야 인들은 자신들의 역사를 기념비, 신전의 벽, 양가죽 등에 신성문자로 기록해 놓았다. 그러나 이런 신성문자는 현재까지 일부만 해독되었다.

(다) **마야 문자 해독**

불과 반세기전까지만 해도, 마야의 상형문자 Mayan glyphs 가 고대의 다른 문자 체계 writing system 처럼 해독될 수 있을 것이라고는 상상조차 할 수도 없는 일이었다. 그러나 오늘날 비명 碑銘, epigraphy 연구의 발달로, 마야 문자 Maya writing 가 말-음절 logo-syllabic 문자라는 사실이 밝혀졌다. 즉, 마야 문자는 두 가지 형태 그림문자, 즉 표의문자 logograms 와 표음문자 phonograms 의 조합으로 이루어 진 것이다. 표의문자는 완벽하게 낱말 word 을 표현 할 수 있으며, 표음문자, 즉 소리글자는 모음 vocal 과 음절소리 syllabic sounds 로 표현할 수 있다. 마야 문자의 특징 중의 하나는 한 낱말 one term 을 서로 다르게 쓸 수 있다는 것이다. 즉, 어표 語標, logo 로 쓰거나, 음절 syllable 로 보완된 어표로 쓸 수 있는 것이다. 후자는 읽기에서 음성학의 요체 phonetic key 이거나 음절로만 이루어진 기호 sign 이다.

마야 인들이 문서를 작성할 때는 단지 500개의 기호 signs 만을 사용했던 것은 분명하다. 하지만 그들 중 지금까지 해독된 것은 약 300개 정도이다. 즉, 다수의 마야 문자 약호 codes 는 아직도 해독되지 않은 채로 남아 있는 셈이다. 그렇지만 부분적으로나마 해독된 마야 문자 약호는 고전 마야 모습의 새로운 윤곽을 밝히는데 기본이 되고 있다. 문자 해독으로 인하여 고고학, 도상학 圖像學, 역사학 등과 같은 다른 분야에서의 새로운 모습이 드러났음은 물론이고, 과학과 예술의 탁월한 창조자들뿐만 아니라 복잡한 사회의 정치적인 주인공들의 모습도 드러났다. 또한 정치 주인공들은 심오한 역사의식도 갖고 있었음이 밝혀졌다. 더구나 비문 해독 碑文解讀, epigraphic readings 으로 인하여, 정치세력 집단의 정체 正體 가 밝혀졌고, 그들의 신성한 신화 또는 이야기가 드러났다. 또한 최근의 비문 해석에 따르면, 통치자들의 열렬한 의식 생활 intense ritual life 은 왕들의 일대기나 정치

활동을 기록하는 일보다 더욱더 중요한 일이었음이 밝혀졌다.

나) 숫자 체계

마야 인들은 진보된 수학적 능력을 바탕으로 숫자와 신성문자를 발달 시켰다. 마야 인들은 지금부터 약 2000여 년 전에 인류 역사상 최초로 숫자 "0" 의 값 "zero' value 의 개념을 이해하고, 20진법을 사용했다. 마야 인들은 0의 개념을 터득했기 때문에 숫자의 무한대 표기가 가능했다. 그러나 현재 컴퓨터 산업 발전의 토대는 숫자 "0"과 "1" 만을 사용하는 2진법이다. 현재 유럽 지역에서 "0" 이라는 숫자를 사용한 시기는 7세기 이후로 추정된다. 인도인들이 7세기경에 "0" 을 사용한 후 아랍 지역을 거쳐 유럽으로 전파되었다는 기록이 있기 때문이다. 오늘날 개략적이나마 마야 문명의 연대 추정이 가능했던 것은 마야 숫자를 해독했기 때문이다. 숫자의 크기를 표시하는 3가지 기본 기호와 표기 방법은 다음과 같다:

(가) 3가지 기본 기호

마야 인들은 숫자를 표기할 때 주로 3가지 기본 기호를 조합, 사용했다. 숫자는 기본 기호, 즉 점 dots, 막대기 bars 그리고 조가비 도형의 조합으로 표기되었다. 마야 인들은 기본 기호를 조합, 20개 숫자로 만들어 20진법을 사용했다. 각 기호의 값은 다음과 같다:

-점 ● ; "1" 을 나타냄

-가로 막대 横棒 ▬▬ ; "5" 를 나타냄

-조가비 도형 ; "0" 을 나타냄

(나) 숫자 표기 방법

마야 인들이 숫자를 표기할 때는 기본 기호를 조합하여 표기하거나 그림 문자 표기법을 사용했으며 그 상세는 다음과 같다.

① 기호 표기법

마야 인들이 기호로 숫자를 나타낼 때는 아래쪽에서 위쪽으로 표기하는 수직적 나열방법을 사용했다. 반면 현재의 상용 숫자 표기는 왼쪽에서 오른쪽으로 기록하는 수평적 나열이다. 마야 인들 사용한 숫자의 기호 표기법은 사진 3-008과 같다.

사진 3-008: 마야 기호 숫자

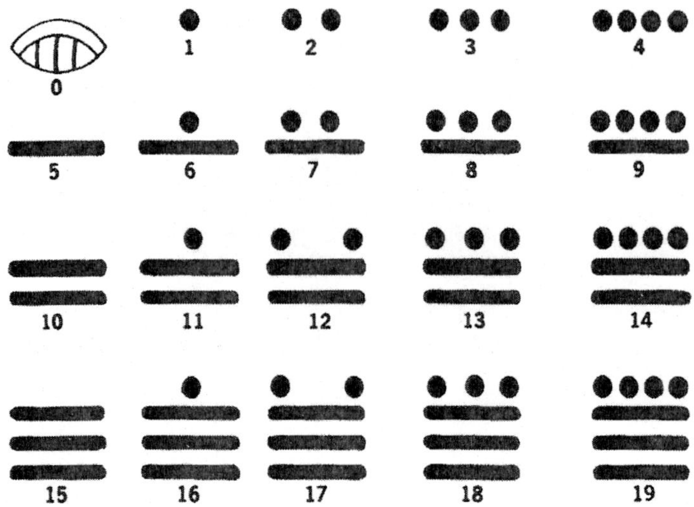

② 그림문자 표기법

마야 인들은 숫자를 표기할 때, 신 Gods 이나 동물의 머리 heads 모습을 그린 그림으로도 표기했다(사진 3-009). 그림 숫자 표기방식의 경우엔 숫자의 자리 값 positional value, 즉 1자리, 10자리 등은 없다. 그러나 1에서 13까지의 숫자 표기의 경우 소위 "풀-바디 full-body" 라고 알려진 변형, 즉 신이나 동물의 몸 전체를 형상화한 그림을 사용하기도 했다. 실례로 서기후 526년, 약스치란 Yaxchilán 의 그림을 보면, 롱 카운트의 숫자는 "머리 head" 그림으로, 달력 주기 calendar periods 는 "풀-바디 full-body" 그림문자로 표기되어 있다.

사진 3-009: 마야 그림 숫자

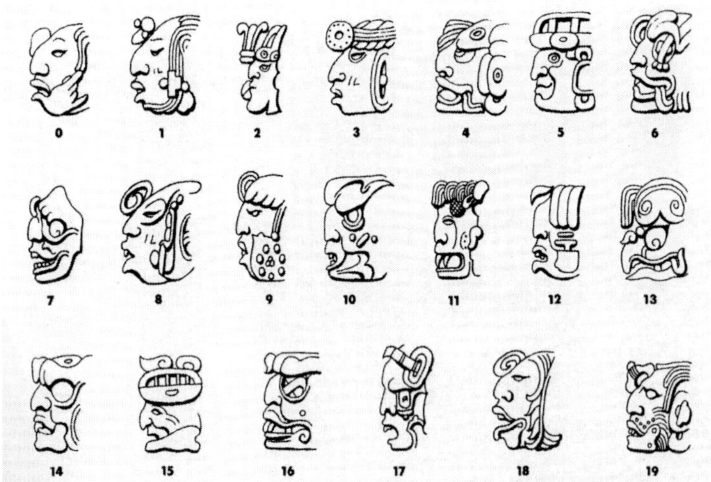

다) **천문학**

고전 마야시대 당시, 중앙아메리카 사람들은, 하늘을 횡단하는 별들의 순환 통로, 즉 시간의 흐름 passage of time 은 불변의 것이라고 생각했다. 그런데 이런 고정관념을 깬 것은 마야 인들이었다. 마야 인들은 별들의 순환은 항구적이지 않고 수시로 변하는 것임을 밝혀냈다. 마야 인들에겐 시간 time 이란 공간 space 의 이동이며, 그 이동은 별들의 궤적, 특히 태양 Sun, 즉 K'in 의 궤적에 의해서 결정되는 순환 법칙 cyclical law 에 따르는 것이었다. 당시 태양 K'in 이란 낱말은 "하루 day" 또는 "시간 time" 이라는 의미도 있었다. 왜냐하면 겉보기로는, 태양이 하루 日 또는 연주기 年週期, annual cycle 로 지구 Earth 를 돌때마다 낮과 밤, 풍요와 가뭄, 추위와 더위 등의 변화가 생겼기 때문이다. 이와 같은 안정적인 태양의 일주 日週 및 연주 年週 운동 법칙으로 인하여 시간의 측정, 즉 역법 曆法 창출이 가능하게 되었다.

(가) **천체 관측 도구** 및 **방법**

마야 인들이 천체 天體, 즉 우주를 관측할 때는 아주 초보적인 도구, 즉 긴 막대기 pole 한개, 십자형 막대기 sticks 두개 및 실 threads 등을 사용하였다. 마야 인들은 긴 막대기를 땅위에 수직으로 세워 놓고 태양의 그림자를 측정했으며, 두 개의 십자형 막대기와 실로는 수평선상에서 참조할 점 points of reference 을 측정했다.

(나) **천체 관측 목적**

고전 마야 인들에게 있어서 고대 古代 천문학 archaeoastronomy 의 주요업무는 의식용 건축물 Maya ritual buildings 을 건축할 때, 의식 선 線, line, 즉 세상의 기본 방위 cardinal points 와 별의 방향 astral orientations 과 관련된 선을 찾아내는 일이었다. 실제로 빠렌께의 태양의 신전이나 데시빌찰뚠의 일곱 인형 신전 Temple of the Seven Dolls 등은 그런 선 위에 건축되었다. 인형 신전은 피라미드 모양의 기단 pyramidal base 위에 세워진 직사각형 건축물 quadrangular structure 이다(사진 3-010). 이 신전의 두 개의 문은 춘분 및 추분 때 떠오르는 태양의 입사각에 정확하게 맞춘 것이다. 다시 말해서 주야평분시, 즉 분점 分點, equinoxes 때는 떠오르는 태양의 모습 자체가 이 두 문을 통과하는 것이다. 그런 사실이 바로 이 건축물이 별의 위치 표지 astral marker 라는 것을 입증하는 것이다. 또한 마야 인들은 치첸 이뜨사 Chichén Itzá 천문대와 우아삭뚠 E 그룹 E group of Uaxactún 도 이런 방식으로 건축했다. 후자는 정확하게 분점, 즉 춘분점 또는 추분점을, 전자는 지점 至點, solstices, 즉 동지점 또는 하지점을 가리킨다.

사진 3-010: 일곱 인형 신전 데시빌찰뚠, 유까딴, 메히꼬

(다) **우주 관측**

고전 마야 인들의 중요한 지적 知的 관심사는, 눈에 보이는 우주의 자연스러운 모습 nature of the cosmos, 즉 겉으로 보이는 우주의 모습이었다. 마야 Maya 의 천문학자 observers 들은 처음에는, 태양이 일주기 日週期, daily cycle 및 연주기 年週期, annual cycle 에 따라서 지구 주위를 돈다고 생각했다. 그러나 후일 마야 인들이 아주 정밀하게 우주를 관측 하면서, 지구는 둥글고, 지구가 태양 주위를 돈다는 사실을 알아냈다. 또한 지구의 위도와 경도의 개념도 파악했다. 마야 인들의 우주 관측 주요 내용은 다음과 같다:

-태양의 방위 파악; 달, 화성, 수성, 목성, 금성 관측

-달 및 별의 운행 관측; 금성을 포함해서 눈으로 볼 수 있는 별들의 이동 법칙을 이해, 일식 및 월식 예측

-금성, 지구 및 화성의 공전주기 公轉週期 를 정밀하게 계산

(라) **태양** 및 **행성 관측**

마야의 천문학자들은, 매우 세밀하게 태양의 주기운동 週期運動 을 관찰해서, 태양의 연주기, 즉 지구 공전주기를, 아주 정확하게 365일로 계산해냈다. 연주기 365일은, 현재 태양년 tropical year 의 평균 태양일 365.242195일, 즉 365일 5시간 48분 45.5초 과 거의 완벽하게 일치한다. 뿐만 아니라 마야 인들이 계산한 달 Moon 의 주기도 현재의 주기와 23초 오차에 불과하다. 마야 인들은 수성 Mercury, 117일, 금성 Venus, 584일, 화성 Mars, 780일 등의 공전주기도 거의 정확하게 계산해냈다. 또한 마야 인들은 33년 동안 일식 日蝕, solar eclipses 의 변화를 조사하여 표 tables 로 만들었다. 또한 다양한 별자리, 즉 황소자리 Pleiad, 쌍둥이자리 Gemini 의 움직임도 측정했다. 마야 인들은 후자를 악 Ac, 즉 바

다거북, 전자를 찹 Tzab, 즉 방울뱀 이라 불렀다.

라) 마야 역법

마야 인들은 탁월한 천문학 지식을 바탕으로 마야 Maya 역법 曆法, calendar system 을 만들었다. 마야 인들은 이런 역법을 이용하여 압 Haab, 촐낀 Tzolkin 및 기타 의식용 달력 ritual almanac 을 만들었다. 여기서 압은 장력 長曆, 즉 태양력 太陽曆, solar calendar 이고, 촐낀은 단력 短曆, 즉 태음력 太陰曆, lunar calendar 이다. 마야 인들은 사람의 운명은 단력과 장력을 짜 맞추어 나타나는 4개의 부호 符號 에 따라서 정해진다고 생각했다. 역법의 표기는 숫자와 신성문자 神聖文字 로 하였으며, 마야 역법은 마야 사회 모든 의례 儀禮 의 기준이었다. 마야 인들에게 달력은 일상의 기록은 물론이고 역사상 중요한 사건들을 기록하는데 필수적인 것이었다. 마야 문명이 발달 했던 지역, 즉 구아떼마라 지역에서는 서기전 400년의 것으로 추정되는 엘 뽀르똔의 돌기둥 1 Stele I of El Portón 의 날짜 date 와 서기전 300년의 것으로 추정되는 산 바르또로 벽화 murals of San Bartolo 의 날짜가 발견되었다.

(가) 태양력

마야 인들은 일 년을 18개월에 5일을 더한 365일로 계산하는 태양력, 즉 장력을 만들었다. 마야 인들의 한 달은 20일이었다. 마야 인들은 이 달력을 압 Haab 이라 했다. 마야 장력에서는 1년의 길이를 365.2420일로 정확하게 계산했다. 이 계산은 현재 우리가 사용하는 태양력의 1년 길이 365.2422일과 거의 완벽하게 일치한다. 오차는 겨우 17.28초일뿐이다.

(나) 태음력 및 의식용 달력

마야 인들은 태음력, 즉 달의 달력 lunar calendar 및 기타 의식용 달력 ritual almanac 도 만들었다. 달의 달력, 즉 촐낀 Tzolkin

은 일 년이 260일이며, 20개의 기호 signs 와 13개의 숫자 numerals 로 만들어 졌다. 마야 공동사회의 생활은 이 촐낀에 의해서 이루어 졌다. 그러므로 단력 短曆 260일은 매일 매일이 고유 의례를 시행하는 날이었다. 또한 마야 인들은 달의 평균 주기를 29.53020일로 계산했다. 이 계산 역시 태음력의 변화주기 29.53059와 거의 완벽하게 일치한다.

(다) 캘린더 휠

마야 인들은, 롱 카운트 long count 시스템의 기본으로 쓰이는 주기 급수 series of cycles 도 만들어 냈다. 이 급수를 이용하면 마야의 달력 촐깐과 압을 번갈아 결합하여 공통의 날을 찾아 낼 수 있다. 즉, 태양력 52주기가 되는 날과 의식용 달력 73주기가 되는 날은 매번 같은 날이 되는 것이다. 마야 인들은 이 위대한 순환을 달력 바퀴, 즉 "캘린더 휠 Calendar Wheel" 이라 불렀다. 마야 인들은 햇수를 계산할 때, 52년 주기의 순환법칙을 활용했다. 즉 우리나라에서 60년마다 같은 명칭의 해가 반복되는 것과 같은 이치인 것이다.

라. 마야의 도시-국가 및 건축물

가) 마야의 도시-국가

마야 문명을 발상, 발전, 존속 시킨 마야의 도시들은 중앙아메리카의 약 40만 km² 에 이르는 열대 밀림 속에 흩어져 있었다. 이들 도시-국가들 city-states 은 현재 엘살바도르 El Salvador 의 호야 데 쎄렌 Joya de Cerén, 온두라스 Honduras 의 꼬빤 Copán, 꼬스따 리까 Costa Rica, 구아떼마라와 벨리세, 그리고 메히꼬의 치아빠스, 깜뻬체, 유까딴, 낀따나 로오 주 州. Estados 또는 States 등에 있었다. 연대기별 마야의 도시-국가 출현은 다음과 같다.

(가) 전-고전 시대

마야 전-고전 시대 Pre-Classic period, 서기전 2500년~서기후 250년 중반 즉 서기전 1000년경에 구아떼마라 뻬뗀 저지대 Petén lowlands 에 최초로, 엘 미라도르 El Mirador, 산 바르또로 San Bartolo, 씨발 Cival, 띤딸 Tintal, 나끄베 Nakbé 등과 같은 도시들이 건설되었다. 이들 도시들은 서기전 700년경에 전성기를 이루었으나 서기후 150년경에 사라졌다. 이들 도시들은 고전 시대 Classic period: 서기후 250~1000년 에 재건되었으나 서기후 9세기경에 다시 폐허가 되었다. 도시에는 천문대, 관개시설, 석회석 채석장, 다른 도시들과 연결된 도로망 등도 있었다. 미라도르에는 잡석 雜石, rock rubble 으로 쌓아올린 높이 약 72m, 용적 volume 약 76만3552m³ 의 피라미드가 있었다. 이집트 최대 피라미드인 쿠푸 Khufu, 즉 Cheops, Keops 왕 피라미드 230.5×230.5×146.6m 의 용적은 약 259만6298m³ 이다. 서기전 1200년에서 서기전 300년까지의 시기, 즉 마야의 중기전-고전 시대 middle pre-classic 에 존재했던 지역별 주요 도시는 다음과 같다:

-구아떼마라 Guatemala 지역;
　엘 미라도르, 우악삭뚠 Uaxactún, 나끄베, 띠깔 Tikal 등

-메히꼬 지역의
　-깜뻬체 주 Campeche; 까라끄물 Calakmul

서기전 300년에서 서기후 250년까지의 시기, 즉 마야의 말기 전-고전 시대 late pre-classic 에 번성했던 지역별 주요 도시는 다음과 같다:

-구아떼마라 Guatemala 지역; 까미날후유 Kaminaljuyú,

-벨리세 Belize 지역; 꾸에요 Cuello, 쎄르로스 Cerros 등

-메히꼬 지역의

-유까딴 주 Yucatán; 데시빌찰뚠 Dzibilchaltún

(나) 고전 시대

마야의 고전시대 Classic period, 서기후 250년~1000년 에, 현재의 구아떼마라 중앙 산악지역에서 멕시코 만으로 흐르는, 우수마씬따 강 Rio Usumacinta, Usumacinta River 을 따라서 번성했던 도시는 빠렌께 Palenque, 약스치란 Yaxchilán, 삐에드라스 네그라스 Piedras Negras, 보남빡 Bonampak, 쁘란 데 에이우뜨라 Plan de Ayutla 등이었다. 이들 도시의 건축물은 뻬뗀 Petén 의 영향을 받았다. 마야 문명이 절정을 이룬, 서기후 600년~800년 시기에 존재 했던 마야의 도시들은 다음과 같다:

-구아떼마라 지역;

까미날후유, 우아삭뚠, 띠깔, 도스 삐라스 Dos Pilas,
삐에드라스 네그라스 등

-벨리세 지역;

로물, 라마나이, 꾸에요, 쎄르로스, 까라꼴 Caracol 등

-온두라스 지역; 꼬빤 Copán

-메히꼬 지역의

-치아빠스 Chiapas 주;

빠렌께, 약스치란, 또니나 Toniná, 보남빡 등

-따바스꼬 Tabasco 주; 꼬말깔꼬 Comalcalco

-깜뻬체 Campeche 주;

까라끄물, 베깐 Becán, 에드스나 Edzná 등

-낀따나로오 Quintana Roo 주; 데시반체 Dzibanché

-유까딴 Yucatán 주;

데시빌찰뚠, 세이일 Sayil, 까바 Kabah, 욱스말 Uxmal 등

(다) 후-고전 시대

고전 시대 이후, 후-고전시대 초기 서기후 1000년~1250년 에는, 유까딴 반도 북부에서 치첸 이뜨사 Chichén Itzá, 엑 바람 Ek Balam 등의 도시가 번영을 누렸다. 이시기에는 국가 간의 교역이 활발해지면서, 유까딴 반도 북부, 북쪽 및 동쪽 해안에 상업도시가 출현했다:

-에끼스 깜보 Xcambo; 멕시코 만 Gulf of Mexico 해안

-꼬수멜 Cozumel; 카리브 해 Caribbean sea 상의 작은 섬

-뚜룸 Tulum; 카리브 해 연안

나) 마야의 도시계획

(가) 도시 부지 선정 기준

마야의 도시는 전략적 필요성, 즉 수원 水源 및 물길로의 접근성, 농경 가능성, 상거래 통로의 개방성, 광산 鑛山 등의 여부 에 따라서 평지, 산악지역, 강가 또는 바닷가 등지에 건설되었다. 대다수 마야의 도시-국가들은 면적이 20km² 정도였다. 그러나 이와 같은 실용적 특성이외에, 도시의 부지는 신과의 소통에 유리한 지형인지의 여부에 따라서 선정되었다. 즉, 신성한 기운 divine energies 이 모이는 지형인지, 그 기운을 불러내기에 좀 더 적합한 지형인지를 도시 부지 선정의 기준으로 삼았다.

(나) **도심 건설 기준**

정치와 종교 세력이 존재하는 실체로서의 도심 都心 은, 별의 방위 方位, orientations 가 있는 소-우주 micro-cosmos 처럼 건설되었다. 따라서 도심 광장의 평평한 공간은 지구의 표면을 상징한다. 그리고 피라미드 형태의 구조물은 성스러운 산을 나타낸다. 성스러운 산은 하늘을 의미하는데, 하늘은 사람들이 자신들의 신과 소통하는데 필요한 곳이다.

(다) **도심**의 **기능**

마야 도시의 중심 지역은 의식 거행 擧行 의 장소로 쓰이도록 계획되었다. 도심에는 의식 거행을 위한 신전 temples 이 있었으며, 신전은 피라미드 형태의 기단 pyramidal bases 위에 건축되었다. 몇몇 신전의 높은 피라미드형 기단 基壇 의 개수는 지하세계를 의미한다. 지하세계는 죽음의 신이 사는 곳이며, 죽은 자의 영혼이 가는 곳이다. 도심에는 넓은 안마당 courtyards 도 있으며, 안마당 주위에는 건축물을 지어 경계로 삼았다. 또한 도심에는 삭베오오옵 sacbeoob 이라고 불렀던, 사통팔달의 긴 포장길 long paved roads 이 있었다. 이 포장길은 도시와 도시, 지역과 지역 또는 건축물과 건축물 등을 연결해준다. 예를 들면 꼬바 Cobá 와 약수나 Yaxuná 를 연결하는 포장길의 길이는 약 100km 나 되었다.

다) **마야**의 **공공 건축물**

(가) **건축 시기**

마야의 주요 건축물들은 중기 전-고전시대 서기전 1200~300년부터 전기 후-고전시대 서기후 1000~1250년 에 이르기까지 매우 오랜 기간에 걸쳐서 도시의 중심 지역에 건축되었다. 도시 중심 지역은 언제나 인구 밀도가 높았으며, 시기에 따른 같은 양식의 건축물들이 있었다.

(나) 건축 목적

마야 인들이 장엄한 건축물을 건축한 목적은 그들의 신을 공경하고, 귀족들이 들어가 살도록 하고, 천문학 지식을 발전시키기 위함 이었다. 마야의 성스러운 장소에 세워진 건축물들은 유명한 건축가들의 유산이 되었다.

(다) 건축물의 용도

① 도심의 건축물

마야 도시의 중심지역에는 의식에 쓰이는 신전 temples, 사당 祠堂, shrines, 공놀이 경기장 ball game courts 등을 비롯하여 행정관청, 공물 供物, tributes 창고, 시장 市場 및 "왕궁 王宮, palaces" 등의 건축물이 있었다. 도심의 왕궁과 주거용 건축물은 돌-대지 石-臺地, stone-platforms 위에 건축되었으며, 더 높게 보이도록 방의 천장을 반원통형 vaulted chambers 으로 만들었다. 지붕은 수직 또는 경사 벽으로 지지되고, 벽 위에는 장식 또는 상징적 기능을 하는 "마룻대 crestings" 를 부착 했다. 특히 피라미드 기단 위, 높은 곳에 건축한 신전의 지붕은, 대부분 돌출된 반원형 천장 protruding vaults, 즉 이중 아치 false arches 천장으로 덮었다.

② 지방의 건축물

마야의 도심 이외의 여러 지역에는 다양한 형태의 예술적인 건축물들이 있었다. 지방의 일반 건축물에 대한 건축 본질의 관례 慣例 는 없지만, 마야의 모든 지방에서는 각기 고유한 건축 형태를 창조했다. 그럼에도 불구하고, 마야 지역의 중앙과 북부의 건축 형태는 분명히 공통적인 특성을 가지고 있었으며 그 상세는 다음과 같다:

-기초; 잡석 雜石, rubble 다짐
-건축물 마감; 치장벽토 stucco, 광택 돌, 또는 돌에 얇은

치장벽토 칠, 밝은 색 물감 칠 등

라) 마야의 주거용 건축물

(가) 도심 주택

마야의 종교, 정치의 중심 지역인 도심에는 지배계층인 통치자, 귀족과 관리, 성직자와 그들의 하인 및 건축가, 예술가 또는 장인 匠人 등의 전문가 그룹이 사는 주거 단지가 있었다. 도심의 주거 단지에는 "왕궁 王宮, palaces" 이라는 별칭이 붙었다.

(나) 서민 및 농촌 주택

마야 사회의 하층 계층인 일반 농민 및 노동자들은 경작지 주변의 초가 草家 단칸방에서 살았다. 초가는 야자나무를 엮어서 만든 기둥 위에 갈대 등의 풀을 엮어 만든 이엉, 즉 지붕을 덮어 만들었다. 농촌의 취락 聚落 단위는 50가구에서 100가구 정도였으며, 취락 단위마다 공동 제단 祭壇 을 설치했다. 여러 취락 단위의 중심에는 대신전이 있었다.

① 유까딴의 농부 오두막

유까딴 농부 Yucatecan campesino 의 간단한 건축물, 즉 오두막 hut 은 당시 건축 지식을 잘 들어내고 있다(사진 3-011). 야자나무를 엮어 만든 기둥 poles 은 진흙과 볏짚 mud and straw 으로 감쌌고, 지붕은 구아노 야자 guano palm 를 엮어 만들었다. 이들 건축 재료는 모두 보온 성능이 뛰어난 재료이다. 서로 마주하는 두 개의 문과 경사 지붕은 신선한 공기의 유입과 공기의 흐름을 원활하게 한다.

② 신의 오두막

격자구조 latticework 인, 신 Deities 의 오두막은 라브나 아치 Arch of Labná 의 진수를 보여준다(사진 3-012).

사진 3-011: 유까딴의 농부 오두막 유까딴, 메히꼬

사진 3-012: 라브나의 신의 오두막 유까딴, 메히꼬

마. **마야**의 **조형 예술**

마야 인들은 조각, 그림, 건축 등의 조형 예술 분야에서 탁월한 문명적 업적을 남겼다. 예술적 감각이 뛰어났던 마야인 들은 자연, 종교, 동물, 정치 세력의 상징물, 인간의 모습, 특히 역동적이고 표정이 매우 풍부한 성직자의 모습 등등에서 영감을 얻어 작품을 만들었다. 마야 인들은 자기희생 의식에 사용했던 작은 가오리 뼈 tiny ray bones 로 만든 침자 針子 에서, 대형 도기 陶器, 즉 납골 항아리, 비문을 새긴 거대한 돌기둥 및 석판 石板, 옥으로 만든 각종 장신구, 조각 및 장례 마스크 funeral mask 등 수 많은 조형 작품을 남겼다(사진 3-013). 특히 마야 인들은, 강도가 크고, 백색, 청색, 녹색 등의 색상이 다양한 옥 jade 을 이용해서 제작한 수많은 조형예술 작품을 남겼다. 마야 인들은 다양한 의식, 즉 왕의 즉위식, 결혼식, 후계자 발표 축제, 자기희생 의식 등에서 나타나는 통치자와 그의 부인, 고위 관리, 전쟁포로 등의 얼굴 모습이나 몸치장, 머리 장식 등을 그림 및 조각으로 남겼다. 또한 마야 인들은 왕좌 王座, 석관 石棺, 건축물의 벽이나 상인방, 소벽 등에도 모자이크, 높낮이가 다른 돋을새김 등으로 그들의 역사, 숭배 의식, 통치자의 업적 등의 기록을 남겼다.

(6) **마야 문명**의 **유적** 및 **유물**

현재의 유까딴 반도의 강가나 해안지역에 살던 고대 마야 인들은 서기전 1200년경부터 유까딴 반도 중부 열대우림 속으로 이동, 도시를 건설하기 시작했다. 그러나 마야 문명의 고유한 형태가 나타나기 시작한 것은 서기전 6세기 중반이다. 마야 인들은 서기전 6세기경부터 서기후 4세기경까지에 현재의 구아떼마라 고원 지대를 중심으로 하는 지역에서 농사를 지으면서 자신들의 문명을 형성했다. 이시기는 이미 농경문화가 정착된 시기로 부족 국가가 출현하는 시기였다. 마야 족은 이 지역에 수십 개의 마야 도시-국가를 건설했다. 그러나 마야 족은, 이시기

사진 3-013: 통치자의 장례용 마스크 띠깔, 구아떼마라

통치자를 포함한 귀족의 장례를 위해 옥으로 만든 마스크이다. 머리 상단의 십자 장식은 통치자의 혈통을 보호하는 신을 의미한다. 머리 부분은 새의 형상으로 장식되었으며, 얼굴에는 소라 형상의 모자이크가 있다. 입속에 들어 있는 돌은 영원불멸의 정신을 의미한다.

에 전성기를 누리던 올메까와 떼오띠우아깐에 문명적으로 종속되어 있던 상태였기 때문에, 마야 족 고유의 문명을 형성하지는 못했다. 마야 및 마야 서쪽 지역의 주요 문명은 다음과 같다.

가. **마야 서쪽 지역**의 **고대 문명**

가) **올메까**

올메까 Olmecas 또는 The Olmecs 문명은 현재, 메히꼬 만 灣, 연안에서 발상 했던 것으로 추정된다. 서기전 1200년경에서 서기전 500년경 사이에 존속했던 이 문명은 고대 메히꼬 문명 중 가장 수수께끼 같은 문명중 하나이다. 이 문명은 따바스꼬 Tabasco 저지대 lowlands 와 베라끄루스 Veracruz 평원 plain 을 중심으로 해서, 치아빠스 Chiapas, 오아하까 Oaxaca, 게레로 Guerrero, 모레로스 Morelos 등의 일부 지역을 포함한 매우 광범위한 지역에 존속했다. 그러나 올메까 문명의 기원은 알려진 것이 없다. 어떤 학자들은 올메까 문명은 원시-소께 Proto-Zoque 또는 원시-마야집단 Proto-Maya group 으로부터 유래했을 것이라고 예상하기도 한다. 그 이유는 올메까 문명은 모계 문명 mother culture 으로서 스페인 침략자들에게 멸망당할 때까지 존속했기 때문이라는 것이다. 올메까 문명의 가장 뚜렷한 특징 중의 하나는 대규모 정치-종교 센터 great politico-religious centers 이다. 이 센터의 건축물들은 진흙과 돌로 지어졌다. 베라끄루스의 유적은 현재 엘 따힌 El Tajín 에 남아있다. 올메까 문명의 주요 유물로는 원주민, 또또나까 Totonaca 와 왁스떼까 Huaxteca 의 웃는 얼굴의 사람과 물의 신 神 의 토우 土偶 가 있다. 베라끄루스 주, 산 로렌소 San Lorenzo 의 거대한 머리 조각 彫刻 은 올메까 통치자의 실제 모습과 매우 유사한 것이다. 이 조각의 특징은 낮은 코에 두툼한 입술이다. 안산암 安山巖 으로 만든 이 머리 조각은, 높이가 3m 가 넘고 무게는 16톤이나 된다(사진 3-014). 올메까에는 장방형 공놀이장의 유적도 있으며, 공놀이가 끝나면

사진 3-014: 거대한 머리 조각 산 로렌쏘, 베라끄루쓰, 메히꼬

인간을 제물로 바치는 의식이 있었다.

나) 몬떼 알반

몬떼 알반 Monte Albán 은, 현재 메히꼬 남부, 오아하까 Oaxaca 계곡 남서쪽 10km 지점의 재규어 언덕 Hill 정상에 있다. 계곡 위 400m 지점의 인공 대지 臺地 위에 건설된 몬떼알반은 사뽀떼까 Zapotecas 인들의 중심지이며, 사뽀떼까 문명을 대표하는 유적이다. "몬떼 알반" 의 의미는 하얀 산이다. 이런 명칭은 산이 온통 하얀 꽃이 피는 꽃나무로 뒤덮여 있는데서 유래했다. 그러나 몬떼 알반의 원래 명칭은 아무도 모른다. 스페인 침략자들이 이곳에 들이 닥쳤을 때의 이곳의 명칭은 유꾸꾸이 Yucucuy 와 다니바 Daniva 였다. 후자는 믹스떼까 Mixtecas 말로 "신성한 산 Sacred Mountain" 이라는 뜻이고 전지는 사뽀떼까 말로 "녹색 언덕 Green Hill" 이라는 뜻이다.

(가) 몬떼 알반 연대기

오아하까 계곡에 살던 농경 부족 싸뽀떼까 Zapoteca 는 아메리카 대륙 최초의 계획도시, 몬떼 알반을 건설했다. 이 도시는 서기전 500년경부터 다섯 시기에 걸쳐 건설되었으며, 2000여 년 동안 싸뽀떼까 인들의 정치, 종교, 문화의 중심지였다. 서기전 100년에서 서기후 200년 사이에 몬떼 알반의 인구는 약 1만 5000명 정도였다. 한편 몬떼 알반 문명이 꽃피던 시기였던 서기후 280년에서 800년 사이의 인구는 약 3만 명 정도였으며, 면적은 7km² 였다. 싸뽀떼까 인들은 올메까 문명을 받아 들여 자신들의 문명, 즉 몬떼 알반 문명으로 발전시켰다. 그러나 싸뽀떼까 인들은 다른 지역을 침범하지 않고 오직 자신들의 지역에서만 안주했다. 서기후 350년~550년 사이에 전성기를 누렸던 싸뽀떼까 인들은, 800년경 정치적 불안정이 계속되면서 쇠퇴기에 접어들었다. 몬떼 알반은 850년경 믹스떼까의 침공을 받고 공중 분해되어 거의 황폐화되었다. 믹스떼까는 몬떼 알반을 침공했지만 그곳을 점령하지는 않았다. 그 후 몬떼 알반은 믹스떼까 사회에서는, 신비한 곳이 되었다. 역사 속으로 사라졌던 몬떼 알반은 19세기 초에 발견되기 시작했으며, 몬떼 알반 유적은 1987년 유네스코 세계문화유산으로 지정되었다. 몬떼 알반의 연대기는 다음과 같다:

-형성기 Formative; 서기전 500년~서기후 200년
-고전기 Classic; 서기후 200년~750년
-후-고전기 Post-Classic; 750년~1521년

(나) 몬떼 알반 유적

몬떼 알반은 해발 약 1524m 에 있는 3개의 언덕에 전략적으로 건설되었다. 전략적 위치의 3개 언덕은 재규어 Jaguar, 아촘빠 Atzompa 및 가요 Gallo 언덕이다. 몬떼 알반은 약 1300여 년 동안 5단계에 걸쳐 건설된 것으로 추정된다. 몬떼 알반의 중심 지역은 대 광장 Gran Plaza 이다. 남북 방향이 주축인 대 광장의 크기는 대강 300m×180m 이다. 대 광장에는 한 무리의 삐라미데 형 건축물들을 비롯하여 37개 이상의 구조물 및 건축물들이 있다(사진 3-015). 대 광장 남쪽 끝에, 산더미처럼 쌓아올려 조성한 남쪽 고대 高臺, Plataforma sur 위에 있는 군주의 언덕 mound 은 신성시 되었으며, 오아하까 Oaxaca 주변의 계곡에 흩어져 사는 원주민 들을 통치하는데 쓰인 종교적 의미를 부여한 곳이다. 대광장의 동쪽 끝에는 왕궁(사진 3-016), 중앙 사당 Central Shrine (사진 3-017), 공놀이 경기장을 비롯한 많은 건축물들이 있다. 몬떼 알반 지역의 공놀이 Juego de Pelota 경기장에는 공을 던져 넣는 고리가 없다(사진 3-018). 대 광장 저쪽 끝에는 무희들의 건축물(사진 3-019)을 비롯해서 여러 개의 건축물들이 있다(사진 3-020). 대 광장 중앙의 남북축에는 천문대(사진 3-021)와 3개의 건축물들이 있다(사진 3-022). 대 광장의 북쪽 끝, 북쪽 norte 고대에는 수많은 건축물(사진 3-023)과 주택

단지, 비문을 새긴 돌기둥(사진 3-024), 상형문자 석판 石板, 달력, 주랑 柱廊, 움푹 파낸 중정 Sunken Patio (사진 3-025) 등이 있다. 대 광장 북쪽 끝, 동쪽의 외곽에는 무덤이 있다(사진 3-026). 사뽀떼까 문명, 즉 몬떼 알반 문명은 믹스떼까에 계승되어, 융합 문명으로 발전, 거듭났다. 이들은 뛰어난 금은 세공기술을 발휘, 최고의 장식미가 돋보이는 많은 공예품을 남겼다.

사진 3-015: 몬떼 알반 대광장 전경 오아하까, 메히꼬

사진 3-016: 몬떼 알반 왕궁 오아하까, 메히꼬

광장의 동쪽에 있는 왕궁은 대 광장에 직접 연결되어 있는 유일한 주거 전용 건축물이다.

사진 3-017: 중앙 사당과 건축물 대광장 동쪽, 몬떼 알반, 메히꼬

이 건축물 내부에는 소형 천문대가 있다. 사당은 물 숭배와 관련이 있다.

사진 3-018: 몬떼 알반 공놀이 경기장 오아하까, 메히꼬

사진 3-019: 무희들의 건축물 몬떼 알반, 오아하까, 메히꼬

사진 3-020: 대광장 서쪽 건축물 몬떼 알반, 오아하까, 메히꼬

이 건축물들은 짜뽀떼까 건축물의 전형이다. 이 건축물들은 4각형의 4개 기단 위에 피라미드 형식으로 건축되었다. 기단의 맨 위쪽에는 신전이 있고, 중정의 북쪽에는 비문을 새긴 대형 돌기둥이 있다.

사진 3-021: 대광장 중앙의 천문대 몬떼 알반, 오아하까, 메히꼬

천문대는 몬떼 알반에서 가장 흥미로운 건축물이다. 이 건축물은 천문 관측에 적합하도록 배치되었다.

사진 3-022: 대광장 중앙의 건축물 몬떼 알반, 오아하까, 메히꼬

대 광장 중앙은 몬떼 알반에서 가장 중요한 공공의 장소이다. 멀리 보이는 구조물이 남쪽 고대이다.

사진 3-023: 북쪽 고대 건축물 몬떼 알반, 오아하까, 메히꼬

북쪽 고대 건축물은 몬떼 알반에서 가장 복합적이고, 중요한 건축물이다. 통치자나 귀족들은 이들 건축물을 정치 및 종교 활동의 주요 무대로 활용하였기 때문이다.

사진 3-024: 북쪽 고대와 돌기둥 몬떼 알반, 메히꼬

비문이 새겨진 돌기둥은 독특하게 뱀의 턱 모양으로 장식되었다.

사진 3-025: 북쪽 고대 중정 몬떼 알반, 오아하까, 메히꼬

땅을 움푹 파내고 만든 이 중정은 4각형 평면에, 중심에는 사당이 있다. 이런 양식의 중정은 떼오띠우아깐의 영향을 받은 것이다. 중정 주변의 건축물들은 축제 의식용인 것으로 추정된다.

사진 3-026: 몬떼 알반의 무덤 오아하까, 메히꼬
무덤 입구에는 대형 통돌로 만든 기둥과 보가 있다. 보와 측벽은 상형문자로 아름답게 장식되었다.

나. 마야 지역의 유적 및 유물

정교함과 치밀함을 자랑하는 마야인 들은, 유까딴 반도를 중심으로 한 중앙아메리카 지역에 장려 壯麗 한 궁전, 독특한 석石 조각, 독특한 형태의 토기, 미술, 상형문자 등의 문명 유적과 유물을 남겼다. 중앙아메리카 지역에서 가장 오랫동안 화려한 꽃을 피웠던 마야 문명의 전형적인 도시의 특징은, 장대 壯大 한 삐라미데-신전 templo-pirámide 을 중심으로 그 주위를 작은 건축물들이 둘러싸는 형식이었다. 도시에는 대형 왕궁, 공놀이 경기장, 성채 城砦, acropolises, 시장 市場 등이 있었다. 성채 중앙에는 중정 中庭, patios 이 있으며, 주거, 행정 및 제례의식용 건축물들이 중정 주위에 배치되었다. 중정은, 다양한 높이의 기단을 여러 개 쌓아 올린 고대 高臺, platforms 위에 건축되었다. 삐라미데-신전 및 건축물, 특히 기둥에는 신을 상징하는 각종 형태의 조각을 했다. 일부 삐라미데-신전에는 통치자의 무덤이 있다. 통치자들은 도시의 중심부에 살았고, 도심은 종교, 정치의 중심지였으며 그곳에는 시장도 있었다. 중앙아메리카지역에서 마야 문명이 특히 번성했던 곳은, 멕시코 치아빠스 주에 있는 빠렌께, 보남빡, 약스치란과 유까딴 주에 있는 욱스말과 치첸 이뜨사 등이다. 그리고 구아떼마라 지역의 띠깔, 온두라스 지역의 꼬빤 역시 마야 문명이 번성했던 곳이다. 마야 문명이 번성했던 지역의 주요 마야 도시-국가의 특징은 다음과 같다.

가) **이사빠**

이사빠 Izapa 문명은 현재 메히꼬 최남단 태평양 연안의 치아빠스 Chiapas 주에서, 서기전 200년경에서 서기 후 200년경까지 번창했던 문명이다. 이사빠 문명의 유물로는 피라미드와 돋을새김 한 돌기둥이 있다. 이사빠 문명은 올메까 문명과 마야 문명의 가교 역할을 한 문명이다.

나) **또니나**

또니나 Tonina 가 해당 지역에 통치 중심부 area's governing center 를 형성한 시기는 서기전 150년에서 100년 사이로 추정된다. 그러나 또니나가 현재의 메히꼬 남부 마야 지역에 존재감을 드러냈던 시기는 서기후 600년에서 900년 사이이다. 당시 가장 강력했던 세력중의 하나였던 또니나의 전성기에는 12명의 호전적인 강력한 군주가 있었다. 또니나는 지리적 및 문화적으로, 두 개의 드넓은 전통 마야 지역, 즉 중부 저지대 Central Lowlands 와 치아빠스 고원지대 Highlands of Chiapas 의 경계 지점에 있다. 또니나는 산 아래쪽 완만한 경사지에 건설되었으며, 비옥한 오꼬신고 계곡 Ocosingo Valley 을 내려다보고 있었다.

당시 또니나 중심지 central zone 의 면적은 2km² 정도였으며, 중심지에는 중심지의 상당 부분을 차지하는 대 광장 Gran Plaza 과 그 주변에 건축된 20개의 건축물이 있었다(사진 3-027). 이곳에는 용도가 다양한 건축물들이 집중적으로 배치되었다. 이곳에는 마야 지역에서 가장 큰 조각 및 비문 자산 epigraphic wealth 이 있으며, 기념비도 173개나 있다. 대광장의 뒤쪽에는, 대 광장 바닥 보다 낮게 땅을 파내고 건설한 공놀이 경기장 sunken Ball Court 과 우주 전쟁 신전 Temple of the celestial War 이 있다. 대 광장의 북쪽 측면에는 대 성채 Great Acropolis 가 있다. 대 성채는 또니나 왕조의 중심지, 즉 정치, 종교, 행정 및 주거의 중심지였다. 대 성채에는 마야 지역에서 가장 높고, 가장 육중한 피라미드형 건축물이 있다. 이 건축물에는 마야 고전기 말기인 909년이라는 날자가 새겨져 있다. 대 성채는 7단의 대지 臺地, seven stepped terraces 위에 건축되었다(사진 3-028). 제7단 seven level, 즉 맨 꼭대기 대지에는 가장 탁월하고, 가장 큰 건축물인 담배피우는 거울 신전 Temple of the Smoking Mirror 이 있다. 대 성채 맨 꼭대기, 즉 제7단까지의 높이는 광장 바닥에서는 약 57m 이고, 북쪽 지역에서는 약 75m 이다. 대성채의 광장 쪽 계단에는 모두 200개의 기념비적인 조각이 있는 디딤 뒤판 steps rises 이 있다. 대 성채는 수세기에 걸쳐서 건축, 개축되었던 것으로 추정된다. 그러나 오늘날 또니나의 흔적을 찾아 볼 수 있는 곳은 대 성채와 대 광장뿐이다.

다) 빠렌께

메히꼬에서 가장 훌륭한 마야 유적인 빠렌께 Palenque 는, 온두라스의 꼬빤, 구아떼마라의 띠깔과 함께 마야 문명을 대표하는 3대 유적이다. 빠렌께라는 명칭은 스페인 침략자들이 임의로 붙인 이름으로, 스페인어 "빠리사다 palizada: 담장, 울타리" 에서 유래했다고 한다. 그렇지만 당시 그 지역 원래의 이름은 라깜하 Lakamjá 였다. 라깜하는 바아깔 B'aakal 영지 domain 의 중심지 capital 였다. 바아깔 B'aakal 은 "물결 꼴 뼈 Wavy bone" 라는 뜻이고, 라깜하는 "큰물 광장 place of the Big water 또는 great waters" 이라는 뜻이다. 빠렌께 중심에는 여러 개의 개울 streams 과 수원 水源, sources 이 있었기 때문에 그런 명칭이 생긴 것 같다.

사진 3-027: 데성채와 대광장 또니나, 치아빠스, 메히꼬

사진 3-028: 또니나 대성채 치아빠스, 메히꼬

(가) **도시 형성 시기**

마야 문자, 즉 그림문자나 상형문자의 해독에 의하면, 빠렌께 지역에는 서기전 150년경부터 사람들이 살기 시작한 흔적이 있으나, 작은 집단, 즉 소도시를 형성하기 시작한 시기는 서기후 100년경 이후인 것으로 추정된다. 서기후 4세기 말경부터는 도시의 면모를 갖추고, 서기후 431년에는 최초의 통치자 바룸 꾹 Bahlum Kuk, 즉 재규어 께찰 Jaguar Quetzal 이 권좌에 올랐다. 빠렌께 역사 歷史 에는 19명 이상의 통치자가 있었으며, 그들 중 마지막 통치자는 서기후 745년부터 804년까지 빠렌께를 통치했던 것으로 추정된다. 빠렌께는 현재 유까딴 반도 중서부, 즉 메히꼬의 치아빠스 Chiapas 주 북부, 열대우림 속에 존재했던 강력한 마야 도시-국가 중 하나로서, 그 실체를 드러낸 시기는 마야 고전시기 중엽이후이다.

(나) **전성기** 및 **소멸 시기**

빠렌께의 최전성기를 이끈 통치자는 제 11대 빠깔 대왕 Pakal the Great 과 그의 뒤를 이은 첫째 아들이었다. 빠깔 대왕은 603년에 태어나 12살, 즉 615년경에 왕위에 오른 이후, 683년 죽을 때까지 무려 69년이나 빠랜께를 통치하면서 번영의 기틀을 마련했다. 빠깔 왕의 뒤를 이어, 684년에 깐 바람 2세 K'inich Kan B'alam II 가, 702년에 깐 호이 치땀 2세 K'inich K'an Joy Chitam II 가, 그리고 721년에 아깔 모 나아브 3세 Ahkall Mo' Naab' III 가 왕위에 올랐다. 깐 바람 2세는 빠렌께를 급속히 발전, 성장시켜 692년경에 절정에 달하게 했다. 이시기에 빠렌께는 당시 주변 마야 사회의 예술, 종교 및 천문학의 중심지였다. 현재 남아 있는 빨렌께 유적의 대부분은 이 시기에 건설된 것이다.

하지만 빠렌께는, 깐 바람 2세의 사망이후 서서히 쇠락의 길로 들어섰다. 빠깔 왕의 둘째 아들이자 빠렌께의 13대 통치자였던 깐 호이 치땀 2세 K'an Joy Chitam II 또는 Kan Hoc Chitam II 가, 711년 또니나 Toniná 의 군주에게 체포되면서 전투가 증대되고 사회 소요 騷擾 가 발생했다. 빠렌께의 이웃에 있었던 또니나는 당시 빠렌께의 가장 강력한 적대 세력이었다. 빠렌께의 마지막 군주가 804년경 또다시 또니나 군주에게 체포됨으로서 빠렌께는 완전히 역사 속으로 사라졌다. 현재 메히꼬 치아빠스 Chiapas 주 지역에 마지막으로 존재하던 마야 도시-국가 또니나는 904년경, 마야의 다른 도시들과 마찬가지로 흔적도 없이 사라졌다.

(다) 건축물의 특성

빠렌께의 건축물들은 메히꼬, 치아빠스 Chiapas 북부의 낮은 산맥 돌출부에 건설되었다. 빠렌께의 건축물은 좀 더 넓은 내부 공간에, 좀 더 기능적인 공간을 갖도록 계획되었다. 따라서 건축물은 폭이 넓은 마룻대 장식을 갖게 되었으며, 벽에는 작은 개구부를 만들었는데, 그 것은 환기와 채광을 위한 것이었다. 그 결과 빠렌께는 균형이 아주 잘 잡히고 조화가 잘되는 아름다운 건축물들로 가득 찼다. 건축물이 아주 크지 않았음에도 불구하고, 건축물들은 당당하고 거대한 느낌을 주었다. 빠렌께에 있는 삐라미데 신전 건축물의 복잡성은 다른 마야 지역의 그것과는 비교 할 수 없을 정도로 훌륭한 것이다. 빠렌께에 있는 모든 신전의 내부 기둥과 기둥사이 interior bays 에는 작은 성소 聖所, sanctuaries 가 있다. 그 성소에는 경이로운 돌 판 조각 彫刻 sculptured stone slabs 이 있는데, 그 조각은 우주의 계층 cosmic levels 을 말하고 있다. 신전의 모든 돌과 치장 벽토 stone and stucco 에는 유명한 돋을새김 reliefs 이 있다. 띠깔의 수많은 삐라미데 건축물도 빠렌께의 독특한 건축양식에 영향을 받았다.

(라) 빠렌께 유적

빠렌께는 열대우림 속 깊은 곳에 묻혀 있었기 때문에 스페인 침략자들도 찾아내지 못했다. 빠렌께는 800여년이라는 긴 세월 동안 인간에게 알려지지 않은 상태로 열대우림 속에 잠들어 있었다. 빠렌께가 세상에 모습을 드러낸 시기는 18세기 중엽 이후이다. 그러나 빠렌께가 고고학적 가치를 인정받고 사람들의 관심을 끌게 된 것은 그로부터 100여년이 지난 뒤였다. 빠렌께에는 아직까지도 수백 개의 마야 유적이 밀림 속에 남아있다. 빠렌께 유적들은 발견당시 화려하게 채색된 건축물의 벽과 지붕이 원형 그대로 남아있었다. 그러나 세칭 世稱 스페인 침략자들의 조사단이 다녀간 이후 유적의 원형 훼손이 심각하게 나타났다. 그들이 건축물에서, 마야 문자가 새겨진 석판과 많은 장식 벽들을 마구 뜯어갔기 때문이다.

빠렌께의 주요 유적들은, 빠렌께 중심을 가로 질러 흐르는 작은 강, 즉 오또룸 강 small Otolum river 서쪽에 있다. 오또룸 강은 강이라기보다는 개울 streams, 또는 시냇물이라는 표현이 더 적합하다. 개울 서쪽 중심에는 왕궁 El Palacio 이 있다. 주요 의식용 시설인 공놀이 Juego de Pelota 경기장 은 왕궁의 북동쪽에 바로 인접해 있다. 왕궁의 북쪽에는 백작 신전 Templo del Conde 과 북쪽 건물군 建物群, North Group 도 있다. 왕궁의 남서쪽에는 바로 인접해서 비문 신전 Templo de las Inscripciones 과 신전 13 Templo XIII, 신전 12 Templo XII 가 나란히 붙어 있는데, 이들은 모두 무덤이다. 개울 동쪽에는 한 무리의 신전, 즉 신전 19 Templo XIX, 잎사귀 십자 신전 Templo de la Cruz Follada, 태양 신전 Templo del Sol, 신전 14 Templo X.IV, 십자 신전 Templo de la Cruz 등이 있다. 이들 신전 중 3개의 중요한 신전, 즉 십자 신전 군 十字神殿群, Crosses Group 의 높이는 서로 다른데, 제일 높은 신전은 하늘 heavens 을, 두 번째는 땅 terrestrial level 을, 마지막은 지하세계 underworld 를 상징하는 것이다. 빠렌께의 주요 유적은 다음과 같다:

① 물길 정비 및 복개

빠렌께의 중심인 왕궁과 신전군 神殿群, set of temples 사이에는 오또룸 개울 Otolum stream 이 흐르는데, 이곳의 개울은, 물길이 정비되고, 복개 覆蓋 되었다(사진 3-029). 볼트형 vaulting, 즉 반

사진 3-029: 오또롬 개울 빠렌께, 치아빠스, 메히꼬
사진 상; 빠렌께 주변의 수원과 개울, 빠렌께 주민들은 이들을 위대한 물의 광장이라 칭했다. 사진 하; 반원통형의 지하수로

원통형으로 만든 물길 덮개는 높이가 3m 나 되는데, 이것은 개울 수위 水位 가 높아져 물이 범람하는 것을 사전에 방지하여, 왕궁과 신전을 보호하기 위함이었다. 수많은 돌덩이를 쌓아올려 개울가에 벽을 만들고, 그 위에 다시 반원통형 덮개를 만들어 씌웠다. 또한 왕궁 쪽으로는 지하수로 underground aqueduct 를 만들어 개울물이 흘러들도록 했다. 물길을 정비하고 복개 공사를 한 다음 그 위에 비문 광장 Plaza of the Inscription 을 만들었다.

② 왕궁과 4층 탑

빠렌께의 왕궁 El Palacio 이라고 알려진 곳에는 거대하고 아름다운 수많은 건축물, 즉 둥근 천정을 가진 13개의 궁가 宮家, houses, 1개의 탑, 4개의 중정 中庭, patio, 3개의 지하 회랑 underground galleries 등이 있다. 왕궁은 가로 약 91m, 세로 약 73m, 높이가 약 10m 인 대형 고대 高臺, platform 위에 건설되었다(사진 3-030). 특히 왕궁의 중심에 있는, 높이 약 10m 의 4층 탑 four-story tower 은, 당시 마야 사회에서는 그 유례를 찾아 볼 수 없는 독특한 형태이다(사진 3-031). 탑의 용도에 관해서는, 천문대 observatory 였을 거라고 하는 사람이 있는가하면, 망루 watchtower 였을 거라고 주장하는 사람도 있듯이, 전문가들조차도 의견이 분분하다. 왕궁의 내부 정원 interior court yards, 즉 중정 주위에는 여러 개의 건축물 단지 complex set of buildings 가 있다. 중정은 왕궁의 의식 ceremonies, 이웃 왕국 사절단의 접견 및 연회 등으로 활용되었다(사진 3-032).

빠렌께의 여러 군주들 lords 또는 rulers 은, 200여 년 동안 지속적으로 수많은 건축물을 증축하고 개수 改修 하면서 거대한 왕궁을 건설했다. 특히 빠깔 대왕은 궁가 E, B 와 C 를 건축했는데, 서기후 659년에 궁가 C 를 완공, 봉헌했을 때 그의 나이는 56세였다. 왕궁은 정치, 행정 업무의 중심인 동시에 통치자의 거처이며, 귀족들이 일상생활을 하는 곳이기도 했다. 왕궁 주변, 의식 거행 지역 ceremonial area 에는 한 무리의 신전 set of temples 이 우뚝 솟아 있다.

③ 비문 碑文 신전

빠렌께 유적 중 가장 상징적인 건축물은 비문 신전 Temple of the Inscriptions 이다. 이 신전이 유명해진 것은, 이 신전에서 빠렌께의 위대한 빠깔 왕 K'inich Janaab' Pakal 의 무덤이 발굴되었기 때문이다. 빠깔 왕의 무덤은 마야의 모든 무덤 중에서 가장 화려한 무덤이다.

사진 3-030: 빠렌께 왕궁 전경 치아빠스, 메히꼬

사진 3-031: 빠렌께 왕궁 4층 탑 치아빠스, 메히꼬
사진 상; 복원된 4층 탑, 사진 하; 1890년 당시 왕궁 서쪽 중정에서 본 탑

사진 3-032: 빠렌께 왕궁 중정 치아빠스, 메히꼬
궁가 C 의 중정은 왕궁 내에서도 가장 넓고 가장 아름다운 중정이다. 사진 상; 복원된 모습의 중정, 사진 하; 1877년 당시 모습의 석판화

㉮ **명칭**과 **용도**

비문 신전은 빠렌께 유적 중 가장 규모가 크고, 위압적인 건축물이다. 이 신전을 비명 碑銘 신전 또는 삐라미데 신전 이라고도 한다. 비문 신전의 명칭은 신전 내부의 두 번째 기둥과 기둥 사이 second bay 의 벽체 뒷면에 새겨져 있는 장문의 비문 long inscription, 즉 617개의 그림문자 glyphs 에 기인한다. 무엇보다도 중요한 점은 이 비문 신전이 대표적인 장례 기념 건축물 funeral monument, 즉 무덤 tomb 이라는 것이다. 이 비문 신전은 처음부터 장례용 건축물로 건축되었다. 이 신전에는 유명한 빠깔 대왕 Pakal the Great 이 매장되어 있다. 그러나 이런 사실은 비문의 문자 해독이 시작되었던 1952년 이후에 비로소 확인되었다.

㉯ **건축 방법**

빠깔 대왕은 자신이 살아 있을 때, 광장 plaza 의 수평면 level 보다 1.5m 깊은 곳에 납골소 納骨所, crypt, 즉 장려한 현실 玄室, funeral chamber 을 만들었다. 둥근 천정으로 된, 현실의 크기는 884×366cm 이다. 현실까지는 4단의 계단 four-step staircase 을 내려가서 들어갈 수 있다. 나중에 빠깔 대왕이 죽자, 그곳에 매장한 다음, 그 위에 계단식 피라미드를 쌓아 올리고, 피라미드 위에 다시 신전을 건축해서 비문 신전을 완공했다. 이 비문 신전을 완공한 왕은 그의 아들 깐 바람 2세 Kan B'alam II 또는 Chan Bahlum II 이다. 빠깔 왕의 현실은 피라미드 상단, 즉 신전의 바닥으로부터 25m 깊이에 있다. 출입구가 5개 있는 대 신전 grand temple 은 계단식으로 쌓아 올린 피라미드 기단의 상단에 있다 (사진 3-033). 빠깔 왕의 현실은, 현실로 통하는 내부 계단 통로 stairway 의 폭보다 훨씬 큰데. 이런 사실이 건축 순서를 입증해준다. 현실로 들어 갈 때는, 피라미드의 가장 높은 곳에 있는 신전 성소로부터 내부로 통하는 계단실 staircase 을 이용한다. 그러나 계단실은 돌과 석회 lime 로 완전히 밀봉되어 그 존재를 알 수 없었다.

사진 3-033: 빠렌께 비문 신전 치아빠스, 메히꼬

㉰ 9개 고대와 69개 계단

마야 사회의 우주론적 의미를 내포하고 있는 이 신전은 마야 지역 Maya area 에서 가장 중요한 건축물이다. 9개 층 nine levels 으로 구성된 이 신전은 마야 인들의, 지하세계 underworld 의 재생을 의미한다. 마야 사회에서 지하세계란 죽은 자의 영혼이 반드시 내려가는 곳이다. 9개의 고대 nine platforms 로 되어 있는, 계단식 피라미드 nine-body pyramid 형태인 비문 신전은 지하세계의 9개 계층 nine levels of the underworld 을 나타낸다. 또한 이 신전의 가파른 69개 계단은 빠깔 대왕의 69년 통치기간을 상징한다.

㉱ 빠깔 대왕의 석관

비문 신전의 장엄한 현실 玄室, 에는 한 개의 통돌 monolith, 즉 길이가 305cm, 폭이 213cm, 두께가 107cm 인 석회석 덩어리를 깎아 만든 석관 石棺, sarcophagus 이 있다. 석관은 6개의 돌기둥 위에 놓였다. 석회석 덩어리의 윗부분을, 어머니의 자궁 형상으로 파낸 다음 그 안에 시신을 안치하고 곡선형태의 속 뚜껑을 만들어 덮고 다시 겉 뚜껑을 덮었다(사진 3-034). 겉 뚜껑의 크기는 길이×폭×두께가, 366×213×24cm 이다. 석관에는 인간과 신의 모습, 다양한 식물과 마야 문자가 빼곡하게 새겨져 있었다. 특히 무게가 거의 5톤이나 되는 석관 뚜껑에는 위대한 군주 빠깔 대왕의 죽음과 환생 幻生 을 풍유 諷諭 하는 그림문자 돋을새김이 있다. 현실과 석관은 빠깔 대왕의 통치 역사와 마야인들의 우주관을 엿볼 수 유물이다.

비문 신전 현실의 3개 대리석 벽면에는 마야 문자가 빽빽이 새겨져있었으며, 어둠을 지배하는 9명 군주 9 Lords of the Night 를 표현한 그림문자 돋을새김도 있었다. 현실에는 왕과 함께 순장된 신하 6명의 유해와 왕의 위장 분묘도 있었다. 발굴 당시 현실에는 화려하게 채색된 벽면과 지붕이 남아 있었다. 석관 안에는 비취 翡翠, 즉 비취옥으로 뒤덮인 왕의 대형 가면 large mask 과 미라가 있었다. 특히 왕의 가면은 300여개의 비취옥 jade 으로 장식되었다. 그러나 유적 발굴 이후에 나타난 스페인 조사단은, 마야 문자가 새겨진 많은 석판과 장식 벽체 등을 떼어가면서 현실의 원형을 손상시켰다. 발굴된 유물 중 남아있었던 유물은 현재 멕시코 씨티에 있는 국립 인류학 박물관 Museo Nacional de Antropologia 에 전시되어 있다.

④ 신전 13

삐라미데 위에 함께 지어진 신전 13 Templo XIII 과 신전 12 Templo XII 는 비문 신전 Templo de las Inscripciones 서쪽에 나란히 서있다. 그러나 신전 13의 건축물은 남아있지 않고 그 흔적, 즉

사진 3-034: 빠깔 대왕의 석관 빠렌께, 치아빠스, 메히꼬
석회석 덩어리를, 자궁 형상으로 파낸 다음 그 안에 시신을 안치하고 속 뚜껑을 만들어 덮은 다음 다시 겉 뚜껑을 덮었다.

빠라미데만 남아있었다(사진 3-035). 그런데 1994년, 빠라미데 밑바닥 base 에서 신전 13의 지하구조물이 발굴됨으로서 그 실체가 드러났다. 발굴된 구조물의 한 방 chamber 은, 붉은 여왕 Reina roja 이라고 알려진 한 여인의 무덤이었다. 방의 크기는 366×244cm 이다. 방에는 붉은 색이 칠해진 직사각형의 석관이 있었으며, 석관의 뚜껑은 석회석 통돌 판 monolithic limestone slab 으로 만들었다. 석관이나 그 뚜껑에는 별다른 장식은 없었다. 석관 뚜껑의 크기는 길이가 244cm, 폭이 122cm, 두께가 79cm 이었다. 붉은 여왕이라는 명칭은 석관 속에 있었던 안색 顔色 이 좋은 여인의 유골이 진홍색 광석, 즉 진사 辰砂, cinnabar 로 뒤덮여 있었던 데서 기인한다. 진사는 매우 값비싼, 붉은색 그림물감 red pigment 의 원료이다. 석관 속에는 여성의 모습이 조각된 조개껍질, 값비싼 진주 혼숫감, 흑요석 칼날, 뼈바늘, 목걸이, 귀덮개, 200개의 옥 조각으로 만든 마스크 등, 수많은 장신구가 있었다. 그러나 이 여성이 누구 인지는 아직 밝혀진바 없다.

사진 3-035: 빠렌께 신전13과 신전12 치아빠스, 메히꼬
빠라미데 상단에는 신전 13의 건축물은 없고 신전 12의 건축물만 남아있다.

⑤ 신전 12

신전 12 Templo XII 를 해골 신전 Templo de la Calavera 이라고도 하는데, 이는 신전 정면에 있는 한 벽기둥의 주각 柱脚, foot of the pilaster 에 있는 돌을새김 relief 에 기인한다. 해골을 연상하게 하는 돌을새김은 귀걸이를 착용한 지하세계의 신 god of the underworld 의 모습을 표현하고 있다(사진 3-036).

사진 3-036: 벽기둥 주각의 해골 돌을새김 빠렌께, 치아빠스, 메히꼬

⑥ 백작 신전

백작 신전 Templo del Conde 은 빠깔 대왕 통치 초기인 서기후 650년경에 건축되었다. 이 신전은 쌍둥이 회랑 double gallery 과 뒤편 측면에 방 rooms 이 있는 빠렌께의 전통적인 평면을 갖고 있다. 이 신전의 명칭은, 1832년에 스페인 탐험가, 프레데릭 데 발덱 Frédéric de Waldeck 백작이 폐허 상태인 이 신전의 방에서 머물렀던데 기인한다(사진 3-037).

사진 3-037: 빠렌께 백작 신전 치아빠스, 메히꼬

⑦ 북쪽 건축물 군

북쪽 건축물 군 Northern Group 은 모두 5채의 건축물, 즉 신전으로 구성되었다(사진 3-038). 그들에게는 각각 동쪽에서 서쪽으로 차례대로, 모드스레이 1~5 Maudslay I~V 라는 명칭이 부여되었다. 모드스레이 Alfred P. Maudslay 는 1890년에 빠렌께를 탐험한 영국의 탐험가이자 고고학자이다. 신전 1과 3은 매우 작은 건축물이며, 신전 1에는 아무런 유물도 없고, 신전 3은 1955년에 복원되었다. 신전 2에는 쌍둥이 회랑과 3개의 입구가 있다(사진 3-039). 신전 2의 기초 앞 계단 오른 쪽에는, 최근에 발굴된 치장벽토 형상 stucco figure 이 있는데, 이것은 신 뜨라록 God Tláloc 의 형상인 것 같다. 이 신은 마야 사회에, 메히꼬 중앙 고원에 있었던 떼오띠우아깐 Teotihuacan 의 신으로 알려져 있다. 신전 4는 신전 2와 유사하다. 반면에 신전 5는, 길 다란 바닥을 가지고 있지만 거의 폐허 상태로 있다.

사진 3-038: 빠렌께 북쪽 건축물 군 치아빠스, 메히꼬
사진 중앙, 신전 2 의 오른쪽에는 신전 1 이, 그리고 왼쪽에는 신전 3 이 있다.

사진 3-039: 북쪽 건축물 군의 신전 2 빠렌께, 치아빠스, 메히꼬

⑧ **공놀이 경기장**

공놀이 Juego de Pelota 경기장은, 서로 마주보는 작은 평행 고대 平行高臺, parallel platform 로 구성되었다. 계단 모양을 한 완만한 경사의 고대에는 공을 넣는 고리가 없다(사진 3-040). "I" 자 字 형태의 공놀이 경기장은 매우 중요한 의례행사 및 죄수를 희생물로 바치는 의식용으로 꾸며졌다. 처형되는 죄수는 체포된 적의 귀족들이다. 의례 행사 ceremonial games 란 우주 질서 cosmic order 를 재창조하는 행사이다.

사진 3-040: 빠렌께 공놀이 경기장 치아빠스, 메히꼬

⑨ 신전 14

신전 14 Templo XIV 는 깐 호이 치땀 2세 K'inich K'an Joy Chitam II 가 건축, 그의 형 깐 바람 2세 Kan B'alam II 또는 Chan Bahlum II 에게 봉헌한 작은 신전이다. 그는, 그의 형이 죽자 이 신전을 건축, 봉헌했다. 이 신전의 성소에 있는 석판에는, 그의 어머니가, 권력의 상징인 까빌 신 god K'awil 의 작은 상 像, figurine 을 깐 호이 치땀 2세에게 넘겨주는 모습이 새겨져있다.

⑩ 십자 신전

십자 신전 Templo de la Cruz 은, 잎사귀 십자 신전 Templo de la Cruz Follada 및 태양 신전 Templo del Sol 과 함께 소위 말하는 십자 신전 군 Crosses Group 을 이루고 있는 신전이다. 십자 신전은 빠렌께 3신중의 하나인 신 G-I 에게 봉헌된 신전이다. 9단의 테라스 terrace 맨 위쪽에는 방 2개에, 둥근 천장의 건축물이 있는데, 그 지붕은 마치 벌집 형상을 하고 있다(사진 3-041). 이 방들은 귀족의 무덤으로 밝혀졌으며, 무덤에서는 다량의 향로 인형 effigy censers 이 발굴되었다. 신전 성소의 오른쪽 옆 기둥에는, 신 L god L 이 담배 피우고 있는 모습이 상세하게 돋을새김 되어 있다. 지하세계의 신인, 이 신은 깃털 장식이 있는 모자를 쓰고 있으며, 머리는 올빼미 같은 형상을 하고 있다. 이 신전의 명칭은, 신전 내부에 있었던 석판 stone panel 에 마야 우주관의 중심인 케이폭 Ceiba, 즉 판야나무를 상징하는 십자 +字 문양이 있었던데 기인한다. 석판에는 깐 바람 2세가, 자신의 아버지의 두 손으로부터 권력의 징표 insignia of power 를 넘겨받는 모습이 돋을새김 되어 있다. 이런 모습은 당시엔 아버지로부터 아들로의 권력 이양은 합법적이었음을 입증하고 있는 것이다.

⑪ 태양 신전 Templo del Sol

태양 신전은 빠렌께 3신중의 하나인 신 G-III 에게 봉헌된 신전으로, 십자 신전 군 중 가장 작다(사진 3-042). 그러나 이 신전은 빠렌께 유적 중 가장 잘 보존된 신전의 하나이다. 이 신전은 마야의 건축물 중에서도 비례와 균형이 가장 뛰어난 건축물로 평가되고 있다. 이 신전은 마야의 전형적인 둥근 천정을 가고 있으며, 지붕에는 마야 신전의 대표적 특징인 조각 석판이 있다. 이신정의 명칭은, 이 신전의 성소에 있는 둥근 태양 석판 sun disk 에 기인한다. 이 석판은 신 G-III, 즉 지하세계의 재규어태양 Jaguar Sun 신의 징표이다. 이 석판에는 두드러지게 드러난 얼굴 모습의 깐 바람 2세가 귀족 혈통의 신, 까빌 K'awil 의 작은 상 像, figurine 을 들고 있는 모습이 새겨져있으며, 또한 즉위식 축하연에 참석한 깐바람 2세와 그의 아버지 빠깔 왕의 모습도 새겨져있다. 두 통치자는 이 석판 양쪽에 서 있다.

사진 3-041: 빠렌께 십자 신전 치아빠스, 메히꼬

사진 3-042: 빠렌께 태양 신전 치아빠스, 메히꼬
사진 상; 1866년 당시 신전 모습의 석판화, 사진 하; 복원된 태양 신전

⑫ 잎사귀 십자 신전

십자 신전과 유사한, 잎사귀 십자 신전 Templo de la Cruz Follada 은 빠렌께 3신중의 하나인 신 G-II 에게 봉헌된 신전이다. 이 신은 다산 多産, fertility 과 관련이 있다(사진 3-043). 이 신전의 성소 聖所, sanctuary, shrine 에는 석판 stone panel 이 있는데, 그 석판에는 깐 바람 2세가, 어린이의 모습과 성인의 모습으로 십자형의 옥수수 묘목 corn plant 을 들고 있는 모습이 새겨져 있다. 생명의 근원을 상징하는 옥수수 묘목에는 잎사귀 장식이 있다. 묘목에서 뻗어 나온 잎사귀는 신과 조상으로부터 물려받은 왕좌에 오르는 것을 상징적으로 축하하는 징표이다.

사진 3-043: 빠렌께 잎사귀 십자 신전 치아빠스, 메히꼬

⑬ **신전 19**

최근에 발굴된 신전 19 Templo XIX 는 빠렌께를 722년부터 736년까지 통치했던 제15대 군주 아깔 3세 Ahkal III 가 건축했다. 이 신전의 내부에서는 대형 다색채의 치장벽토 polychrome stucco 와 돌로 만든 왕좌 masonry throne 가 발굴 되었다. 왕좌에는, 15대 군주가 지방의 통치자 provincial governor, 아 납 Ah Nahb 과 함께 신전을 봉헌하는 모습이 아름다운 돋을새김으로 장식되어 있다. 아 납은 빠깔 대왕의 손자이다.

라) **약스치란**

약스치란 Yaxchilán 지역에는 서기전 약 300년경부터 1000년 이상 사람이 살았지만, 작은 마을을 이루면서 그 모습이 드러나기 시작한 시기는 서기후 약 250년경이다. 약스치란은 서기후 681년에서 768년 사이에는, 우수마씬따 강 Rio Usumacinta 상류 지역에서 가장 강력한 정치 중심지로서의 지위를 공고히 했다. 이 기간, 즉 전성기의 통치자는 이참나아흐 바람 2세 Itzamnaaj B'alam II 와 그의 아들 비르드 하구아르 4세 Bird Jaguar IV 였다. 4세기경부터 시작된 약스치란의 왕조에는 적어도 10여명의 군주가 있었다. 이러한 사실은, 59개의 상인방 上引枋, lintels, 30개의 석비 石碑, steles, 21개의 제단 altars 등에 새겨진 상형문자에 관한 기록을 포함하고 있는 124개의 원전 原典, texts 에 있다. 건축물의 아름다운 상인방과 석비에 새겨진 상형문자는 다른 마야 유적에서는 찾아 볼 수 없는 특색이다. 상인방에는 강력한 통치자들의 통치 역사와 헌신 의식 ritual of self-sacrifice 에 관한 이야기가 기록되어 있다. 헌신 의식은 주로 선인장 속 屬 의 식물 가시로 자신의 혀를 찔러 피를 뽑아내는 식으로 거행되었다. 이런 의식은 당시 마야의 신관 神官, priests 과 통치자들 사이에서는 일상적인 관습이었다.

약스치란은 현재 메히꼬와 구아떼마라의 국경을 이루는 열대우림 속의 우수마씬따 강 중상류, 강가 구릉지에 있다. 약스치란은 대형 편자 모양의 구불구불한 강가의 계단식 인공 대지 artificial terraces 위에 건설되었다. 이곳에는 대 광장 Gran Plaza 과 대 성채 Great Acropolis 그리고 소 성채 Little Acropolis 등이 있으며, 약 120채의 건축물이 있다. 대 광장은 길이가 약 300m 에 달하며, 이 광장은 4개의 작은 광장으로 나누어 졌다. 대 광장 주변에는 많은 건축물과 소규모 공놀이 경기장 Ball Court 이 있다. 구릉지에 세워진 대 성채에는 약 15개의 건축물이 있다. 대 성채에서 가장 중요하고 가장 장려 壯麗 한 건축물은 "건축물 33 Building 33" 이다. 이 건축물의 높이는 약 40m 에 달한다. 이 건축물의 지붕에는 총구멍 같은 장식의 폭이 좁은, 대형 마룻대가 있다(사진 3-044). 이 건축물은 위대한 통치자와 그의 아들 비르드 하구아르 4세 통치 시절에 건축되었다. 비르드 하구아르 4세는 752년에서 768년까지 약스치란을 통치했다. 소 성채 역시 구릉지에 건설되었으며 이곳에는 12채의 건축물이 있다. 이들 건축물들은 대 중정 great central patio 주위에 배치되었다. 소 성채는 왕궁으로 사용되었다. 익스치란의 남쪽 건축물군 south group 에는 건축물 3채가 있다(사진 3-045).

사진 3-044: 대성채의 건축물 33 약스치란, 치아빠스, 메히꼬

사진 3-045: 남쪽 건물군의 건축물 3채 약스치란, 치아빠스, 메히꼬

마) **보남빡**

보남빡 Bonampak 은 현재 메히꼬 남부 치아빠스 Chiapas 주 동쪽, 구아떼마라 국경지역에 있다. 즉, 보남빡은, 빠렌께에서 동

남쪽으로 155km, 약스치란에서는 남쪽으로 27km 떨어져 있는 셀바 라깐도나 Selva Lacandona 의 심장부에 건설되었다. 보남빡에는 크기가 110m×87m 인 대 광장 Gran Plaza, 성채 城砦, Acropolis, 프레이 앤드 께마도 그룹 Frey and Quemado groups 등의 건축물이 있으며, 프레스코 fresco 벽화, 조각, 대 석주 大石柱 등의 유물도 발굴되었다. 보남빡의 건축물은 마야 유적 중 가장 간소하지만 건축물들의 화려한 내벽 치장, 즉 벽화는 명성이 매우 높다. 벽화의 제작은 찬 무안 2세 Chan Muaan II의 결정으로 이루어 졌다.

대 광장의 중앙에는, 776년부터 790년까지 보남빡을 통치한 찬 무안 2세의 기념비 monumental stele 가 있다. 보남빡의 유적 중 가장 탁월한 유적은 대 광장과 성채이다. 성채는 언덕의 중턱에 건설되었다(사진 3-046). 성채는 3단의 경사진 기단 three stepped bodies 위에 건축되었으며, 성채에는 모두 15채의 건축물이 있다. 성채의 건축물중, 건축물 1 Structure I, 즉 벽화 건축물 Building of the Paintings 에는 벽화가 그려진 3개의 방이 있으며, 이들 방에 있는 벽화의 전체 면적은 300m² 에 달한다.

프레스코 벽화는 마야의 다른 유적지에서는 볼 수 없는 것들이다. 벽화에는 군주들의 화려한 옷차림, 대형 머리 장식, 자기희생 self-sacrifice 의식을 치르는 여인들의 모습도 보인다. 헌신 獻身 의식은 자신들의 혀에서 뽑아낸 피를 바치는 것이다. 또한 벽화에는 마야인들의 생활상, 즉 일단의 음악인들과 분장한 배우들이 춤추는 장면, 화려한 복장을 한, 찬 무안 2세가 지휘하는 전사들이 당황하는 적들을 유린하는 전투 장면, 축하 의식을 위하여 춤추는 장면 등이 표현되어 있다. 대 석주에는 신성문자로 마야 역년 曆年 등이 새겨져 있다. 서기후 900년 이후의 석비 石碑 는 발굴되지 않는 점으로 미루어 볼 때 고대 마야는 이 시기에 소멸된 것으로 추정된다. 보남빡 유적은 1946년 하늘을 날던 비행기 조종사의 의문 제기로 탐사가 시작되면서 그 모습이 드러났다.

사진 3-046: 보남빡의 성채 치아빠스, 메히꼬

바) **띠깔**

고대 마야 인들은 서기전 7세기경부터 중앙아메리카 유까딴 반도 중부, 즉 지금의 구아떼마라 북부, 열대우림 속, 구릉지에 정착하기 시작했다. 마야 인들은 서기전 200년경부터, 200여 년 동안 수많은 돌을 쌓아올려, 도시의 중심인 신전을 건설, 도시-국가, 즉 띠깔 Tical 의 틀을 형성했다. 기원후 200년에는 약스-모츠-속 Yax-Moch-Xoc 왕이 등극하면서 띠깔은 당시 주변 마야 사회의 종교, 문화의 중심지가 되었다. 이후 띠깔의 번성은 지속되었으며, 500년경에는 띠깔 서쪽에 멀리 떨어져 있던 강국 떼오띠우아깐과 군사동맹을 맺고 더욱더 안정을 이루면서 전성기를 구가했다. 이시기에 띠깔의 면적은 30km², 인구는 약6만~10만 명 정도였던 것으로 추정된다. 562년, 띠깔을 포함한 주변 마야도시들은, 띠깔 남서쪽에서 일어난 벨리세의 까라꼴 Caracol 에게 복속당하면서 600년대 말경까지 괴롭힘을 당했다. 700년경에는 약스-모츠-속 왕의 26대 후손인 아-까까우 Ah-Cacau 가 왕위에 오르면서 군사력을 회복하고 문명의 부흥을 시도, 띠깔을 마야 문명의 본산지로 만들었다. 띠깔은 고전 마야 당시의 도시-국가 중에서 규모가 가장 컸다. 당시 마야 인들은 띠깔을, 약스 무딸 Yax Mutal 이라고 불렀다. 900년경 띠깔을 비롯한 주변 마야의 도시들은 원인도 모르게 몰락, 역사 속으로 사라졌으나, 그 문명의 명맥은 17세기 말엽까지 독립적으로 유지돼 왔다. 띠깔은, 현재 구아떼마라의 국립공원으로 지정되었으며, 전체 공원 면적은 575km² 이고, 중심 유적 면적은 16km² 이다. 구아떼마라의 마야 유적은 1881년부터 발굴을 시작했지만, 아직도 유적의 극히 일부만이 발굴, 복원되었을 뿐이다.

(가) **떼오띠우아깐**과의 **교류**

띠깔이, 지리적으로 서쪽 아주 멀리 떨어져 있었던, 뛰어난 문명, 군사 도시 떼오띠우아깐과의 교류가 있었다는 사실은, 띠깔 유물 가운데 원통형 삼각대 꽃병 cylindrical tripod vases, 치장벽토 용기 容器, stucco vessels, 녹색 흑요석 green obsidian 으로 만든 가공품 artifacts, 비문 碑文 돌기둥 steles 그리고 경사-벽판 건축물 talud-tablero constructions 등이 있다는 사실로 입증된다.

(나) 도시계획 및 건축물

띠깔은 계획도시가 아니고 지형에 따라서 자연적으로 형성된 도시였다. 반면 메히꼬 중앙고원의 여러 도시와 잉까의 고대 도시들은 계획도시였다. 띠깔은 기본 방위 cardinal points, 즉 북남동서 NSEW 의 사방을 고려하여 건설되었다. 도시의 특정 건축물 specific buildings 은, 해당 지역의 별의 이동 궤적 trajectories of the stars 에 맞추어 건축했다. 띠깔에는 크고 작은 석회석 건축물 약 3000동이 있었으며, 건축물의 외관은 "아치오떼" 라는 나무 열매에서 추출한 붉은 색으로 치장되었다.

도심 근처에는 예술가, 장인 匠人, craftsmen, 공무원, 상인 등의 집단을 위한 건축물도 있었다. 농부, 노동자 등 평민들은 신전 주변에 살았으며, 그들의 주택은 신전에 가까이 갈수록 그 규모가 커졌다. 시내 곳곳에는 저수조가 있었으며, 각 건축물에는 배수 설비도 갖추어져 있었다. 현재 띠깔에서 볼 수 있는 마야 유적의 대부분은 서기후 7세기경 이후에 건설된 것으로 추정된다. 띠깔에는 5개의 공놀이 경기장 ball courts 도 있었다. 마야인들은 패전한 나라의 비석을 파괴하였으며 기존 건축물 위에 덧 짓는 방식으로 도시를 건설했다. 띠깔의 삐라미데 신전 군群 및 돌기둥 개요는 다음과 같다.

① 삐라미데 신전군 神殿群

다양한 도시 기반 시설을 갖춘 띠깔의 중심 지역에는 거대한 건축물군 建築物群 과 광장, 즉 중앙 성채 Central Acropolis 와 신전 1 및 대 광장 Gran Plaza, 북부 성채 Northern Acropolis 와 신전 2 및 서쪽 광장 West Plaza, 남쪽 성채 South Acropolis 와 7개 신전 광장 Plaza of Seven Temples, 그리고 피라미드와 신전 4도 있다. 중앙 성채는 통치자의 거주 지역으로, 이 지역에는 수개 층으로 된 높은 건축물 structures several stories high 도 있다. 북부 성채는 종교 및 정치의 중심지로서, 광장에는 신전 2 Temple II 가 있다(사진 3-047).

고전 마야 인들은 띠깔에 6개의 신전을 건설했다. 신전 1과2 Temple I and II 는 서기후 700년대, 띠깔의 가장 강력한 통치자였던 압삽 찬 까빌 Hasaw Chan K'awil 의 명령으로 건축되었으며, 왕 자신은 신전 1의 내부에 매장되었다. 수천 년 동안 존속해온 열대우림 속에 우뚝 솟아 있는, 수많은 거대한 삐라미데 신전 무리의 장관은 마야 문명권 전 지역을 통해 가장 빼어난 건축물이라고 고고학자들은 칭송한다. 띠깔의 중심부인 대 광장 Gran Plaza 의 삐라미데 신전, 그 맞은편의 장대한 신전은 물론이고, 관광객들의 전망대 역할을 하는 밀림 속에 우뚝 솟아있는 삐라미데 신전 4는 마야 문명의 극치를 보여준다. 띠깔의 가장 오래된, 거대한 삐라미데 신전은, 고대 중앙아메리카 문명의 하나인 마몬 문화 신전으로, 서기전 5세기경에 건설된 것으로 추정된다. 수백 개의 방이 있었던 신전 4 Temple IV 는 높이가 약 70m에 달하며, 15만 톤의 석회석과 자갈로 쌓아올렸다. 마야의 사제와 통치자는 이 신전에서 제사를 지냈다.

사진 3-047: 띠깔의 북부 성채 신전 2 구아떼마라
사진 왼쪽, 신전 2의 뒤편, 우림 속에 또 다른 두 개의 신전이 우뚝 솟아있다.

② **돌기둥**

서기후 445년경에 세워진 것으로 추정되는 돌기둥에는 떼오띠우아깐의 군인 모습이 돋을새김 되어 있다. 떼오띠우아깐은 멕시코 씨티 북동쪽에 있었던 가장 큰 고대 도시 국가였다.

사) **까라끄물**

까라끄물 Calakmul 은 현재 메히꼬 깜뻬체 Campeche 주의 남쪽, 열대우림 속, 구아떼마라 국경지역에 있다. 까라끄물은 마야 사회의 중기 전-고전시대 middle pre-classic: 서기전 1200~300년 부터 존재해 온 것으로 추정되지만, 그 지역 최강 세력 중 하나로 군림한 시기는 고전 시기 classic 인 서기후 250년에서 750년 사이이다. 까라끄물은 깐 Kan 왕국, 또는 뱀 Serpent 의 왕국이라는 별칭을 가지고 있다. 그러니까 까라끄물의 원래 의미는 인접한 두 개의 작은 언덕 Two Adjacent Mounds 이다. 까라끄물이 있는 지역의 원래 이름은 욱스떼 뚜운 Uxte' Tuun, 즉 세 개의 돌 Three Stones 이었다. 까라끄물에는 모두 16명의 군주가 있었으나, 그들 중 탁월한 군주는 육노옴 대왕 Yuknoom the great 이었다. 서기후 636년에 왕권을 잡은 그는 정복 전쟁을 통해서 세력을 키우면서, 최고의 전성기를 이루었다. 당시 끄라끄물의 세력이 미치는 범위는 35km² 이상이었으며, 경쟁 상대국은 남쪽에 있었던 띠깔 이었다. 그러나 그의 아들, 이차악 깍 Yich' aak K' ak 이 695년경에 띠깔에게 비참하게 패배 당하면서 까라끄물은 완전히 몰락하기 시작했다.

까라끄물의 핵심 시설은 대 성채 Great Acropolis 와 대 광장 Gran Plaza 이다. 대 성채는 마야 인들의 신화 창조에 나오는 신성한 산 sacred mountain 을 상징 한다(사진 3-048). 대 광장은 의식을 위한 복합단지 ceremonial complexes 였으며 귀족들의 주거 중심지였다. 이곳에는 비명이 새겨진 약 120여개의 기념 석비 石碑, stelae 가 있는데, 이들은 까라끄물의 정체 正體 를 잘 나타내주고 있다. 그러나 이들 석비의 대부분은 판독이 어려울 정도로 마모가 심한 상태이다(사진 3-049). 이들 기념 석비중 가장 오래된 것은 서기후 435년경에 제작된 것으로 추정된다.

사진 3-048: 까라끄물 성채 깜뻬체, 메히꼬

사진 3-049: 까라끄물 석비 깜뻬체, 메히꼬
까라끄물 성채의 정체를 잘 나타내 주는, 수많은 기념 석비가 까라끄물 성채의 계단 밑바닥에 있다. 사진에는 3개의 석비만 보인다.

아) **욱스말**

욱스말 Uxmal 은 현재 메히꼬 남부 유까딴주 북서쪽 끝, 치첸 이뜨사 Chichen Itza 의 서서남쪽 약 200km 지점, 뿌욱 지역 Puuc region 에 있다. 뿌욱 지역의 심장부에 있었던 욱스말은, 이 지역에서 가장 중요하고 가장 화려했던 도시-국가 중의 하나였다. 그러나 이웃한 치첸 이뜨사 보다 규모가 조금 작았던 욱스말은 치첸 이뜨사가 강성해지자, 세력이 약화되어 1200년경 사라졌다. 욱스말 지역에는 서기전 500년경부터 사람이 살았던 흔적이 있지만, 욱스말의 전성기는 서기후 800년에서 1000년까지이다. 이시기에 욱스말의 인구는 적어도 3만 명이상이었던 것으로 추정된다. 욱스말은 서기후 600년경 매히꼬 중앙고원에서 내려온 똘떼까 사람들이 마야 인들과 함께 유까딴 반도 북서쪽, 기복이 심하고 물이 부족한 뿌욱 Puuc 언덕에 정착하면서, 그 모습을 드러내기 시작했다. "욱스말" 은 마야어로 "세 번 세워진 three times risen" 이라는 뜻인데, 이 말뜻은 욱스말이 세 차례에 걸쳐 확장 건설되었음을 의미한다.

전성기 욱스말의 면적은 약 2.1km² 에 달했으며, 중요한 건축물들은 대규모 대지 monumental platforms 위에 건축되었다. 남북을 장축으로 하는, 욱스말의 핵심 지역은, 높이 약 1.7m, 길이 3.2km 의 거대한 성벽 muralla 으로 둘러쳐졌다(사진 3-050). 욱스말은, 건축물의 기둥이나 벽의 조각 및 모자이크 양식으로 특징 지워지는 뿌욱 건축 양식의 본거지이다. 욱스말에는 수많은 삐라미데-신전을 비롯하여, 아름다운 건축물들이 즐비하지만, 이들 모든 유적의 명칭 역시, 다른 마야 유적의 그것과 마찬가지로 스페인 정복자들이 막연한 추측으로 지어낸 것들이다. 신전이나 다른 건축물의 정확한 기능이나 용도 역시 알려진 바가 없다. 욱스말에서는 비와 천둥의 신 神, 착 Chac 의 조각을 비롯한 다수의 석조각 石彫刻 과 토기 등의 유물도 발견되었다. 욱스말에 있는 건축물군중 탁월한 건축물은, 북쪽 끝에, 마법사의 피라미드-신전 temple-Pyramid of El Adivino 과 수녀의 수도원 Quadrangles of the Nuns 이 있고, 남쪽 끝에는 통치자의 궁전 governor's Palace 이 있다. 궁전의 남쪽 끝, 서쪽에는 대 피라미드 Great Pyramid 와 비둘기장 Dovecote 형태의 건축물이 있다. 이들 주요 건축물의 상세는 다음과 같다.

사진 3-050: 욱스말 핵심지역 전경 유까딴, 메히꼬
앞쪽에 비둘기장 형태의 건축물과 거북의 집 형태의 건축물이, 그리고 뒤쪽 멀리 오른쪽 끝에 마법사의 피라미드-신전과 그 왼쪽에 수녀의 수도원이 있다.

(가) **마법사의 삐라미데**

마법사의 삐라미데 Pirámide del Adivino 는 욱스말의 북쪽 끝에 있으며, 서향인 이 삐라미데 앞에는, 사각형인 새들의 중정 Patio de los Pájaros 이 있다(사진 3-051). 마법사의 삐라미데를 마술의 삐라미데-신전이라고도 한다. 이 삐라미데는 서기후

사진 3-051: 마법사의 삐라미데 욱스말, 유까딴, 메히꼬

600년에서 900년 사이에, 5단계에 걸쳐, 새들의 중정과 함께 건설되었다. 육중 肉重 한 피라미드형 건축물인 이 삐라미데-신전은 높이가 35m, 폭이 53.5m 에 달하는 장대한 타원형 기단 base oval 위에 세워졌다(사진 3-052). 이 삐라미데-신전의 급경사의 계단을 따라 정상에 오르면 욱스말 전체 및 주변 열대강우림의 조망이 가능하다. 이 삐라미데에는 동쪽과 서쪽에 각각 한 개씩의 계단이 있다.

이 삐라미데에는 두 가지 건축 양식이 혼재되어 있다. 즉, 삐라미데 기단 서쪽 면에는 동물 형상의 대형 체네스-스타일 마스크 Chenes-style mask 장식이 있고, 기단 위의 신전에는 가장 순수한 뿌욱 스타일 Puuc style 의 장식이 있다. 벽면에는 복잡한 모자이크 장식과 비와 천둥의 신 神 인, 착 Chac 의 부조도 있다. 신전 입구에는 우물이 있는데, 이것으로 미루어 볼 때 이 신전에서는 물을 기원하거나 물과 관련된 의식을 치렀던 것으로 추정된다. 이 삐라미데는 마녀의 알에서 태어난 난쟁이가 하룻밤만에 쌓아 올렸다는 전설을 가지고 있다. 마법사의 삐라미데와 수녀의 수도원의 1950년의 모습은 사진 3-053과 같다.

(나) 대 삐라미데

대 삐라미데 Gran Pirámide 는 욱스말 유적 중 가장 거대하고 높은 피라미데 신전으로, 9개의 단으로 쌓아올려졌으며, 높이는 30m 에 달한다. 이 삐라미데는 욱스말 남쪽 끝, 서쪽에 있다. 이 삐라미데의 북쪽 방향을 제외한 나머지 3개 방향은 현재 복원이 안 되었다(사진 3-054). 이 거대한 삐라미데의 평평한 정상에 신전이 있는데, 이는 마야 고유의 건축양식이다. 이 신전에는 격자꼴 문장, 번개무늬, 대형 마스크, 마코앵무새 등의 조각 장식이 있다. 이 삐라미데-신전은, 우선 지반 地盤 의 흙을 단단하게 다진 다음, 잘 다듬어진 석회석을 빈틈없이 붙여 쌓아 올려 건축했다.

사진 3-052: 마법사의 삐라미데 기단 욱스말, 유까딴, 메히꼬

사진 3-053: 마법사의 삐라미데와 수녀의 수도원 욱스말, 메히꼬
복원 공사 이전 1950년의 모습

사진 3-054: 욱스말 대 삐라미데 유까딴, 메히꼬

욱스말 대 삐라미데는 욱스말 유적 중 가장 거대하고 높은 피라미데 신전이다. 이 삐라미데는 9개의 단으로 쌓아올려졌다. 그러나 이 삐라미데는 현재 북쪽 방향만 복원이 되었고 나머지 3개 방향은 복원이 안 되었다. 이 거대한 삐라미데의 평평한 정상에 신전이 있는데, 이는 마야 고유의 건축양식이다. 이 신전에는 격자꼴 문장, 번개무늬, 대형 마스크, 마코앵무새 등의 조각 장식이 있다. 이 삐라미데-신전은 잘 다듬어진 석회석을 빈틈없이 붙여 쌓아 올려 건축했다.

(다) 통치자 궁전

통치자 궁전 Palacio del Gobernador 은 욱스말 남쪽 끝에 있다. 정교한 뿌욱 건축양식의 대표적인 건축물인, 통치자 궁전은, 남북 방향으로 일렬로 늘어선 3개의 독립적인 장방형 건축물로 구성되어 있다(사진 3-055). 3개의 건축물은 서로, 마야 아치 Maya arches 로 연결되어 있다(사진 3-056). 이 건축물은 마야 건축 양식 뿐만 아니라 고대 메히꼬 건축양식으로도 유명하다. 이 건축물의 전체 길이는 약 100m, 폭은 12m 이다. 건축물 정면 외벽의 부조들은 다른 마야 건축물의 그것 중에서도 가장 아름다운 형태인 것으로 평가된다. 건축물 외벽 모서리는, 긴 코의 신 神, 착 Chac 의 부조로 장식되었으며, 대각선 방향으로는 뱀의 형상이 새겨져있다. 건축물 중앙에 있는 좌석은 통치자가 앉았던 것으로 추정된다. 이 건축물은 왕의 거주지이자 통치 장소였던 것으로 추정된다.

사진 3-055: 욱스말 통치자 궁전 유까딴, 메히꼬

사진 3-056: 통치자 궁전의 연결 아치 욱스말, 유까딴, 메히꼬
정교한 뿌욱 건축양식의 대표적인 건축물인, 통치자 궁전은, 남북 방향으로 일렬로 늘어선 3개의 독립적인 장방형 건축물로 구성되어 있으며, 이들 3개의 건축물은 서로, 마야 아치로 연결되어 있다. 이 건축물은 마야 건축 양식 뿐만 아니라 고대 메히꼬 건축양식으로도 유명하다.

(라) 수녀의 수도원

수녀의 수도원 Cuadrágulo de las Monjas 이라고 불리는 이 사각형 건축물 단지는 마법사의 삐라미데 서쪽에 붙어있다(사진 3-057). 용도를 알 수 없는 이 건축물 단지에 수녀의 수도원이라는 이름을 붙인 것은 너무 자의적인 것 같다. 스페인 침략자들이, 이 건축물들이 마치 스페인의 여자 수도원처럼 생겼다고 해서 붙인 이름이다. 높은 기단 基壇, platform 위에 세워진, 이 사각형 건축물 단지 quadrangle-type complex 는 높이가 각기 다른 4채의 건축물로 구성되었다. 건축물들은 사각형의 중정 patio 주위에 잘 조화되도록 배치되었으며, 각 건축물에는 수많은 방들이 있다(사진 3-058). 이와 같이 여러 채의 건축물을 사각형 주위에 배치하는 방식은 당시 욱스말에서는 불변의 기본 형식이었다. 이들 건축물에는 모두 74개의 방이 있으나 그 용도는 불분명하다.

사진 3-057: 수녀의 수도원과 마법사의 삐라미데 욱스말, 메히꼬
사진 위쪽이 삐라미데이고 아래쪽이 수도원이다.

사진 3-058: 욱스말 수녀의 수도원 유까딴, 메히꼬

사진 상; 수도원 건축물 단지 전경, 사진 하; 건축물 단지에서 가장 높은 북쪽의 건축물, 기존의 다른 건축물 위에 지어졌다. 이 건축물의 소벽 friezes 에는 수많은 신의 형상의 마스크, 마야의 오두막, 인간의 모습, 뱀의 형상 등이 정밀하게 조각되어 있다.

(마) 비둘기장

비둘기장, 즉 비둘기 떼 Grupo de las Palomas 들의 집과 같은 형상의 이 건축물 단지는 대 삐라미데 서쪽에 붙어있다. 이들 건축물들은 서기 후 9백년에서 1천년 사이에 건설 된 것으로 추정된다. 걸출한 모습의 이 건축물 단지는, 용마루 부분에 정교하게 쌓아 올린 9개의 삼각형에 정밀하게 구멍을 뚫어, 마치 총구멍 같은 장식을 했다(사진 3-059). 사각 형태로 건축된 이 건축물 단지의 용도는, 욱스말의 행정, 천문 또는 엘리트 시민들의 거주용으로 사용되었던 것으로 추정된다. 이 건축물에 다소 엉뚱한 이름이 붙은 것은 삼각형의 용마루 부분에 정교하게 뚫어 놓은 총구멍 모양의 장식이 마치 다닥다닥 붙어 있는 비둘기장처럼 보였기 때문이다.

사진 3-059: 비둘기장 형태의 건축물 군 욱스말, 유까딴, 메히꼬

(바) 거북의 집

거북의 집 Casa de las Tortugas 은, 대 삐라미데 앞쪽으로 멀리 떨어진 곳에 있다. 길이 29m, 폭 10.5m, 높이 6.75m 인 이 작은 건축물의 용도는 물과 관련된 의식을 행한 곳으로 추정된다. 건축물 소벽 frieze 에 거북의 조각상들이 있어서 이런 명칭이 붙여진 것 같다. 당시에 거북은 비의 주기와 물의 순환에 중요한 역할을 한다고 믿었던 동물이다.

(사) 공놀이 경기장

공놀이 Juego de Pelota 경기장은 수녀의 수도원 남쪽 가까운 곳에 있다. 서기 후 8백년에서 1천년 사이에 건설 된 것으로 추정되는 이 경기장에는 두 개의 나란한, 높은 벽이 있고 벽 중앙 상단에는 공을 넣는 수직 고리가 있다(사진 3-060). 욱스말의 공놀이 경기장은 빠렌께의 그것과 유사하다.

자) 치첸 이뜨사

치첸 이뜨사 Chichen Itza 는 현재 메히꼬의 유까딴 주 중심부에 있다. 치첸 이뜨사 지역에는 서기전 530년경 이전부터 이뜨사 부족이 취락을 이루면서 살아왔던 곳이다. 치첸 이뜨사는, 마야 고전기 Classic Period, 서기후 250~1000년 인 서기후 500년경부터 그 모습을 드러내기 시작했으나 그 전성기는 800년경쯤이다. 이 시기에 치첸 이뜨사는 에끼스또록 물웅덩이 Xtoloc Cenote 남쪽을 중심으로 번성했다. 이 지역을 구-치첸 Chichén viejo 또는 old Chichén 이라고 한다. “치첸 이뜨사” 의 말뜻은 “우물가 이뜨사의 집” 또는 “물 마법사의 우물가 in the mouth of the water sorcerers' well” 라는 뜻이다. 치첸 이뜨사에는 유까딴 반도 지역 최대의 성스러운 물웅덩이가 있기 때문에 그런 이름이 붙여진 것 같다.

서기후 1000년경, 구-치첸이 쇠락의 길로 들어설 즈음, 메히꼬 중앙고원 Central Plateau 으로부터 한 무리의 외부 세력이 똘

사진 3-060: 공놀이 경기장과 수직 고리 욱스말, 유까딴, 메히꼬

사진 상; 공놀이 경기장에는 두 개의 나란한, 높은 벽이 있다. 욱스말의 공놀이 경기장은 빠렌께의 그것과 유사하다. 사진 하; 이 경기장에 있는 나란한, 높은 벽 중앙 상단에는 공을 넣는 수직 고리가 있다.

떽 문명 Toltec culture 을 가지고 마야 지역, 즉 치첸 이뜨사에 도달하면서 이 지역에서 문명의 교체 cultural change 가 일어났다. 소위 말하는 뿌욱 Puuc, 체네스 Chenes, 즉 마야-똘떽 형식 Maya-Toltec styles 의 문명이 나타났다. 새로운 스타일의 건축물, 즉 똘떽과 마야의 건축 특징이 혼합된 새로운 형태의 구조물들이 등장했다. 이 시기에 주요 건축물들은 구-치첸의 북부, 즉 에끼스또록 물웅덩이 Xtoloc Cenote 와 그 북쪽에 있는 신성한 물웅덩이 Cenote Sagrade 또는 Sacred Cenote 사이에 건설되었다. 전자는 사람들을 위한 급수원 water-supply sources 이고, 후자는 고대에 도시를 창설할 때 가장 중요한 이유 理由, reasons 중의 하나인 숭배 의식에 필요한 것이었다. 새로운 전성기 때의 치첸 이뜨사의 이름은 우욱-얍-날 Uuc-yab-nal 이었다. 신-치첸의 건축 문명은, 중앙아메리카 중심부에 있었던 똘떽의 중심지 뚤라 Tula 의 영향을 받아 변천, 발전했다. 치첸 이뜨사에서 마야-똘떽 문명이 형성되기 시작한 것은 10세기 이후이지만, 본격적인 문명 발전은 똘떽, 즉 똘떼까 침입 이후인 1100년경, 새로운 도시들을 건설하기 시작하면서 최고의 전성기를 누리게 된다. 이후 치첸 이뜨사는, 마야 문명의 중심지로서 200년 이상 유까딴 반도 지역의 예술, 종교, 경제를 이끌었다. 1150년 당시 치첸 이뜨사의 인구는 7만명 정도였던 것으로 추정된다.

치첸 이뜨사에는 세 번의 마야문명, 즉 고전 Classic 마야 문명, 마야-똘떽 문명, 그리고 신-마야 문명이 시차를 두고 존재했었다. 치첸 이뜨사 역사상 가장 중요했던 새로운 전성기는 마야 고전기 말기 Terminal Classic period 와 후-고전기 Post-Classic 초기 사이, 즉 서기후 900년에서 1200년 사이이다. 이시기의 치첸 이뜨사는 유까딴 반도에서 번성했던 가장 강력한 마야 도시-국가 중 하나였다. 치첸 이뜨사가 마야 지역의 주요 중심으로서의 입지를 공고히 하면서 유까딴 반도 북부 지역에서 정치적으로, 경제적으로 가장 강력한 도시-국가가 된 것도 이시기이다. 이시기에 치첸 이뜨사에는, 규모와 특성 quality 이 서로 다른 20개 이상의 건축물 단지 architectural complexes 가 건설되었으며, 전체 면적은 약 16km² 에 달했다. 모든 건축물 단지는 얽히고설킨, 돌로 포장된 길 roadways 로 연결되었다. 치첸 이뜨사의 유적은 뚤라의 확대판이라고 할 정도로 영향을 많이 받았다. 똘떼까 문명의 특성은 전투적인 색채이다.

그러나 치첸 이뜨사는 13세기 초에 마야빤 Mayapán 이 유까딴 북부를 거의 모두 정복하면서 소리 없이 사라졌다. 이후 치첸 이뜨사의 문명은 마야빤에 계승되어 소위 말하는 신-마야문명으로 존속했다. 열대우림 속에 묻혀 있었던 치첸 이뜨사는 1839년, 세상에 그 모습을 드러냈다. 치첸 이뜨사의 신전 건축물과 삐라미데에는 마야 인들의 뛰어난 건축기술과 천문학 지식이 녹아있다. 현재 복원이 잘 되어 있는 치첸 이뜨사는 신-마야문명을 대표하는 유적이 되었으며 그 상세는 다음과 같다.

(가) 신성한 물웅덩이

치첸 이뜨사에서 가장 관심을 끄는 자연 유산은 대광장 Gran Plaza 북쪽의 울창한 밀림 한가운데에 있는 전설의 물웅덩이, 즉 “성스러운 물웅덩이 Cenote sagrado” 이다(사진 3-061). 이 신성한 물웅덩이는 석회석 지반에 탁한 샘물이 솟아오르면서 커다란 구멍이 뚫려 생겨났다. 이 지역, 즉 유까딴 Yucatan 반도에는 이런 형태의 물웅덩이가 6천여 개나 되며, 이들은 대부분 바다와 연결되어 있다고 한다. 이 신성한 물웅덩이의 지름은 66m 쯤 되고, 수면 水面 은 지표면에서 22m 밑에 있으며, 웅덩이 물의 깊이는 6~12m 정도이다. 이 물웅덩이는 비에 대한 숭배 cult to rain, 풍요 fertility 그리고 생명 life 의 중심 이었으며, 치첸 이뜨사에서 중요한 제례 의식은 모두 이곳에서 집행되었다. 마야 사람들은 비와 천둥의 신, 착 Chac 이 물웅덩이 밑에 살고 있다고 믿었기 때문에 비가 내리길 기원할 때마다 살아있는 젊은 처녀와 어린이를 포함해서 많은 제물 祭物 을 이 웅덩이에 던져 넣었다. 실제로 이 물웅덩이의 밑바닥에서는 다양한 형태의 옥

玉, jade, 조개껍질 및 금장신구, 목재, 터키석, 도기 陶器, pottery, 젊은이와 아이들의 유골 遺骨, 성인의 두개골 등 3만 여점의 유물이 발굴되었다. 고대 마야 인들이 의식을 거행하면서 제물을 이 물웅덩이에 던져 넣었던 것으로 추정된다. 현재 치첸 이뜨사에 있는 일부 물웅덩이는 관광객들의 물놀이장이 되었다.

사진 3-061: 신성한 물웅덩이 치첸 이뜨사, 유까딴, 메히꼬

(나) 꾸꿀깐 삐라미데

사람들이 그냥 엘 까스띠요 El Castillo, 즉 삐라미데 Pirámide 성 城, castle, castillo 이라고 부르는 이 건축물은 치첸 이뜨사의 대표적 마야 유적이다. 마야 인들은 이 건축물을 꾸꿀깐 삐라미데 Pirámide del Kukulkán 또는 꾸꿀깐 신전 Temple of Kukulkán 이라고 불렀다(사진 3-062). 마야 인들은 떼오띠우아깐의 신 "께찰꼬아뜰"을 "꾸꿀깐"이라 불렀다. 이 삐라미데는 9세기 초에 완공 된 것으로 추정되며, 치첸 이뜨사의 가장 성스러운 장소인 중앙 광장 Central Plaza 또는 Main Plaza, 즉 대광장 중심부에 우뚝 솟아있다. 이 삐라미데는 똘떽 시기 Toltec period 에 가장 중요하고, 가장 탁월한 기념비적인 건축물이다. 이 삐라미데 정상에는 신전, 천문관측탑 등이 있으며, 정상에서는 열대우림 속의 마야 유적들을 한눈에 볼 수 있다.

① 삐라미데 구조

꾸꿀깐 삐라미데의 바닥 한 변의 길이는 약 55m 이고, 삐라미데 상단까지의 높이는 약 25m 이다. 이 삐라미데는 웅장한 똘떽 Toltec 건축 양식의 영향을 받았다. 이 삐라미데는 9개의 경사 기단 nine sloping bodies 을 계단식으로 쌓아 올린 다음, 각각의 경사면에 버팀벽 역할의 계단 staircases 을 구축했다. 9개의 경사 기단은 마야 사회의 우주관인 지하세계의 9개의 수평면을 상징한다. 이 삐라미데의 상단에는 신전 temple 이 있다.

② 삐라미데 계단과 역법 曆法

꾸꿀깐 삐라미데는 건축미가 뛰어남은 물론이고 삐라미데 자체가 달력인 것으로도 유명하다. 이 삐라미데의 4개의 경사면에 있는 각각의 계단은 각각 기본방위 cardinal points, 즉 동서남북을 향하고 있다. 이 삐라미데 4면에 있는 각각의 계단의 단수는 91개이다. 따라서 이들 4계단의 단수의 총합은 364개가 되며, 여기에 맨 위에 있는 1개의 계단을 더하면 모두 365개가 되는

사진 3-062: 꾸꿀깐 삐라미데 전경 치첸 이뜨사, 유까딴, 메히꼬
사진 상; 복원 이전 꾸꿀깐 삐라미데의 측면, 사진 하; 복원 후의 삐라미데 전경

데, 이는 마야 역법의 장력 長曆 에서 1년이 365일이었음을 뜻하는 것이다. 또한 삐라미데 4면에는 52개의 4각 석판 모양이 새겨져 있다. 이것은 52년마다 같은 명칭의 해가 반복되는 52년 주기의 햇수 계산법에서 각각의 해, 즉 52개의 년 年 을 상징한다. 삐라미데에서는 동지, 하지 및 춘분과 추분의 절기를 정확히 측정하였다. 특히 동지 때 삐라미데의 북쪽 계단에 떨어지는 햇빛이 만들어내는 구불구불한 그림자는 마치 신전에서 내려오는 뱀을 연상시킨다(사진 3-063). 마야 인들의 대규모 제사 의식은 이 시기에 맞추어 진행되었다. 삐라미데 계단 측벽 윗면에는 계단을 타고 내려오는, 깃털달린 뱀의 형상이 조각되어있다. 뱀의 머리 조각은 측벽 하단에 있다(사진 3-064).

사진 3-063: 삐라미데 북쪽 계단 및 석판 치첸 이뜨사, 메히꼬

사진 3-064: 삐라미데 91단 계단과 뱀 머리 조각 치첸 이뜨사

사진 상; 삐라미데 91단 계단, 사진 하; 계단 아래쪽의 뱀 머리 조각

③ 신전과 왕좌

꾸꿀깐 삐라미데의 신전은 계단식 삐라미데 위에 있고, 신전의 내부는 둥근 천장 vault 으로 되어 있다(사진 3-065). 지붕에는 마룻대 장식 cresting 대신에 소라 조각 cut conches 장식이 있다. 소라 조각은 신 神, god, 께찰꼬아뜰 Quetzalcóatl, 즉 꾸꿀깐을 상징한다. 신전 진입구 進入口, accesses 의 문설주와 기둥에는 전사의 모습이 새겨져 있다. 신전의 내부에는 왕좌 王座, throne 가 있다. 이 왕좌는 붉은 색을 칠한 재규어 red jaguar 형상을 하고 있으며 그 표면은 장미꽃 형태의 옥원판 玉圓板, jade discs 으로 장식 되었다(사진 3-066). 이 옥원판은 표범 반점 feline's spots 을 나타낸다.

사진 3-065: 꾸꿀깐 삐라미데 신전 치첸 이뜨사, 유까딴, 메히꼬

사진 3-066: 꾸꿀깐 신전의 왕좌 치첸 이뜨사, 유까딴, 메히꼬

왕좌는 재규어를 형상화한 모습이다. 마야 인들은 재규어를 착 이깔 chak ikal, 즉 붉고 바람처럼 빠른 신성한 동물로 생각했다.

(다) 전사의 신전과 착물 석상

전사 戰士 의 신전 Templo de los Guerreros 또는 Temple of the Wariors 은 대광장 동쪽 끝에 있으며, 전사의 신전 앞쪽에는 꾸꿀깐 신전이 있다(사진 3-067). 전사의 신전은 피라미드식으로 쌓아 올린 4개의 기단 위에 건축되었다(사진 3-068). 이 기단에는 전사의 모습과 사람의 심장을 집어 삼키는 동물들의 모습

이 조각되어 있다. 전사의 신전 입구에 있는 두 기둥의 몸통에는 깃털 달린 뱀 feathered serpents 의 전신 모습이, 기둥 하단에는 깃털 달린 뱀의 머리가 그리고 기둥머리에는 방울뱀의 모습이 조각되어 있다. 이 두 기둥 앞에는 치첸 이뜨사 성 Castle of Chichén Itzá, 즉 꾸꿀깐 신전 Temple of Kukulcán 을 바라보고 있는 착물 석상 stone sculpture of Chac Mool 이 있다(사진 3-069). 착물은 붉은 발톱 red claws 이라는 뜻이다. 이 착물 석상은 치첸 이뜨사에서 가장 잘 보존된 석상이다. 이 석상은 아주 독특한 형태, 즉 인간과 신의 중간 형태를 하고 았다. 착물 석상의 배 위에는 접시가 놓여 있는데, 그 접시 위에는 제물로 바쳐진, 살아있는 사람의 배를 가르고 추출한 심장을 올려놓았던 것으로 추정된다. 전사의 신전에는 모두 100여개의 돌기둥이 있다. 이 돌기둥은 전사를 상징하는 것이며, 이들 돌기둥에는 전사의 모습, 깃털 달린 뱀, 수도승 등이 조각되어 있다. 신전 천장에는 전쟁과 일상생활의 모습을 그린 그림이 있다. 전사의 신전은 원래 착물 신전의 터 substructura del Templo del Chac Mool 였다.

(라) 기둥 광장

1000여개의 기둥이 무리지어 있는 광장 Plaza del Grupo de las Mil Columnas 또는 Group of the Thousand Columns 은 전사의 신전 서쪽과 남쪽에 붙어 있다. 기둥 광장은 두 개의 장축 長軸, 즉 서쪽 열주 列柱, Columnata Oeste 와 북쪽 열주 Columnata Norte 가 "T"자 字 형으로 연결되어 있다. 전사의 신전 서쪽에 있는 것을 서쪽 열주, 남쪽에 있는 것을 북쪽 열주라 한다(사진 3-070). 서쪽 열주 정면에는 꾸꿀깐 신전이 있다. 기둥 광장에는 모두 1000여개의 돌기둥이 있으며, 북쪽 열주의 동쪽 끝에는 북동 열주 Columnata Noreste , 조각 기둥 신전 Templo de las Columnas Esculpidas 및 메시따스 신전 Templo de las Mesitas 이 있다. 광장 내부 기둥의 높이는 4.6m 이고, 광장의 전체 면적은 약 2만 2480m^2 이다.

사진 3-067: 꾸꿀깐 신전과 전사의 신전 기둥 치첸 이뜨사, 메히꼬 전사의 신전 입구, 기둥 앞에 있는 착물 석상이 꾸꿀깐 신전을 바라보고 있다.

사진 3-068: 치첸 이뜨사 전사의 신전 유까딴, 메히꼬
사진 상; 1920년 복원공사 모습, 사진 하; 복원후의 전사의 신전

사진 3-069: 전사의 신전 입구의 착물 석상 치첸 이뜨사, 메히꼬
착물 석상은 꾸꿀깐 신전을 바라보고 있다.

사진 3-070: 기둥 광장의 서쪽 열주 치첸 이뜨사, 유까딴, 메히꼬

(마) 천체 관측 탑

천문 관측 탑 El Observatorio 은 대광장의 남쪽, 즉 에끼스또록 물웅덩이 서남쪽에 인접해 있다. 천체 관측 탑, 즉 천문대를 사람들은 엘 까라꼴 El Caracol, 즉 달팽이 또는 소라 the Conch 라고 부른다. 이 천문대는 치첸 이뜨사 최초의 새로운 스타일의 나선형 건축물 circular building 이었다(사진 3-071). 엘 까라꼴이라는 명칭은 건축물 내부에 나선형 계단 spiral staircase 이 있기 때문에 붙여진 이름이다. 그러나 나선형 계단은 현재 대부분 소실된 상태로 있다. 천문대 상층부에 있는 관측용 탑에는 나선형 계단을 통해서 올라갔던 것으로 추정된다. 천문대에는 제단, 그리고 높이 9m 의 구조물 위에 있는 발코니와 그 위에 있는 높이 13m 의 천문 관측용 탑이 있다. 탑 위쪽에 있는 3개의 창문은 금성의 위치, 춘분과 추분 때의 태양의 위치와 관련이 있다.

(바) 촘빤뜨리 고대

촘빤뜨리 고대 高臺, Plataforma del Tzompantli 는 대광장 서북쪽에 있다. 촘빤뜨리 고대 서쪽에는 공놀이 대 경기장이 있다. 사람들은 이 고대를 두개골 頭蓋骨 고대 Plataforma de los Cráneos 또는 두개골 제단 Altar of Skulls 이라고 부른다. “T” 자 字 형 고대 기단의 벽면에는 다양한 표정의 두개골 측면 모습들이 새겨져 있기 때문이다(사진 3-072). 여기서 두개골은 죽음의 상징이다. 전장 戰場 에서 체포되어 참수당한 적군과 인신 공희에 희생된 자들의 두개골을 쌓아 올려 전시하던 곳이다. 두개골 전시의 목적은 잠재적인 죄수나 적들에게 두려움을 느끼게 하는 것이었다. 제단 아래 흙무더기 속에서는 의식에 쓰였던 것으로 보이는 두개골 9개가 발굴 되었다.

(사) 독수리와 재규어 제단

독수리와 재규어 고대 Plataforma de los Aguilas y Jaguares 는 대광장 서북쪽에 있는 소규모 고대이다. 이 고대 북서쪽에는 촘빤

사진 3-071: 치첸 이뜨사 천문대 유까딴, 메히꼬

사진 상; 발견 당시 천문대, 사진 하; 1923년~1929년 복원 공사 이후의 천문대

사진 3-072: 촘빤뜨리 고대 기단 벽면 치첸 이뜨사, 유까딴, 메히꼬

뜨리 고대가 인접해 있다. 독수리와 재규어 고대의 4변에는 계단과 버팀벽이 있다. 각 계단의 양쪽 측벽 윗면에는 깃 털 달린 뱀이 새겨져 있고, 측벽 맨 위쪽에는 깃털 달린 뱀의 머리 조각이 있다(사진 3-073). 이 고대 벽면의 석판에는, 인간의 심장을 움켜쥐고 게걸스럽게 먹어치우는 독수리와 재규어의 모습이 돋을새김 되어 있다. 마야 문명에서 뱀, 독수리 그리고 재규어는 용맹한 전사의 상징이었다. 독수리와 재규어 고대는 마야-똘떼까 Maya-Tolteca 문명 스타일의 제단이다. 이 제단은 종교 의식 때 사용되었던 것으로 추정된다. 똘떼까 문명의 상징은 매우 전투적인 것이며 그런 특징은 전사의 모습이 부조 浮彫 되어 있는 돌기둥 등에도 잘 나타나 있다.

사진 3-073: 독수리와 재규어 고대 치첸 이뜨사, 유까딴, 메히꼬

(아) **금성 고대**

금성 고대 Plataforma de Venus 는 대광장 정북쪽에 있는 소규모 고대이다(사진 3-074). 이 고대 정남쪽에는 꾸꿀깐 삐라미데가 있다. 금성 고대를 착물 묘 Tumba del Chac Mool 라고도 한다. 금성 고대는 춤, 축제, 공연 등을 위한 일종의 작은 무대였던 것으로 추정된다. 4각형 기단 위에 구축된 이 고대의 4면에는 계단이 있다. 이 고대 모서리에는 금성을 상징하는 문자가, 그리고 고대 벽면 중앙에는 독수리, 재규어, 뱀 그리고 사람이 뒤 섞여 있는 아주 신묘한 형상들이 새겨져 있다. 또한 벽면에는 꾸꿀깐에 관한 이야기, 즉 연대기, 금성의 상징 symbol 등도 그림문자로 돋을새김 되어 있다.

사진 3-074: 치첸 이뜨사 금성 고대 유까딴, 메히꼬

(자) **공놀이 경기장**

치첸 이뜨사의 공놀이 대 경기장 El Gran Juego de Pelota 은 대 광장 북서쪽에 인접해 있다. 이 경기장은 고대 중앙아메리카 마야 지역에서 가장 큰 경기장이었다(사진 3-075). 오늘날 국제 축구경기장 크기와 같은, 이 경기장은 장축이 90m 이상이고, 양측면 수직 벽(사진 3-076) 중앙 상부에는 공을 집어넣는 고리 rings 가 있다. 고리는 서로 뒤엉켜 꼬여있는 모습의 깃털달린 뱀의 부조로 장식되었다(사진 3-077). 경기장 북쪽 끝에는 북 신전 Templo del Notre(사진 3-078)이 있고, 남쪽 끝에는 남 신전 Templo del Sur 이 있다. 경기장 오른쪽 수직 벽의 남쪽 끝에는 재규어 신전 Templo de los Jaguares(사진 3-079)이 있다. 재규어 신전의 정면에는 재규어, 방패, 깃털 달린 뱀, 화살 형태의 톱날 모양 등의 돌을새김 장식이 있다.

사진 3-075: 치첸 이뜨사 공놀이 경기장 전경 유까딴, 메히꼬

사진 3-076: 공놀이 경기장 수직 측벽 치첸 이뜨사, 유까딴, 메히꼬
사잔 상; 복원 이전 측벽, 사진 하; 복원 이후 측벽

사진 3-077: 공놀이 경기장 고리 상세 치첸 이뜨사, 유까딴, 메히꼬

사진 3-078: 공놀이 경기장 북쪽 신전 치첸 이뜨사, 유까딴, 메히꼬

사진 3-079: 공놀이 경기장 재규어 신전 치첸 이뜨사, 메히꼬

차) **마야빤**

마야빤 Mayapan 은 현재 메히꼬 남부 유까딴주에 있는 치첸 이뜨사 Chichen Itza 와 욱스말 사이에 있었던 마야의 도시-국가였다. "마야빤" 이라는 말은 아마도 깃발 flag 이나 마야의 군기 軍旗, banner 를 의미하는 것 같다. 마야빤은 치첸 이뜨사 멸망 후 1200년에서 1450년 사이에 유까빤 반도 지역의 정치적 주도권을 잡았다. 전성기 마야빤 중심 지역의 면적은 약 4km² 였으며, 인구는 1만2000명, 건축물은 4000여 채나 있었다. 마야빤의 통치자들은 cocom rulers 은 중앙집권제를 실시했으며, 유까딴 반도 지역에서 가장 영향력 있는 혈통의 사람들을 마야빤의 중심지로

불러들여 살게 했다. 이런 정책은 혹시 일어날지도 모르는 꾸데따 coup d' état, 즉 국가 전복의 위험성을 사전에 방지하려는 정책이었다. 이런 관계로 마야빤에 있었던 건축물의 거의 대부분은 주거 전용이었다. 행정-의식 중심지 administrative-ceremonial center 는 성벽을 쌓아 방어했으며, 이것은 치첸 이뜨사의 그것의 축소판이었다. 중앙 광장의 측면에는 작은 기둥으로 둘러쳐진 수많은 담장들이 있다. 광장의 동쪽에는 매우 작은 규모의 원형 건축물, 즉 천문대가 있다. 광장의 남쪽 끝에는 마야빤의 성 城, 즉 꾸꿀깐 신전 Temple of Kukulkán 이 있다. 피라미드 형태의 이신전은 9개의 기단 nine body 으로 되어 있으며, 동서남북 각 면에 한 개씩 모두 4개의 기단이 있다(사진 3-080). 기단 맨 꼭대기에 있었던 신전은 지금은 사라지고 없다.

사진 3-080: 마야빤 의식 중심지 건축물 유까딴, 메히꼬

이 건축물들은 꾸꿀깐 신에게 봉헌되었다. 오른쪽 건축물이 마야빤 성이다. 이 성은 치첸 이뜨사의 삐라미데 성과 유사하지만, 규모도 작고 예술성도 떨어진다. 동지 때 이성의 북쪽 계단에 떨어지는 햇빛의 구불구불한 그림자는 마치 신전에서 내려오는 뱀을 연상시킨다.

카) 꼬빤

꼬빤 Copán 과 꾸이리구아 Quirigua 는 서로 인접해 있는 고전 마야의 도시-국가지만, 후자는 구아떼마라 남부, 모따구아 강 Rio Motagua 하류 지역에, 꼬빤 온두라스 서쪽 끝, 구아떼마라 접경 지역에 있었던 마야의 중심 도시였다. 꼬빤은 고전 마야 시대의 중요한 상업 중심도시였던 것으로 추정된다. 꼬빤은 서기후 435년경부터 마야 사회에서 두각을 나타내기 시작하였으며, 628년경부터는 군사, 상업적으로 많은 발전을 이루어 전성기를 누렸던 것으로 추정된다. 그러나 꼬빤은 820년경부터 서서히 쇠퇴하기 시작하여 1200년경에는 열대우림 속으로 사라졌던 것으로 추정된다. 꼬빤의 역사를 모두 추정한 것은 초기 역사에 관한 기록이 불분명하기 때문이다. 꼬빤의 주요 마야 유작은 다음과 같다.

(가) 중앙 성채와 신전

꼬빤의 중심 지역에는, 중앙 성채 Central Acropolis 와 같은 건축물 단지 complex sets of buildings 가 있었다. 중앙 성채에는 피라미드, 신전, 안마당 courtyards, 고대 高臺, platformas, 대 광장 gran plaza 등을 비롯하여 다양한 도시 기반시설 infrastructures 이 있었다. 꼬빤의 외곽에는 묘지 cemetery 및 집단 매장지 burial groups 도 있었다. 꼬빤의 건축물중 가장 뛰어난 건축물은, 한 피라미드의 상형문자 계단 Hieroglyphic Staircase 이다. 그 계단의 모든 단 段, steps 에는 총, 약 2500개의 상형문자가 새겨져 있었다. 또한 매우 귀중한 건축물인 "신전 22" 의 문은 door 은, 3개의 우주층 宇宙層, three cosmic levels 을 상징하는 치장벽토 돋을새김 stucco relief 으로 장식되었다.

(나) 공놀이 경기장

온두라스 Honduras 꼬빤에서 주목할 만한 또 다른 건축물은 공놀이 경기장 ball court 이다(사진 3-081). 공놀이 경기장에는 공놀이 juego de pelota 경기의 종교적 상징성을 나타내는 돋을새김이 있는 채점 원반 marking discs 이 있다. 경기장 양 측면에는 건축물들이 있고 경기장 끝, 저 멀리에는 비문 碑文 돌기둥 2 stele 2 와 제단 엘 altar L 이 있다. 돌기둥은 도시의 역사를 새겨 넣은 기념비이다. 건축물에는 커다란 마코앵무새 macaw 머리가 새겨져 있었다. 마코앵무새는 꼬빤을 상징하는 새이며, 태양의 화신 化身 이었다. 그런 것은 바로 공놀이 경기가 별의 의미 astral meaning 였다는 사실을 확실히 보여주는 것이다. 공놀이 경기장에는 3개의 무대 three stages, 즉 관람석이 3개 있다. 현재는 사라졌지만, 경기장 원래의 바닥에는 타일 tiles 이 깔려 있었다. 경기장에는 모두 6명의 마커 six markers, 즉 채점자가 있었으며, 그들은 모두 마코앵무새 macaw 의 머리 모습을 했다.

사진 3-081: 꼬빤의 공놀이 경기장 온두라스

2) 아스떼까 문명

아스떼까 Azteca 또는 Aztec 문명은 현재의 멕시코 Mexico, 즉 메히꼬 연방국 Estados Unidos Mexicanos 지역에서 융성했던 이 지역 마지막 고대 문명이다. 이 문명을 현지에서는 메히까 문명 México civilización 이라고 한다. 메히까 문명은 매우 짧은 기간 동안 존속했지만, 멕시코의 중심지역에서 발상한 가장 강력한 문명이었다. 이 문명은 서기후 1325년에 발상, 1521년에 소멸했지만, 실제 전성기는 1426년부터 1519년까지 100년도 채 안 된다. 멕시코 지역의 후발 문명인 아스떼까 문명은, 700년 앞선 마야 문명보다는 똘떼까 문명의 영향을 더 받았다. 똘떼까 문명은 당시 영향력이 가장 컸던, 떼오띠우아깐 문명의 뒤를 이은 문명이었다. 이 문명은 16세기 초 스페인 침략자들에 의해 철저히, 파괴 소멸되었다.

스페인 침략자들은 이스떼까 문명 파괴와 인종 말살을 식민통치의 최우선 과제로 삼고, 철저하게 아스떼까 유적을 파괴했음은 물론이고 철저한 혼혈정책으로 많은 원주민들을 스페인 인들과의 혼혈인으로 만들었다. 그래서 순수한 아스떼까 인의 후손이라는 사람들은 찾아보기가 힘들고, 현재 남아 있는 유적도 매우 드물다. 현재 멕시코 지역에 남아있는 유적 및 유물의 대부분은 아스떼까 이전에 존재했던 것들이다. 아스떼까 문명의 주인공인 아스떼까 인들은, 똘떼까 인이나 떼오띠우아깐 인의 후예도 아니고 그들의 유산을 직접 계승하지도 않았다. 현재까지 발굴된 멕시코, 구아떼마라, 엘살바도르 등의 지역에 존속했던 문명은 메히까, 즉 아스떼까, 마야 문명 이외에 똘떼까 Toltecas 또는 Toltec, 믹스떼까 Mixtecas, 사뽀떼까 Zapotecas, 이사빠 Izapa 등의 문명도 있었다. 멕시코의 중앙고원, 오아하까 주 및 베라끄루스 주에 존재했던 아스떼까 문명의 도시 유적 및 유물의 특성, 연대기 등에 관한 상세는 다음과 같다(그림 3-003).

-멕시코 중앙고원 Central High Plateau

그림 3-003: 아스떼까 문명 도시 유적

꾸이꾸일꼬 Cuicuilco, 떼오띠우아깐 Teotihuacán, 까깍스뜨라 Cacaxtla, 초루라 Cholula, 소치깔꼬 Xochicalco, 뚜라 Tula, 산따 쎄씨리아 Santa Cecilia, 뗌쁘로 메이오르 Templo Mayor, 마리날꼬 Malinalco

-오아하까 Oaxaca

몬떼 알반 Monte Albán, 다인수 Dainzú, 람비띠에꼬 Lambityeco, 야굴 Yagul, 미뜨라 Mitla, 사아아치라 Zaachila, 우이하소오 Huijazoo

-베라끄루스 Veracruz

올멕 The Olmecs, 라 벤따 La Venta, 엘 따힌 El Tajín, 쎔뽀아라 Cempoala, 끼아우이스뜨란 Quiahuiztlán

(1) **아스떼까 문명**의 **특성**

아스떼까 인들은 동맹국이었던 떽스꼬꼬를 통해 똘떼까 Toltecas 문명을 받아들여 발전시켰다. 아스떼까 평민들의 사회생활은 그들의 우주관으로 전면 규제되었다. 또한 특이한 사실은 왕의 선출은 세습제가 아니고 왕족회의를 거쳐 결정했다는 점이다. 아스떼까 인들의 정치, 사회, 군사, 종교, 천문, 신화, 우주관, 역법 曆法, 문학, 농업 등에 관한 문명적 특성은 다음과 같다:

-토지; 평민의 경우 공동체 조직에서 보유
-행정조직; 거주구역에서 사회계층 및 직능에 따라서 조직
-통치조직; 자치 경찰 및 사법 司法 조직
-종교; 다신교,
-문자; 상형문자,
-주요 식량; 옥수수
-전공훈장 戰功勳章, military orders; 독수리 전사 eagle warrior 및 재규어 전사 jaguar warrior, 독수리는 하늘을, 재규어는 하계를 대표하는 동물
-세계관; 서양사회의 이성에 기초한 진보적 세계관과는 달리, 순환적이고 염세주의적이었음
-예술양식; 마야 문명의 예술양식에 비해 정교함과 화려함은 떨어지지만 규모의 방대함과 균형성은 뛰어남

가. **사회 조직** 및 **계층**

아스떼까 인들의 사회는 귀족과 평민으로 나뉜 신분제 사회였으며, 계층별 신분 상세는 다음과 같다.

가) **귀족 계층**

아스떼까 인들의 귀족 신분에 속하는 계층은 왕, 왕가의 후손, 사제, 전사 戰士, 관리, 재판관 등이다. 왕은 이들 귀족 신분

을 가진 사람 중에서 능력이 뛰어난 사람을 뽑아 경 卿 이라는 지위를 부여했다. 경의 지위를 부여 받은 사람은 특정지역의 관할 책임자, 재판관, 최고위 전사 등의 직책을 수행했으며, 왕으로부터 하사 받은 땅에서 거두어들이는 공물로 생활했다. 귀족 계층은 정치, 종교, 군사, 문화의 지도층이 되었으며, 토지 소유가 가능하고, 공납과 부역의 의무가 면제 되었다. 그러나 전쟁 발발 시에는 고위 전사 戰士 로 전투의 선봉에 섰다.

나) **평민 계층**

아스떼까 인들의 평민 계층은 토지소유가 불가능하고, 공납과 부역의 의무를 지는 장거리 상인, 수공업자, 농민, 노예 등으로 구성된다. 이들의 신분에 따른 특성은 다음과 같다.

(가) **평민**

아스떼까 사회에서의 평민은 귀족으로 신분 상승을 할 수도 있고, 노예로 전락 할 수도 있는 신분이었다. 평민은 전쟁에서 큰 공을 세우면 귀족이 될 수도 있지만, 반대로 빚을 지거나 범죄를 저지르면 노예가 될 수도 있었다.

(나) **농민**

아스떼까 사회에서 농민은 평민중의 평민이었다. 농민은 토지를 소유할 수 없으므로, 전통적인 혈연 공동체인 깔뿔리가 공동으로 소유하고 있는 토지를 경작, 생계를 유지했다. 농민은 52세가 될 때까지는 노역의 대상이었다. 이는 오늘날 우리의 환갑, 즉 60세 정년과도 같은 것이다.

(다) **장거리 상인**

장거리 상인들은 평민 신분이었지만 특별대우를 받았다. 장거리 상인은 외교관, 정보원, 염탐꾼의 역할을 했으며, 때로는 전사의 역할도 했으므로 이들은 귀족에 준하는 대우를 받았다. 이들은 나라를 위한 비밀 업무를 수행하다가 수시로 목숨을 잃기도 했기 때문이다. 장거리 상인들은 수시로 왕은 물론이고 귀족계층과도 접촉이 가능했다.

(라) **노예**

아스떼까 사회에서는 노예라는 사회 계층 상의 신분은 없었다. 노예는 조건부 강제 노역 勞役 을 하는, 오늘날의 일시적인 죄수의 신분과도 유사한 무상 노동력의 대상이었기 때문이다. 노예의 대부분은 공물을 미납하거나 도박 등으로 진 빚을 갚지 못한 평민이었다. 일시적으로 노예 신분이 된 평민은 일반 평민과 동일하게 재산권을 행사 할 수 있으며, 일정 조건을 충족하면 언제라도 노예의 신분에서 벗어날 수 있었다.

다) **사회계층**의 **운명론**

아스떼까 사회의 평민과 귀족간의 생활에서 사회적 불평등이 있었음에도 불구하고, 계층 간의 사회적 갈등은 거의 없었다. 이유는 귀족과 평민간의 신분제도가 고착되지 않아, 누구라도 귀족도 되고 평민도 될 수 있는 유연한 사회제도가 있었기 때문이다. 또 다른 이유는 아스떼까 인들의 다음과 같은 운명적 세계관 때문이기도 하다:

-인간을 비롯한 우주만물의 원리를 신에게서 찾음

-신이 창조한 우주는 질서 정연하고 조화로운 상태이며 인간의 모든 의무는 이런 질서와 조화가 깨지지 않도록 각자 정해진 자리에서 맡은 일을 수행하는 것이라고 생각했다. 이런 세계관으로 인해 귀족은 통치하고, 평민은 통치를 받는 것은 당연한 것이었다.

나. **군사 조직**과 **전쟁 목적**

가) **군사 조직**

아스떼까는 정복 전쟁 승리로 흥성한 나라이지만 상비군 常備軍 이 없었다. 아스떼까 인들은 빈번하게 정복 전쟁을 일으켰는데, 이때마다 귀족 출신의 고위 전사와 평민들로 군대를 조직했으며, 귀족 출신의 고위 전사는 군 사령관과 지휘관이 되고, 평민들은 전투에서 전공을 세워 귀족 신분이 되었다. 전투에서 최고 전공 戰功 은 포로를 많이 잡는 것이었다. 예를 들어 적을 4명이상 생포한 평민에게는 독수리 전사 또는 재규어 전사라는 칭호를 부여하고 귀족 대우를 해주었다. 아스떼까 인들의 전투용 무기는 돌과 나무로 만들었다. 그들의 문명 수준은 여전히 석기시대에 머물고 있었기 때문이다.

나) **전쟁 목적**

아스떼까 인들의 전쟁 목적은 정치, 경제적 목적과 종교적 목적으로 대별된다.

(가) **정치, 경제적 목적**

아스떼까 인들이 전쟁을 일으키는 목적은, 상대를 파괴 시키는 것이 아니고, 상대를 굴복시켜 정치 지배력을 강화하고 정기적으로 공물을 받아 경제적 이득을 취하는 것이었다.

(나) **종교적 목적**

아스떼까 인들이 전쟁을 일으키는 또 다른 목적은 신화에 있었다. 아스떼까 인들의 사회생활은 그들의 우주관으로 전면 규제되었으며, 자신들의 우주 창조 신화를 실행하기 위해서는 지속적인 인신공희 의식이 필요하다는 생각이 그들의 마음속 깊이 자리 잡고 있었다. 따라서 인신공희 의식에 필요한 많은 포로를 생포하기 위한 전쟁은 일상의 생활이 되었다. 심지어는 포로만을 생포하기 위한 전쟁을 일으키기도 했는데, 이런 전쟁을 "꽃 전쟁" 이라고 했다.

다. 우주창조 신화와 인신공희

가) 우주창조 신화

아스떼까 인들의 우주창조 신화에 의하면 신들은, 그들의 도시 떼오띠우아깐에서, 창조의 첫 새벽에 모닥불 주위에 모여 앉아 우주 창조에 관하여 이야기했다고 한다. 신들은 자신들의 몸을 희생해야 우주가 창조된다고 말했다. 그러자 한 신이 불에 뛰어 들어 자신의 몸을 희생시켜 태양이 되고, 또 다른 신이 몸을 불살라 달이 되면서 우주가 창조되었다는 것이다. 아스떼까 인들은 신들이 자신들의 몸을 희생하여 이 우주와 인간을 창조하였다고 믿었다. 신들이 창조한 우주가 지속적으로 생명을 유지하기 위해서는 인간 자신이 희생하여 인간의 심장에서 나오는 피를 신들에게 바쳐야 한다고 믿었다. 이와 같은 우주창조 신화에서 인신공희 人身供犧 의식이 자리 잡았다.

나) 다섯 태양의 신화

아스떼까 인들은 지금까지 4번의 태양 시대가 있었으나 모두 멸망하고 현재는 5번째 태양 시대에 살고 있다고 생각했다. 아스떼까 인들은 지금의 태양이 멸망하지 않도록 하고, 신이 창조한 우주가 지속적으로 생명을 유지하도록 하기 위해서는 대규모 인신공희가 필요하다고 생각했다.

다) 인신공희

아스떼까 인들의 정복 전쟁 최고의 목적은 인신공희에 쓸 포로를 잡는 것이었다. 태양신의 생명을 유지시키기 위해서 인신공희에 쓸 포로를 많이 잡는 것은 아스떼까 인들에게는 절대 절명의 사명감이었다. 끊임없는 인신공희를 위해서는 정복한 지역의 사람들을 지속적으로 포로로 잡아와야 했다. 1년 동안 약 2만 명의 포로를 인신공희의 제물로 바쳤다는 주장도 있다. 심지어 1487년 대 신전 증축행사 4일 동안에 8만 400명의 포로를 희생시켰다는 주장도 있으나 이는 과장된 것이 분명하다. 당시의 인신공희에 쓰인 도구와 방식을 고려해볼 때 이 숫자는 불가능하기 때문이다. 인신공희의 상세는 다음과 같다:

(가) **인신공희 풍습**

인신공희는 아스떼까 인들뿐만 아니라 떼오띠우아깐, 마야, 잉까 등 고대 세계 곳곳의 대 신전에서 행했던 일반적인 풍습이었다. 그러나 아스떼까 인들은 15세기 이후까지도 인신공희를 행하였으며, 그 행사가 너무 잦아 희생자 수가 너무 많았고, 그 방식 또한 너무 잔인했다. 아스떼까 인들의 잔인한 인신공희는 스페인 침략자들에게 아스떼까뿐만 아니라 이 지역 일대의 원주민 국가들을 공격, 정복할 수 있는 당위성을 부여했다. 스페인 침략자들은 원주민들을 야만인으로 규정, 이런 야만인들에게 무력을 사용하는 것은 정당하다고 생각, 또 다른 인종 학살의 빌미가 되었다.

(나) **인신공희 목적**

① **종교적 목적**

인신공희는 인간을 위한 신의 희생에 대한 인간의 보답이다. 세계의 본질인 허무의 암흑과 싸우는 태양에게 인간의 피와 심장을 바쳐, 활력을 불어 넣어 아스떼까 시대를 영원히 지속시키려 한 것이다.

② **정치적 목적**

아스떼까 제국의 통치 및 지배의 기본 전략은 인신공희의 잔인성을 부각시켜, 극도의 공포와 협박 분위기를 만드는 것이었다. 인신공희 의식을 집행할 때는 사제 5명이 달라붙어, 살아있는 사람을 거대한 돌 판에 눕히고, 돌칼로 가슴을 절개, 펄쩍펄쩍 뛰는 심장을 꺼내 신에게 제물로 바쳤다. 사제들은 선혈이

낭자한 희생자의 시신을 피라미드 계단 아래로 굴려 인신공희 의식의 공포감을 극대화 했다. 왕과 고위 사제들은 인신공희에 희생된 사람의 고기를 의례용 음식으로 먹었기 때문에 아스떼까 인들에게 식인 풍습이 있다고 전해진 것이다

(다) **제일** 祭日 및 **제물**

인신공희 의식에 쓰일 제물은 남녀불문, 어린이, 청년, 성인 등 모든 포로가 대상이었다. 인신공희 의식을 행하는 제삿날, 즉 제일 祭日 은 엄격하게 준수되고 있는 달력에 의해 결정되었다. 년 간 의식 행사 횟수는 18회 이상이었으며, 의식은 주로 왕의 즉위, 대 신전 증축, 흉년제사 등의 행사 일에 거행되었다.

(라) **인신공희 장소**

아스떼까 제국의 인신공희 의식은 주로 떼노츠띠뜰란의 대 신전에서 거행되었다. 아스떼까 인들은 이 신전을 땅과 하늘을 잇는 세계의 중심이라고 생각했으며, 이 신전에 물의 신과 전쟁의 신을 안치했다. 일반적인 대 신전의 경우 피라미드 위에 신전을 하나만 설치하는데 이 신전의 경우는 예외적으로 신전을 두 개 설치했다.

라. **천문** 및 **우주관**

아스떼까 인들은 우주를 신들이 거주하는 하늘과 인간이 거주하는 하계로 나누었다. 하늘을 천상, 하계를 지하라고도 했다. 다시 말해서 아스떼까 인들은 우주가 4개의 수평면과 22개의 수직면으로 구성되었다고 생각했다고 한다. 수직면은 13층의 하늘, 즉 신들의 세상과 9층의 하계, 즉 사람이 죽어서 가는 세상으로 구분되었다고 생각했다. 일부 학자들은 아스떼까 인들이 우주의 수직면은 비대칭이아니라 대칭, 즉 9층의 하늘과 9층의 하계로 되었다고 생각했다고도 한다. 아스떼까 인들이 생각하는 하늘, 하계 및 신들의 세상은 다음과 같다.

가) 하늘 및 하계

(가) 하늘

하늘은 대지를 둘러싼 물과 함께 통 筒 모양의 천장으로 형성되었다고 생각했다. 하늘은 커다란 대들보에 의해 서로 격리된 궤도가 층을 이루고, 그 사이를 각각의 달, 별, 혜성 등이 지나다닌다고 생각했다. 하늘 중 가장 낮은 제1하늘은 달의 하늘이고, 가장 높은 제12하늘과 제13하늘은 최고신, 오메떼오뚤이 거주하는 하늘이다. 오메떼오뚤은 모든 신과 만물을 형성한 이원성 二元性 의 신이다. 제2하늘에서 제11하늘까지는 별, 태양, 샛별, 하양신, 노랑신, 빨강신 등의 온갖 별과 신들의 세상이다.

(나) 하계

아스떼까 인들은 사람이 죽으면 혼이 분리되어 저승, 즉 하계 下界 로 간다고 믿었다. 그러나 문제는 혼은 3개, 저승은 셋, 또는 넷이라고 믿었으므로 어떤 혼이 어떤 저승으로 가는지는 혼란스러운 문제였다. 인간은 육신과 3개의 혼으로 구성되었다고 생각했으며, 자연사 自然死 한 인간은, 먼저 제1하계로 내려갔다가, 차례로 온갖 난관을 극복하고 여행한 끝에 마침내 제9하계에 이르러 영원한 안식을 얻는다고 생각했다. 제1하계는 땅 밑으로 죽은 사람의 육신이 묻히는 곳이며, 제2하계에서 제8하계까지는 생전의 인간 생활처럼 온갖 어려움과 육신이 괴롭힘을 당하는 곳이다.

나) 우주의 중심

사람들이 사는 대지는 오메떼오뚤의 아들 신, 시뻬또떽의 피부가 변한 것이며, 대지의 중심, 즉 배꼽은 떼노츠띠뜰란에 있는 대신전이라고 생각했다. 배꼽은 대지뿐만 아니라 동, 서, 남, 북 4방위의 중심이며, 하늘과 하계를 연결하는 우주의 중심이라고 생각했다.

다) 신들의 속성 및 제국

(가) 신들의 속성

아스떼까 인들은, 신들의 영역은 세상의 모든 것 위에 있으며, 다시 그 위에 이원성 二元性 의 장소인 오메요깐이 위치했다고 생각했다. 그곳에 이원성의 신 神 인, 최고신 오메떼오똘이 있다고 생각했다. 아스떼까 인들이 생각하는 신의 이원성이란 필요에 따라서 하나의 신이 언제라도 남신 男神 도 되고 여신 女神 도 될 수 있다는 신의 속성을 말하는 것이다.

(나) 신들의 제국

태양의 부족인 아스떼까 인들이 전설의 고향, 아스뜰란 Aztlán 을 떠나 멕시코 고원에 도착할 당시에, 그들이 섬기고 있었던 신은 수호신이자 전쟁의 신이며 태양의 신인 위칠로뽀츠뜰리 Huitzilopochtli 하나뿐이었다. 그러나 멕시코 고원에 도착한 후 현지에 있었던 신을 모두 자신들의 신으로 숭앙함으로서 아스떼까 인들이 섬기는 신들의 수는 무려 200명에 달했다. 아스떼까 인들은 신들의 숫자가 너무 많이 늘어, 신들의 계보가 복잡해지자 기존의 신들에게 새로운 속성, 즉 이원성 二元性 을 부여하고, 이 원리를 최상위 개념으로 하는 신들의 계보를 정리했다. 아스떼까 인들은 자신들이 전통적으로 숭배하던 신 위칠로뽀츠뜰리의 지위를 격상 시켜 창조신의 반열에 올려놓았다. 아스떼까 인들이 이야기하는 주요 신은 다음과 같다.

① 오메떼오똘

오메떼오똘은 이원성을 가진 최상위의 신으로 모든 신의 기원이라 했다. 아스떼까 인들은 오메떼오똘이 4명의 아들 신들을 낳았으며, 아들 신들은 우주의 4요소인 대지, 공기, 물, 불과 같은 힘을 가진다고 생각했다. 오메떼오똘의 아들신 4명은 시뻬또떽, 떼스까뜰리뽀까, 께찰꼬아뜰 및 위칠로뽀츠뜰리이다. 아들

신들은 대지를 동, 서, 남, 북 방향으로 4등분하여 각기 자신의 대지를 다스렸으며, 태양, 인간, 시간을 창조한 다음 13개의 하늘을 만들었다. 아스떼까 인들은 계통이 서로 다른 두신, 시빡뜰리와 뜰라떼꾸뜰라를 하나로 묶어 대지의 신이라고도 했다. 그러나 아스떼까 인들이 오메떼오똘을 자신들의 신으로 숭배했다는 증거는 어디에도 없다는 것이 학자들의 의견이다.

② 위칠로뽀츠뜰리

아스떼까 인들의 신, 위칠로뽀츠뜰리는 대지의 여신 꼬아뜨리꾸에 Coatlicue 의 아들이자, 최고신 오메떼오똘의 아들 신이기도 하다. 대지의 여신은 깃털로 덮인 구슬을 몸에 품고 있다가, 임신, 위칠로뽀츠뜰리를 출산했다. 그러나 대지의 여신은 이미 흑요석 칼에 의해 임신, 달의 여신과 많은 별들의 신을 출산 했다. 최초의 신들이 정한 명부에 의하면, 대지의 여신은 오직 한번만 임신토록 되어 있었다. 그런데 자식들인 달과 별의 신들은 대지의 여신이 또다시 임신한 사실을 알게 됐다. 달과 별의 신들은 이번 임신이 난교에 의한 임신이라고 생각, 대지의 여신을 죽이려고 모의 했다. 그 사이 대지의 여신은 위칠로뽀츠뜰리를 출산했다. 형들과 누나 신들은 위칠로뽀츠뜰리를 죽이려 하였으나, 위칠로뽀츠뜰리는 화염에 쌓인 뱀의 도움을 받아 형들과 누나 신들을 격렬하게 공격, 그들을 모두 살해했다.

③ 께찰꼬아뜰

아스떼까 사람들이 자신들의 수호신이자 평화의 신이라고 생각하는 께찰꼬아뜰 Quetzalcóatl 은 떼오띠우아깐의 신이었다. 께찰꼬아뜰은 장난꾸러기 신들의 꼬임에 속아 술을 엄청 마시고 만취 상태에서 근친상간을 저질렀다. 나중에 이를 알게 된 께찰꼬아뜰은 수치심에 못 이겨, 뱀을 엮어 만든 뗏목을 타고 동쪽을 향해 떠났다. 그는 떠나면서 정해진 날, 즉 아스떼까 달력으로 제1사탕수수의 해에 다시 돌아오겠다는 약속을 남겼다.

마. 역법 및 수체계

가) 아스떼까 역법

아스떼까 역법 曆法 은 마야 역법과 유사하다. 1년은 360일에 5일의 흉일을 추가하여 365일로 하였다. 마야 역법에서도 장력 長曆 은 365일 이었다. 5일의 흉일에는 아무 일도 못하게 하였다. 1주일은 5일인데, 4일은 일하는 날이고 나머지 하루는 장이 열리고 축제가 있는 쉬는 날이다. 이런 관습은 오늘날까지도 지속되어, 멕시코에서는 5일마다 장이열리는 5일장이 있다. 아스떼까 역법의 기준은, 1년은 18개월+5일, 즉 360일+5일이고, 1달은 20일, 즉 4주이고, 1주는 5일이다.

나) 아스떼까의 수체계

아스떼까 인들의 수체계 數體系 는 마야인의 수 체계와 유사했다. 아스떼까 인들은 1부터 20까지는 점으로 표시했으며, 20, 4백, 8천 등을 새로운 기호로 사용했다.

(2) 유적 및 유물

아메리카대륙 고대문명의 후발 주자인 아스떼까 인들은, 자신들의 문명에 대한 정통성을 확보하기 위하여 많은 이야기를 만들어 냈다고 한다. 즉, 문명의 역사를 왜곡했다는 것이다. 아스떼까 인들은, 떼오띠우아깐 Teotihuacán 은 신들이 사는 도시이며, 아스떼까 문명의 기원인 곳이라고 주장했지만, 관련 학자들에 의하면, 떼오띠우아깐은 아스떼까 문명과는 직접적인 관계가 없다는 것이다. 또한 아스떼까 인들은, 똘떼까 인들을 예술과 건축의 거장이라고 생각하면서, 스스로를 똘떼까 문명의 계승자라고 주장했지만 이 또한 만들어 낸 말이라는 것이 정설이다. 아스떼까 제국 멸망 즈음에 멕시코 씨티에 잠입한 스페인 카톨릭 사제들이 수집한 아스떼까 문명의 유적 및 유물에 관한 이야기는 다음과 같다.

가. 아스떼까 이전 문명

가) 떼오띠우아깐 문명과 유적

떼오띠우아깐에는 서기전 200년경부터 사람들이 모여 살기 시작한 것으로 추정된다. 떼오띠우아깐은 650년경까지 왕성하게 발전을 지속했지만 그 후 쇠락의 길로 들어섰다가 750년경에 결국 멸망, 역사의 뒤안길로 사라졌다. 떼오띠우아깐 문명은 멕시코 중부지역 계곡에 모여서 살던, 여럿의 작은 부족이 발상시킨 문명이다. 그들의 문명은 다수의 부족의 관습과 다수의 언어로 이루어졌으며, 그 상세는 다음과 같다.

(가) 신들의 도시와 부족의 신

① 부족의 신

떼오띠우아깐에 살았던 부족들이 섬기던 신 神 은 께찰꼬아뜰 Quetzalcóatl 과 뜨라록 Tláloc 이었다. 께찰꼬아뜰은 “깃털 달린 뱀” 이라는 뜻이고 뜨라록은 “비와 물의 신” 이라는 뜻이라고 한다. 뜨라록은 마야 달력에서는 “8월의 신” 이기도하다. 뜨라록 신의 통돌 monolith 조각상은 현재 멕시코 씨티, 국립인류학박물관 Museo National de Antropologia 앞뜰에 있다(사진 3-082). 이 조각상은 메히꼬의 꼬아뜨린찬 Coatlinchán 에서 가져왔다. 떼오띠우아깐에는 수많은 삐라미데와 신전 건축물이 있었다.

② 신들의 도시

㉮ 명칭과 의미

아스떼까 인들은 훗날 떼오띠우아깐을 발견하고는, 그 규모에 놀라 이곳을 신들의 도시라고 믿었다. 아스떼까 인들은 이곳을 자신들의 태양과 달의 신화의 무대로 삼고 거대한 피라미드를 태양과 달의 삐라미데라 했다. 아스떼까인 들의 전설이 된 떼오

사진 3-082: 뜨라록 신의 석상 멕시코 씨티, 멕시코

떠우아깐은, 그들에게는 "신들의 도시" 이자, "죽은 인간이 신이 되는 곳" 이었다. "떼오띠우아깐" 은 원래, 멕시코 토착어, "나우아뜰의 낱말 Náhuatl word " 로서 그 의미는 "신들이 태어난 도시 the city where the gods were born", "신들의 장소 Place of the gods" 또는 "사람들이 신이 되는 장소 Place where men become gods" 를 의미한다. 그러나 "떼오띠우아깐" 이란 말은 훗날 아스떼까 인들이 임의로 붙인 이름이며, 당시의 원래 명칭 original name 은 아직 밝혀진바 없다.

㉯ 거주 부족

떼오띠우아깐에는 당시에 어떤 민족 집단 ethnic group 이 살았는지 조차도 현재로선 알려진바 없다. 다만 다수의 가능성으로 추정 해 볼 때, 올멕-초초뽀뽀로까스 Olmecs-Chochopopolocas, 오또미에스 Otomies 또는 쁘로또나우아스 Protonahuas 족들이 살았을 것이라는 추측이 설득력이 있을 뿐이다.

㉰ 통치 형태와 사회 특성

부족 국가 떼오띠우아깐의 통치 형태에 대해서는 지금까지 알려진 것이 전혀 없다. 다만 군주의 왕조 dynasty of lords 이었다거나, 집단 지도체제 a group of councils 이었을 것이라는 추측만 있을 뿐이다. 떼오띠우아깐은 세계화된 도시임과 동시에 엄격하게 구분된 사회적 신분이 존재하는 곳이었다. 이곳에는 고대 멕시코의 사뽀떼꼬 족 Zapotecos 과 같은 외국인들과 무역상들이 거주하는 지역이 별도로 지정되어 있었다.

(나) 문명 발상지

① 지리적 위치 및 토양

떼오띠우아깐은 지금의 중앙아메리카 지역에서 가장 오래된 고대 도시-국가였다. 떼오띠우아깐은 현재의 멕시코 씨티에서 북북동쪽으로 50km 정도 떨어진 곳에 있었던 고대 부족집단의 정착지였다. 떼오띠우아깐은 토양이 기름지고 식수원인 민물 샘물 freshwater springs 이 풍부했으며 흑요석 黑曜石, obsidian 의 원산지이기도 했다. 이 지역은 서기전 3500년경에 인류 최초로 옥수수를 재배한 흔적이 발굴된 곳이다. 또한 떼오띠우아깐은 멕시코만 Mexico Basin 과 멕시코만 연안 Gulf coast 을 잇는 교역 통로 및 수상 운송로인 수많은 호수 湖水 로의 접근성도 뛰어난 국제 무역의 요지이기도 했다.

② 도시 계획

떼오띠우아깐은 고대 멕시코의 도시 중 가장 뛰어나게 도시화된 완벽한 계획도시였다. 도시의 남쪽지역에는 당시 정치 및 행정의 주요 중심지였던 떼오띠우아깐 성채 Citadel 가 있다.

㉮ **주요 시설 배치**

떼오띠우아깐의 도시계획은 2개의 축, 즉 남-북 주축과 동-서 부축을 기본 축으로 하는 격자형 구조이다. 남-북 축에는 광장과 사자 死者 의 대로 大路, 즉 죽은 자의 길이 있고, 동-서 축에는 태양의 삐라미데 서쪽 면으로부터 서쪽으로 뻗어나간 길이 있다. 도시는 2개의 축에 의해 4개의 지역 sectors 으로 분할되었으며 이들 두개의 축으로부터 수많은 길 roads 과 포장 도로 paved streets 가 갈라져 나갔다. 도시에는 매우 인상적인 식수 공급 시설 water-supply 과 배수 시스템 drainage system 도 갖추어져 있었다. 또한 도시에는 운하와 저수 시설 water reservoirs 도 있었음이 최근의 발굴에서 드러났다. 도시의 동쪽에는 태양의 피라미드 the Pyramid of the Sun 가, 북쪽에는 광장 및 달의 피라미드 the Pyramid of the Moon 가 있다.

㉯ **공동 주거 단지**

도심 주변에는 규모가 다양한, 2000개 이상의 공동 주거 단지 multi-family residential complexes 또는 dwelling complexes 가 산재해 있었다. 고고학자들은 이들 주거 단지를 궁궐 palaces 이라 부른다. 각각의 주거 단지에는 주랑 porticos, 복도, 중정 patios 이 있었으며 방 rooms 들은 중정 주변에 배치되어 있었다. 주거 단지는 도시의 소음 공해를 차단할 수 있도록, 창이 없는 높은 담장으로 둘러 싸여 있었다.

(다) **문명**의 **전성기** 및 **멸망**

떼오띠우아깐 문명의 전성기는 서기 후 6세기경으로 추정된다. 당시 떼오띠우아깐의 면적은 23.3km², 인구는 20여만 명 정도였다고 한다. 떼오띠와깐은 서기후 250년경부터 인구가 증가하기 시작하였다. 떼오띠우아깐은 점차 세력을 키워 현재 메히꼬 중부지역, 즉 메히꼬 전체 영토의 60% 정도와 구아떼마라, 온두라스 및 엘살바도르까지의 광대한 지역을 통치하는 대제국이 되었다. 그런데 680년경, 떼오띠와깐은 내부 반란에 의한 것인지, 기상 이변 탓인지, 외세 침략에 의한 것인지는 확실치 않으나, 경제력이 약화되고 인구가 과잉되어 멸망했다. 당시 이지역의 우기는 11월말에서 5월말까지였다. 떼오띠와깐 멸망이후 사람들은 유까딴 반도 쪽으로 이주했다. 떼오띠우아깐은 구아떼마라의 마야 문명에도 영향을 끼쳤다.

(라) 떼오띠우아깐 유적

① 떼오띠우아깐 성채

떼오띠우아깐 성채 Citadel 는 당시 정치 및 행정의 중심지이자, 경외감을 불러일으키는 장엄한 의식 단지 ceremonial complex 였다. 이 성채 안에는 신분이 가장 높은 사제와 관리들이 살았다. 이 성채는 대략 서기후 150~200년경에 건설되었던 것으로 추정되며, 4각형의 성채 한 변의 길이는 약 400m 이다. 이 성채 안에는 내성 La Ciudadela 과 께찰꼬아뜰 신전 Templo de Quetzalcóatl 을 포함하여 여러 개의 삐라미데, 즉 신전이 있었다. 이 성채는 태양의 삐라미데 남쪽에 있다(사진 3-083).

㉮ 께찰꼬아뜰 신전

께찰꼬아뜰 신전은 아스떼까인들이 자신들의 신, 께찰꼬아뜰을 섬기던 곳이었다. 태양을 상징하는 이 신전을 깃털 달린 뱀의 삐라미데 la Pirámide de Serpiente emplumada 또는 the Pyramid of the Feathered Serpents 라고도 한다. 최근에는 삐라미데 주변에서 20m 깊이의 구덩이가 발굴되었는데 이 구덩이는 삐라미데 기초

사진 3-083: 떼오띠우아깐 성채 전경 떼오띠우아깐, 메히꼬

사진 상; 달, 태양의 삐라미데 및 성채 전경, 태양의 삐라미데 뒤쪽 멀리에 성채가 있다. 사진 하; 성채 뒤편 중앙에 태양과 달의 삐라미데가 보인다.

중심까지 땅굴로 연결이 되었다. 이 삐라미데의 기초 중심과 주변의 깊은 구덩이에서는 나이가 20에서 40쯤 되어 보이는 126구의 유골이 발굴되었다. 이러한 사실은 이곳이 삐라미데 건설 이전에 주거단지가 아닌가하는 의구심을 갖게 한다. 훗날 떼오띠우아깐을 발견한 아스떼까인들은 께찰꼬아뜰 신전을, 자신들의 수호신이자 평화의 신 또는 하늘과 창조의 신이라고 생각하는 “께찰꼬아뜰” 을 섬기는 곳으로 정했다. 그러나 사실은 “께찰꼬아뜰” 은 아스떼까 인들의 신이 아니라 떼오띠우아깐 인들의 신이었다.

㉯ 신전의 계단식 벽면 조각

께찰꼬아뜰 신전, 즉 깃털 달린 뱀의 삐라미데 정면 façade 에 있는 경사 버팀벽과 그 양쪽 계단식 벽면에는 모두 365개의 깃털 달린 뱀과 뜨라록의 얼굴 조각이 있다(사진 3-084). 경사 버팀벽 좌우의 경사면에는, 조개 conches 및 shells 사이를 주르르 미끄러져 내려오는 모습의 깃털 달린 뱀의 기다란 몸통 조각도 있다. 붉은 색으로 칠해졌던 이 삐라미데에 있는, 정교하고 화려한 색채의 이들 조각품으로 미루어 볼 때, 당시 떼오띠우아깐인들의 의 조각술과 채색 기술이 상당한 수준이었음을 알 수 있다. 원래의 색과 모습대로 복원된 깃털 달린 뱀과 뜨라록 얼굴의 모조품 模造品 들은 멕시코 국립인류학박물관 "떼오띠우아깐 홀 hall " 에 전시되어있다(사진 3-085).

사진 3-084: 께찰꼬아틀 신전의 계단식 벽면 조각 떼오띠우아깐

사진 3-085: 깃털 달린 뱀과 뜨라록 얼굴 조각 모조품, 박물관

② **달** 및 **태양**의 **삐라미데**

달 및 태양의 삐라미데의 정확한 건설 시기는 알 수 없으나, 태양의 삐라미데는 서기후 100년에서 200년 사이에, 그리고 달의 삐라미데는 서기후 100년에서 650년 사이에 건설되었던 것으로 추정된다. 현재 떼오띠우아깐 시 La Ciudad de Teotihuacán 에 있는 삐라미데들은 복원 된 것들이다.

㉮ 달의 삐라미데

달의 삐라미데 Pirámide de la Luna 는, 규모는 태양의 삐라미데보다 조금 작지만, 떼오띠와깐의 실질적인 제례의식의 중심지 역할을 했다(사진 3-086). 천왕성을 상징하는 달의 삐라미데 광장 주변에는 재규어의 안뜰 Patio de los Jaguares, 재규어의 신전 Templo des Jaguar, 께찰빠빠로뜰의 궁전 Palacio de Quetzalpapalotl 등이 있다. 실제로 떼오띠와깐의 주요 제례 의식은 모두 달의 삐라미데를 중심으로 치러졌다. 땅굴로 연결된 이 삐라미데의 기초 중심에서는 네 곳의 의식용 장소 four ritual complexes 가 발견되었는데, 이들 중 세 곳은 제물이 바쳐진 곳이었다. 이곳에는 풍부한 제물과 함께 사람과 동물이 매장되어 있었다. 계단식 5단 구조 five stepped bodies 로 된 이 삐라미데는 550년 동안 7단계의 건설과정을 거쳐 완공된 것으로 추정된다. 이 삐라미데의 높이는 45m, 밑면은 120m×150m 이다. 이 삐라미데의 정상 공터 위에 있었을 것으로 추정되는 제단의 높이를 고려한다면 그 높이는 50m 에 달할 것이다.

㉯ 달의 광장과 사자의 대로

달의 삐라미데 앞쪽, 즉 남쪽 방향에는 달의 광장 Plaza de la Luna 과 여기서 남쪽으로 뻗어나간 사자의 대로 死者 大路, the Avenue of the Dead, 즉 죽은 자의 길 Calle de los Muertos 이 있다(사진 3-087). 은하수를 상징하는 사자의 대로는 달의 광장을 출발, 태양의 삐라미데 앞을 지나 께찰꼬아뜰 신전에까지 이르는 폭 약 40m, 길이 4.8km 이상의 직선대로이다. 현재 절반 정도가 발굴, 복원된 이 대로의 정확한 축은 북에서 동으로 15°30′ 정도 기우러진, 북북동-남남서 축으로서 표고차이는 2.7m 이다. 즉, 북쪽에서 남쪽으로 평지나 다름없는 지극히 완만한 내리막 경사를 이룬다. 아스떼까인들은 이 길의 양쪽에 있었던 신전이나 주거용 건축물 터를 고대 왕의 분묘로 생각했기 때문에 이 길을 죽은 자의 길이라고 생각했다는 추정이다. 이

길에 대한 또 다른 추정은 신의 제물로 바쳐질 인간을 운반했던 길이라는 것이다. 이 길은 또한 의사소통의 주요 장소였을 것이라는 주장도 있다.

사진 3-086: 달의 삐라미데와 광장 떼오띠우아깐, 메히꼬

사진 상; 달의 삐라미데 및 달의 광장, 사진 하; 짙은 분홍색 돌멩이, 산화철 성분이 많은 검붉은 색의 돌멩이들은 삐라미데 복원공사에 쓰였던 것들이다.

사진 3-087: 달의 광장과 사자의 대로 떼오띠우아깐, 메히꼬

사진 아래쪽이 달의 삐라미데이고 그 위쪽이 태양의 삐라미데이다. 달의 광장은 달의 삐라미데 앞에 있고, 그 광장에서 뻗어나간 사자의 대로는 태양의 삐라미데 앞을 지난다.

㉰ 태양의 삐라미데

태양의 삐라미데 Pirámide del Sol 는 아메리카 대륙에서 가장 크며 세계에서는 3번째로 크다(사진 3-088). 이 삐라미데는 오랜 세월 동안 기존의 삐라미데 위에 새로운 삐라미데를 덮어 씌우는 방식으로 증축해서 현재의 모습이 된 것으로 추정된다. 이

삐라미데는 흙더미 위에 깎아 다듬은, 짙은 분홍색의 작은 돌 블록 small block cut pink stone 과 돌멩이를 이용하여 계단식 4단 기초 구조 four stepped substructures 로 쌓아 올려 만들었다. 삐라미데의 표면은, 석회석 가루와 흙을 섞어 바르고 색을 칠해 마감했던 것으로 추정된다. 그러나 현재 삐라미데 표면에는 장식의 흔적은 찾아볼 수 없고 거친 돌멩이만 드러나 있다(사진 3-089). 현재 삐라미데의 높이는 65m, 밑면은 225m×222m 이다. 그러나 삐라미데 위에 있었을 것으로 추정되는 제단의 높이를 고려한다면 그 높이는 70m 에 달한다. 삐라미데 정상까지는, 삐라미데 서쪽 정면 western façade 에만 있는 248개의 계단을 걸어서 올라갈 수 있다(사진 3-090). 태양의 삐라미데는 고대 古代 에 만들어 놓은 클로버, 즉 토끼풀 모양의 인공 동굴 an artificial clover-shaped cavern 위에 건설되었다. 이것은 아마도 인공 동굴이 떼오띠우아깐의 전설 또는 신화와 관련이 있었지 않았을까 하는 생각을 갖도록 하는 대목이다. 춘분 春分, spring equinox 에는, 아침에 떠오르는 태양이 정확하게 이 삐라미데의 정상을 통과하여 저녁에 해가 질 때는 똑바로 동굴의 입구로 사라진다. 이런 연유로 어떤 학자들은 인공 동굴은 신화 장조의 장소였을 것이라는 주장을 펼친다. 이 삐라미데는 목성과 토성을 상징한다.

태양의 삐라미데 내부 기초 중심에는 땅굴로 연결되는 동굴이 있으며, 네 곳의 모퉁이에서는 어린이의 해골이 발굴되었다. 어린이는 강력한 신에게 바쳐진 제물이었다. 또한 최근에는 삐라미데 주변에 있었던 것으로 추정되는 3m 폭의 해자 垓字 의 흔적도 발굴되었다. 이런 점으로 미루어 볼 때 이 삐라미데는 지하 무덤과 신과의 소통을 위한 제례 의식용 제단으로 쓰였던 것으로 추정된다. 16세기 초, 처음 이 삐라미데를 발견 했을 때는 이것을 태양의 삐라미데라고 했으나, 최근 추가로 발굴된 자료에 의하면 이것은 태양의 삐라미데가 아니고 비와 물의 신인 뜨라록 Tláloc 의 삐라미데라는 설이 제기되고 있다.

사진 3-088: 태양의 삐라미데 떼오띠우아깐, 메히꼬

사진 3-089: 태양의 삐라미데 계단참 바닥 떼오티우아깐, 메히꼬

태양의 삐라미데 계단참 바닥 복원 공사에는 석회 모르타르, 분홍색 작은 돌 블록과 돌멩이, 그리고 검붉은 색의 돌멩이가 사용되었다. 검붉은 색을 띄는 돌멩이는 산화철 성분이 많기 때문이다.

사진 3-090: 태양의 삐라미데 계단 떼오띠우아깐, 메히꼬

㉣ 삐라미데 복원 공사

메히꼬 정부는 1908년에, 혁명 기념일 행사 일정에 맞추어 제대로 된 자료와 고증도 없이, 이집트의 피라미드를 참고로 하여, 태양의 삐라미데를 복원 했다. 그러나 태양의 삐라미데는, 정상 부분이 사각뿔인 이집트의 피라미드와는 많이 다르다. 삐라미데의 복원에는 석회 모르타르, 깎아 다듬은, 짙은 분홍색 작은 돌 블록과 돌멩이가 사용되었다. 삐라미데 복원에 사용된 돌들이 검붉은 색을 띠는 것은 돌의 성분에 산화철이 많기 때문이라고 한다. 계단식 4단 구조 four structures 로 쌓아 올려 복원된 삐라미데는 현재 중앙아메리카의 다른 지역에 있는 원주민 삐라미데와는 다르다는 평가 때문에 졸속 복원이라는 비난을 받고 있다. 현재 복원된 유적은 이 지역 전체유적의 극히 일부일 뿐이다. 떼오띠우아깐의 께찰꼬아뜰 신전과 태양 및 달의 삐라미데는 1987년에 유네스코 세계문화유산으로 등록되었다.

나) **똘떼까** 또는 **뚤라 문명**

똘떼까 Toltecas 또는 Toltec 의 또삘친 Topiltzin 은, 떼오띠우아깐 멸망후 멕시코 씨티 북쪽으로 65km 떨어져 있는 뚤라 Tula 에 수도를 정하고 문명의 꽃을 피웠다. 신관이자 왕인 또삘친은 흰 피부, 긴 머리, 검은 수염의 소유자였으며, 그들의 신 께찰꼬아뜰 Quetzalcóatl 을 숭배하였으나 인신공희 의식을 치르지는 않았다. 하지만 뚤라의 많은 사람들은 전쟁, 마법, 삶과 죽음의 신인 떼스까뜰리뽀까 Tezcatlipoca 를 숭배했다. 똘떼까 문명은 서기후 750년에서 1200년 사이에 존속했으나 주목할 만하게 성장, 번영을 누린 시기는 서기후 900년에서 1150년까지이다. 전성기인 10세기경에는 뚤라의 면적은 거의 16km², 인구는 6만명에 육박했던 것으로 추정된다. 강력한 군사력으로 결속 되었던 똘떼까는 그 영향력이 꼬스따 리까 Costa Rica 와 현재의 미국 남부까지 미쳤다. 많은 역사학자들은 똘떼까 문명 시대를 메히꼬 문명의 절정기로 생각한다. 똘떼까는 13세기경, 북쪽의 여러 부족, 특히 이뜨사 Itza 족 및 치치메까 Chichimecas 족의 침공으로 멸망했다. 똘떼까의 대표적 유물은 그들의 신 께찰꼬아뜰 Quetzalcóatl 을 정교하게 새겨 넣은 기둥과 거대한 전사 戰士, warriors 들의 정교한 조각 彫刻, 즉 뚤라의 거인상 The Tula Giants 또는 Atlases 등이다. 기둥과 키가 4.5m 나 되는 거인상들은 뚤라에 있는 뜨라우이스깔빤떼꾸뜨리 신전 the Temple of Tlahuizcalpantecuhtli 의 꼭대기에 있다(사진 3-091). 이 기둥과 거인 전사상 戰士像 은 4개의 돌덩이 four stone blocks 를 쌓아 올려 세운 다음 조각해서 만들었다(사진 3-092). 전사들은 윗부분을 깃털로 장식한 투구 helmets 를 쓰고, 나비 모양의 가슴받이 butterfly-shaped pectorals 를 하고, 각대 脚帶, trusses 를 두르고, 전투화 sandals 를 신고, 창-발사기 átlatl 또는 dart throwers 를 가지고 있는 모습을 하고 있다.

사진 3-091: 뜨라우이스깔빤떼꾸뜨리 신전 뚤라, 이달고, 메히꼬

사진 3-092: 신전 위의 거인상 뚤라, 이달고, 메히꼬

다) **또또나까**와 **우아스떼까 문명**

또또나까 Totonacas 문명은 멕시코 만 Gulf of Mexico 연안 엘 따힌 El Tajin 지역에서 600년에서 900년 사이에 번성한 문명이고, 우아스떼까 Huastecas 문명은 멕시코 만 북부지역에서 800년에서 1200년경 사이에 전성기를 보냈던 문명이다.

라) **미뜰라**와 **야굴 문명**

믹스떼까 Mixtecas 족은, 메히꼬 남부, 해발 1550m 지역의 중앙계곡인 오아하까 Oaxaca 에서 미뜰라 Mitla 와 야굴 Yagul 문명을 일으켰다. 야굴 문명은 서기후 750년에서 1500년경까지 존재 했으며, 미뜰라 문명의 전성기는 서기후 1000년에서 1521년 경 이었다.

나. **아스떼까 문명 유적** 및 **유물**

가) **떼노츠띠뜰란**의 **대신전**

떼노츠띠뜰란은 해발 2240m 의 메히꼬 중앙고원, 호수 속의 한 섬에 건설한 아스떼까 제국의 터전이자 수도였다. 이 도시의 대 신전 the Great Temple 은 1325년에 건설된 후 1502년까지 모두 6차례 증축되었다. 아스떼까의 인신공희는 주로 이 신전에서 이루어졌다. 아스떼까 인들은 떼노츠띠뜰란의 중앙에 있는 신전 구역을 동서남북의 중심이자 땅과 하늘을 잇는 세계의 중심이라고 생각했다.

스페인 침략자들이 침공했을 당시 이 신전의 규모는 계단이 113~114개, 가로 100m, 세로 80m, 높이가 42m 였다. 그러나 스페인 침략자들은 호수의 물을 빼고 떼노츠띠뜰란 대 신전을 파괴한 다음 흙으로 덮어 묻어 버렸다. 그리고는 그 위에 대성당 Catedral Metropolitana 을 비롯하여 온갖 스페인 풍의 건축물들을 건축, 식민 도시를 건설했다. 그 식민 도시가 오늘날의 멕시코 씨티 CDMX; Ciudad de México 이다. 아스떼까 제국의 수도 떼노츠띠뜰란의 모든 유적지는 식민 통치기간 동안에 철저히 파괴되어 현재의 멕시코 씨티 지하에 묻혀 버렸다. 오늘날 아스떼까의 유적을 거의 찾아 볼 수 없는 것은 그런 파괴 역사에 기인한다. 떼노츠띠뜰란에는 대 신전 외에도 신전 구역 담장, 삐라미데, 뜨라록 신전, 위칠로뽀츠뜰리 신전, 귀족학교, 공놀이 경기장 등이 있었다.

나) **해골탑**

현재 멕시코 씨티 지하, 즉 아스떼까의 에헤까뜰-겟살꼬아 신전 유적에서는 지름 6m 의 해골탑이 발굴되었다.

다) **치남빠** Chinampa

아스떼까 인들이 약 200여 년 동안의 유랑생활 끝에 도착한 멕시코 중앙 고원은 해발 2250m 의 고지 高地 로 농사짓기 힘든 땅이었다. 이 지역은 땅이 황폐할뿐더러 기후도 농사짓기에 부적합했다. 기후는 일 년의 반은 건기고 나머지 반은 우기였다. 아스떼까 인들은 이런 악조건 하에서 옥수수, 콩, 호박, 백년초, 용설란 등을 경작했다. 아스떼까 인들은 이런 악조건을 이겨내려고 인공 경작지, 즉 "치남빠" 를 개발 했다. 얕은 물에 말뚝을 박고 흙을 채워 넣어 만든 인공 경작지, 치남빠는 항상 비옥했고 관개 灌漑 를 할 필요도 없었다. 치남빠의 개발로 농업 생산량은 획기적으로 증가했다. 현재의 멕시코 씨티, 소치밀꼬에 남아있는 치남빠는 1987년 세계문화유산으로 등록되었다.

라) **태양**의 돌

현무암을 잘라서 만든 거대한 돌판, "태양의 돌 la Piedra del Sol 또는 the Sun Stone" 은 현재까지 발굴된 아스떼까 문명 유물 가운데 최고 最高 의 유물로 평가된다. 1479년 아스떼까의 제6대왕 악사야까뜰 Axayácatle 은 대 신전 the Great Temple 에 비치할 목적으로 "태양의 돌" 제작을 명했다. 이 돌은 태양, 즉 또나띠우 Tonatiuh, 4번의 태양 시대와 20일 the four eras and twenty days, 대지의 여신, 꼬아뜨리꾸에 Coatlicue, 그리고 띠속 Tizoc 과 목떼수마 1세 Moctezuma I의 정복이야기 등을 기록한 돌임을 암시하고 있다. 거대한 원형 석판 圓形 石板 의 무게는 24톤이고, 직경은 3.5m 이다(사진 3-093). 아스떼까 인들은 "태양의 돌" 에 자신들의 우주관을 새겨 놓았는데 그 용도는 정확하게 밝혀진바 없다. 한때는, 이 돌에 역법이 새겨져 있어서, 이 돌을 아스떼까인들의 달력 the Aztec Calendar 이라고도 했으나, 이는 잘못된 것임이 밝혀졌다.

1790년에 발굴된 이 돌판은 현재 멕시코 씨티 국립인류학박물관에 전시되어 있다. 침략자 스페인 악당들은 아스떼까 문명말살 정책의 일환으로 이 돌을 현재의 멕시코 씨티 대 광장에 묻어 버렸다. "태양의 돌" 은 중앙원, 그리고 그 둘레에 제1원, 제1원 둘레에 4개의 동심원, 그리고 맨 가장자리의 원 등으로 구성되었다. 태양의 돌 각각의 원 사이 공간에 새겨져 있는 내용은 다음과 같다:

사진 3-093: 태양의 돌 국립인류학박물관, 멕시코 씨티, 멕시코

(가) 중앙의 원 中央圓

"태양의 돌" 중앙에는 태양의 형상이 그림문자로 새겨져 있다. 제5의 태양 Tonatiuh 인, 중앙원 中央圓 속의 태양은, 지친 모습으로 삼각형의 뾰족한 혀를 내밀고 있는데, 이것은 인간의 심장과 피를 요구한다는 것을 상징하는 그림문자이다. 아스떼까의 전설에 의하면 지금까지 태양은 4번 사멸했고 그때마다 사람들도 함께 죽었다는 것이다. 5번째 나타난 지금의 태양도 오랜 세월동안 운행한 탓에 피로가 쌓였기 때문에, 태양이 피로를 회복하기 위해서는 인신공희가 필요하다고 생각했다.

(나) 중앙원 둘레의 첫째 원

"태양의 돌" 중앙원 둘레의 첫 번째 원에는 4개의 사각형이 있다. 각각의 4각형에 새겨져 있는 이 형상들은 이미 멸망해버린 4개의 태양을 상징한다.

(다) 4개의 동심원

"태양의 돌" 제1원 둘레에 있는 4개의 동심원에 새겨져 있는 그림들이 상징하는 의미는 다음과 같다:

-5번째 태양은 지진으로 파괴 될 것임을 예고
-인신공희를 받은 태양신이 현재의 세계를 유지함을 상징
-태양신의 전지전능함을 상징
-20개의 동물형상; 각각은 한 달을 상징
-제3원과 제4원에 있는 4개의 이등변 삼각형; 동서남북으로 향하고 있는 각각의 이등변 삼각형 문양은 우주로 뻗어나가고 있는 태양의 빛을 상징

(라) 가장자리 원

"태양의 돌" 맨 가장자리에 있는 원에는 서로 마주보고 있는 두 마리의 불뱀이 새겨져있다. 이들이 서로 맞대고 있는 것은

우주를 지배하고자 하는 빛과 어둠의 영속적인 투쟁을 의미한다. 왼쪽 뱀은 낮을 상징하고, 오른쪽 뱀은 밤을 상징하며, 이들은 태양신을 하늘로 운반하는 역할을 한다. 또한 줄지어 있는 작은 원들은 은하계의 무수한 별들을 상징한다. 뱀들의 꼬리부분에는 4겹의 매듭이 있는데, 한 겹이 13년에 해당, 이는 아스떼까 태양의 한주기가 52년임을 나타내는 것이다. 즉 아스떼까 인들은 52년을 한 주기로 하는 "1 부시돌" 햇수 계산법, 다시 말해서 52년마다 같은 명칭의 해가 반복되는 역법을 사용했다.

마) **그림문자**

아스떼까 인들은 대상을 한눈에 알아볼 수 있는 그림을 그리거나, 전쟁이나 정복 같은 추상적인 개념을 단순화, 추상화한 그림을 그려 문자로 사용하였다. 둘 이상의 그림을 조합하여 한 문자로 사용하거나, 일부 지명이나 인명은 표음문자를 결합하여 사용하기도 했다. 아스떼까 인들은 그림문자를 사용하여 달력을 만들었다.

바) **까스까할 석판**

가스까할 석판 石板 에는 총 62개의 그림이 새겨져 있다. 이 석판의 무게는 11.5㎏ 이고, 그 크기는 가로 21㎝, 세로 36㎝, 두께 13㎝ 이다.

사) **여신** 女神

(가) **뜨랄떼꾸뜨라**

뜨랄떼꾸뜨라의 말뜻은 대지의 여신이라는 의미이다. 이 유물에서는 원래 남성 신인 뜨랄떼꾸뜨라를 여성 신의 모습으로 그렸다. 2006년 메히꼬 대 신전 유적지에서 발굴된 이 유물은 16세기 초에 만든 것으로 추정된다. 유물의 크기는 가로 3.62m, 세로 4.19m, 무게 12.35톤이다.

(나) **꼬아뜨리꾸에**

"꼬아뜨리꾸에 Coatlicue" 는 대지의 여신 earth goddess, 죽음의 신이자, 다른 신들의 어머니 신 mother earth goddess 이다. 여신상은 키가 2.5m 나 되며, 머리는 두 마리의 뱀으로, 목걸이는 잘려진 손과 인간의 심장으로, 뱀으로 엮인 치마를 입고, 짐승의 발톱을 가진 형상이다(사진 3-094).

사진 3-094: 대지의 여신상 국립인류학박물관, 멕시코 씨티, 멕시코

(3) 문명 발상지 연대기

가. 아스떼까인들의 유랑 시기

가) 대이동 및 시기

문명 수준이 낮은 수렵 민족인 아스떼까 인들은 1116년인지 1168년인지는 알 수 없으나, 그들의 고향을 떠나면서 대이동을 시작했다. 여기서 고향을 떠난 시기가 헷갈리는 것은, 아스떼까 인들은, 마야인 들이 사용했던 52년을 주기로 하는 햇수 계산법을 사용했기 때문이다. 즉 아스떼까 인들의 햇수 계산법 "1 부시돌" 은, 우리나라에서 "육십갑자 六十甲子" 를 바탕으로 하는 60년 주기 週期 의 햇수 年數 계산법과 같은 것이다. 다시 말하면 한국에서 을유년은 1945년도 되고 2005년도 되는 식이다.

나) 수호신의 계시

아스떼까인들은, 그들의 수호신이자 전쟁의 신이며 태양의 신인 위칠로뽀츠뜰리 Huitzilopochtli 의 계시에 따라, 현재 멕시코 씨티 북서쪽 고원에 있었다는 전설의 장소, 아스뜰란 Aztlán 을 떠나, 민족의 대이동을 시작했다. 아스떼까인들이 고향을 떠나 유랑생활을 할 때 임시로 머물렀던 지역 중의 하나가 차뿔떼뻭 숲 el Bosque de Chapultepec 이었다. 이 숲은 현재 멕시코 씨티의 세습재산 patrimonio 으로 등록되었으며, 멕시코 씨티의 도시공원으로 지정되었다. 면적이 190만평, 즉 21km² 에 달하는 차뿔떼뻭 공원은 세계 최대 도시공원중의 하나이다.

다) 메히꼬의 탄생

아스떼까 인들은 약 200여 년 동안의 유랑생활 끝에 1325년경에 현재의 멕시코의 중앙고원, 즉 멕시코 씨티 지역에 도착했다. 그런데 그 지역에는 먼저 와서 자리를 잡고 패권을 잡은 부족국가들이 있었다. 그래서 아스떼까 인들은 처음에는 그 지역의 패권 부족국가인 아스까뽀찰꼬 Azcapotzalco 의 용병 노릇을 하면서 그들에게 조공을 바쳤다. 아스떼까 인들은 스스로를 "메히까 México" 인이라 불렀지만, 19세기경 유럽과 미국의 학자들이 현재의 메히꼬인 El mexicano 들과 구분하기 위하여 "아스떼까" 인이라고 부른 것이라 한다. 실제로 현재의 메히꼬 México 국명은 메히까에서 유래한 것이다. "아스떼까" 라는 말은 아스떼까인들의 설화에 나오는 원초적인 고향, 즉 아스뜰란에서 유래한 것이라고 한다.

나. 문명 발상 시기

현재의 멕시코 씨티에 도착한 아쓰떼까 인들은, 착실하게 세력을 키운후, 1375년 신의 계시에 따라서 메히꼬 중앙고원 계곡에 위치한 떽스꼬꼬 Texcoco 호수의 한 작은 섬 위에 떼노츠띠뜰란 Tenochtitlán 이라는 나라를 세우고, 아까마삐츠뜰리를 초대 왕으로 삼았다. 신의 계시는, 독사를 물고 날아가는 독수리가 내려앉는 곳에 나라를 세우라는 것이었다. "독사를 물고 있는 독수리" 는 현재 멕시코의 국가 문장 National Emblem 이다. 떽스꼬꼬 호수는 물길로 연결된 모두 5개의 호수가운데 중앙에 위치한 호수이다. 떼노츠띠뜰란의 면적은 12~20km² 정도이며, 전성기 때의 인구는 15~20만 명으로 추정된다. 떽스꼬꼬 호수를 포함해서 북쪽의 3개 호수는 짠물인 반면, 남쪽의 2개 호수는 민물이다.

다. 문명 번성 시기

떽스꼬꼬 호수를 포함해서 물길로 연결된 5개의 호수 주변에는 부족 국가가 40여개나 있었다. 보통 부족 국가의 크기는 중심지에서 최대 반경 10km 정도였다. 아스떼까 인들이 세운 떼노츠띠뜰란은 주변 부족국과 삼각 동맹을 맺고 이웃한 여러 부족 국가를 차례로 정복하여 아스떼까 제국을 형성했으며 그 상세는 다음과 같다:

가) **제3대 왕 피살**

떽스꼬꼬 호수의 패권 부족 국가 아스까뽀찰꼬에서는, 1426년 왕이 죽자 동생 마스뜰라가 왕위 계승권자인 형을 죽이고 왕위를 찬탈했다. 게다가 마스뜰라는 자객을 보내, 형의 지지 세력이었던 떼노츠띠뜰란, 즉 아스떼까의 3대 왕을 암살했다. 마스뜰라는 주변국 정복을 지속하는 팽창주의를 펴면서 이웃 국가 떼노츠띠뜰란을 봉쇄하고 더 많은 공물을 요구했다.

나) **이스꼬아뜰**

1427년에는, 떼노츠띠뜰란의 4대 왕 이스꼬아뜰 Izcóatle 이 즉위 했다. 이스꼬아뜰은, 아스까뽀찰꼬의 많은 공물 요구를 거절하고, 1428년 주변국 떽스꼬꼬와 뜰라꼬빤과 삼각 군사 동맹을 맺었다. 똘떼까 족은 아스떼까 족에 앞서 12세기에 메히꼬 중앙고원으로 이동, 정착하면서 강력한 부족 국가 떽스꼬꼬와 따꾸바를 세웠다. 삼각 군사 동맹을 맺은 3국은 아스까뽀찰꼬를 멸망시켰다. 4대 왕 이스꼬아뜰은 1431년에 대 신전의 대대적인 확장공사를 벌여, 위세를 과시했다.

다) **뜰라까엘렐**의 **만용**

이스꼬아뜰은 현대 국가의 수상에 해당하는 관직 "시우아꼬아뜰" 을 새로 만들고 왕의 부재 시 대신 통치토록 했다. 초대 "시우아꼬아뜰" 로 임명된 뜰라까엘렐은 다음과 같은 만용을 저질렀다:

-옛 문헌을 모두 불태움; 예로부터 전해 내려오는 문헌에는 거짓말이 많으므로 일반 사람들은 모르는 것이 낫다며, 모든 문헌을 불태워 버리고, 역사를 아스떼까 중심으로 다시 서술했다.

-수호신 위칠로뽀츠뜰리를 창조신으로 격상시켰다.

-인신공희 의무주장; 현재의 태양이 죽지 않고 계속 운행할 수 있도록 하기 위해서는 에너지원, 즉 인간의 피가 지속적으로 필요하다고 주장했다.

라) 목떼수마 1세

1440년에 즉위한 떼노츠띠뜰란의 5대 왕, 목떼수마 1세 Moctezuma I는 군사 동맹을 맺은 3국을 이끌고 주변의 여러 부족 국가 들을 차례로 정복, 공물을 받았다. 목떼수마 1세는 뛰어난 장군이었으며, 1428년 삼각 군사 동맹의 주변국 정벌 전쟁에도 참여했다. 그러나 동맹 3국은, 상비군이 없었기 때문에 정복한 지역에 군대를 주둔시키지 않았을 뿐더러 정복 국가의 왕도 교체하지 않고 내정 간섭도 하지 않으면서 단지 공물만을 받았다. 그러므로 당시의 아스떼까 제국은 진정한 의미의 역사적 제국, 즉 로마와 같은 제국이라기보다는, 단지 정복한 국가들과의 정치연합체 정도라고 봄이 적절하다.

정복 국가로부터 받은 공물은 주로 생필품 및 사치품, 즉 옥수수, 새의 깃털, 카카오 등이었다. 공물을 바치지 않으면 1차 독촉하고, 2차로는 군대를 동원해서 받아 냈다. 3국의 공물 배분은 떼노츠띠뜰란과 떽스꼬꼬가 각각 40%씩, 그리고 나머지 20% 는 뜰라꼬빤 차지였다. 그러나 공물 배분 문제로 잦은 마찰이 생겼다. 목떼수마 1세는 귀족과 평민의 신분을 구별, 사치품은 귀족만 사용케 하였으나, 평민일지라도 전쟁에서 뛰어난 전공을 세우면 귀족이 될 수 있도록 했다.

(가) 아스떼까 제국의 탄생

1473년 군사력과 정치력을 증강시켜 주변으로 영토를 확장, 강력한 동맹국을 만든 목떼수마 1세는 섬 북쪽의 상업도시 또리떼로르꼬를 합병, 수도로 삼았다. 세력이 커진 목떼수마 1세는 동맹 3국의 실질적인 통치자가 되면서, 마침내 아스떼까 제국을 형성했다. 시간이 흐르면서 떼노츠띠뜰란의 우세가 확실해지고, 떼스꼬꼬와 뜰라꼬빤은 세력이 약화되었다. 목떼수마 1세는 1500년에는 동맹국 떽스꼬꼬와 뜰라꼬빤을 완전 제압했다. 그러나 3국의 삼각동맹 관계는 아스떼까 제국이 멸망할 때까지 그 명목이 유지되었다. 목떼수마 1세 이후의 6대, 7대 및 8대 왕들도 주변국 정복 전쟁을 지속, 주변의 여러 국가를 굴복시키면서 아스떼까 제국의 세력을 키웠다. 이 시기에 아스떼까는 38개국으로부터 조공을 받는 대제국이었으며 그 인구는 500여만 명에 이르렀다.

(나) 치수 治水 사업

아스떼까인 들은 1447년 홍수로 떼노츠띠뜰란이 침수되자, 홍수 방지, 식수 확보 및 운송 수로 확보를 위한 치수 治水 사업을 시행 했다. 1449년에는 떽스꼬꼬 호수에 16㎞ 의 홍수 방지용 제방을 건설하고, 6~8㎞ 의 둑길을 건설했다. 둑길 중앙에는 민물 수로 水路 를 설치했다. 호수는 운송 수단인 카누가 편리하고 효율적으로 다닐 수 있도록 정비했다. 그럼에도 불구하고 1450년에서 1454년 사이에는 가뭄으로 대 기근이 발생했다.

라. 문명 쇠퇴, 소멸 시기

(가) 목떼수마 2세 즉위

1502년에는 아스떼까 제국의 제9대 왕, 목떼수마 2세가 즉위했다. 목떼수마 2세는 왕위에 오르자마자 삼국 동맹 체제를 절대군주 체제로 전환하면서, 강력한 아스떼까 제국의 번영을 한껏 누렸다. 지속적으로 주변국을 정복한 결과 광범위한 지역을 통치하게 되었으며, 16세기 초에는 현재의 메히꼬 중부에서 구아떼마라 일부 지역까지 영토를 확장, 드넓은 아스떼까 제국을 이루었다.

(나) **꼬르떼스**의 **침략**

스페인 침략자 에르난 꼬르떼스 Hernán Cortés 는 1519년 2월 15일, 11척의 배에 500여명의 군인, 100여명의 일반 선원, 16필의 말, 대포 그리고 소총 등을 싣고, 그들의 식민지 꾸바를 출발, 현재의 메히꼬 만 Gulf of Mexico, 유까딴 반도의 베라끄루스 Veracruz 해안에 잠입했다. 이들을 본 원주민, 즉 아스떼까인들은 자신들을 떠났던 신, 께찰꼬아뜰이 돌아온 것이라고 착각하고, 침략자들을 정중히 환대하는 역사적 웃음거리를 연출했다. 스페인 침략자들은 께찰꼬아뜰이 떠났던 방향인 동쪽으로부터 왔고, 하얀 수염을 기른 모습이 아스떼까인들의 마음속에 품고 있었던 신의 모습과 유사하다고 생각 했던 것이다. 꼬르떼스는 원정대를 꾸려 지방 부족들과 전투를 하면서 메히꼬 중앙고원에 나타났다. 꼬르떼스의 대포 공격의 위력에 놀라, 겁먹은 한 부족장은 환심을 사려 여자 노예 20여명을 바치기도 했다. 일부 원주민들은 말을 타고 돌아다니는 침략자들을 보고 말과 사람이 일체인 괴물, 또는 전설속의 신들이 나타난 것으로 착각했다. 그러나 아스떼까의 지배층은 그들이 아스떼까 제국의 중심지 떼노츠띠뜰란에 나타나기 훨씬 전부터 그들이 신이 아닌 사람이라는 것을 알고 있었다. 꼬르떼스가 1519년 11월8일, 아스떼까 제국의 중심지 떼노츠띠뜰란에 도착했을 당시, 떼노츠띠뜰란의 인구는 20여만 명이었다. 당시 유럽 대도시의 인구가 15만 정도였다는 점을 감안해 볼 때 그 규모가 어느 정도 인지를 짐작할 수 있다. 그러나 이 시기에, 아스떼까 제국은 동맹국 내부의 정치적 암투, 이웃 국가들의 불만 팽배 등으로 쇠락의 조짐이 나타나고 있었다.

(다) **목떼수마 2세 피살**

1520년 5월29일, 비운의 왕 목떼수마 2세가 피살되고, 제10대 왕이 즉위하였으나, 왕은 1520년 11월 천연두로 사망했다. 홍역, 페스트, 천연두 등의 전염병은 스페인 사람들이, 소위 말하는 신대륙으로 옮긴 악마의 선물이었다.

(라) **마지막 왕, 꾸아우떼목**

1521년 아스떼까 제국의 마지막 왕, 즉 제11대 왕, 꾸아우떼목 Cuauhtemoc, 1495년경~1525 이 즉위했으나, 아스떼까에 적대적이었던 원주민 동맹군과 꼬르떼스의 침공으로 멸망했다. 꾸아우떼목은, 스페인 침략자 꼬르떼스와 원주민 동맹군의 공격에 맞서 끝까지 저항했으나, 1521년 8월 13일 아스떼까 제국의 마지막 보루, 뜰라뗄롤꼬가 함락되면서 포로로 잡혔다. 포로가 된 꾸아우떼목은 꼬르떼스의 모진 고문과 회유, 협박에도 굴하지 않고 버티다가 1525년 2월 28일 내란 음모 죄를 뒤집어쓰고 교수형에 처해졌다. 꾸아우떼목은 현재 메히꼬 민족주의의 상징적 인물로 역사에 남았다. 침략자 꼬르떼스가, 한줌의 병력과 소수의 대포 및 소총을 가지고 아스떼까 제국에 도착한지 2년6개월 만에 아스떼까 제국을 멸망시킬 수 있었던 것은, 무기의 우위, 전염병의 확산 그리고 반 反 아스떼까 원주민 동맹군의 지원 덕분 이었다.

3) 잉까 문명

잉까 Incas 또는 Inkas 문명은 서기후 1200년경부터 1533년까지 현재의 뻬루 Perú, 꼴롬비아, 에꾸아도르, 볼리비아, 칠레 등지에 존속했던 문명이다. 현재 뻬루의 태평양 연안 및 안데스 산맥 지역에는 서기전 9000년경부터 사람이 살았던 흔적이 있으며, 이 지역에서는 수많은 고대 문명들이 흥망성쇠를 거듭했다. 서기전 2000년경 초기에는 신전이 출현하였으며, 서기전 1200년경부터는 부족국가, 즉 수장국 首長國, 왕국 등이 출현했다. 이 지역에서 명멸 했던 문명 상세는 다음과 같다:

-서기전 3000년경~서기전 1800년까지;
 뻬루 태평양 연안에서 노르떼치꼬 문명 존속

-서기전 1500년경;

빼루 북서부 산악지역에서 차빈 문명 발상

-서기전 400년~서기후 600년까지; 레쿠아이 문명

-서기후 800년~1200년까지; 와리 문명이 존재

이상의 문명 이외에도 빠라까스 반도에서 빠라까스 문명, 사막에 그림을 남긴 나스까 문명을 비롯해서 모체, 와리, 치무, 시빤 문명 등이 있었으며, 현재 볼리비아에는 띠와나꾸 Tiwanaku 문명이, 꼴롬비아에는 낌바야 Quimbaya, 무이스까 Muisca 등의 문명이 있었다. 이상의 문명 중 훗날 잉까 문명에 많은 영향을 끼친 문명은, 치무 Chimu 문명과 띠와나꾸 문명이다. 치무 문명은 빼루 북쪽 해안의 찬찬 Chan Chan 지방에 기반을 두었던 문명이고 띠와나꾸 문명은 볼리비아 쪽, 호수 띠띠 까까 Titi Caca 남쪽에 있었던 문명이다. 그러나 잉까 문명 발상 훨씬 이전에 넘쳐났던 이들 고대 문명들은 정확한 문자기록 없이 전설, 구전 口傳으로만 전해지고 있을 뿐이다. 다만, 기존의 고대 문명을 모두 흡수, 발전시킨 잉까 문명의 경우는, 이 지역 침략자, 스페인 사람들이 보고 들은 것을 그들의 글로 남긴 것이 전해지고 있는 것이다. 잉까 문명 역시, 잉까 인들이 남겨 놓은 결승문자 結繩文字 인 끼뽀 El quipo 가 아직도 완벽하게 해석이 안 되고 있어서 문명의 실체는 알 수가 없다. 현재 전해지고 있는 잉까 문명은 이 지역 고대 문명 전체에 비하면 빙산의 일각일 뿐이다. 잉까 문명을 황금 문명이라고도 한다. 16세기 초 잉까를 멸망시킨 스페인 침략자들이 채집한 정보에 의한 잉까 문명의 특성, 유적, 유물 및 발상지의 연대기에 관한 상세는 다음과 같다.

(1) **문명의 특성**

가. **일반 특성**

잉까 인들의 보석, 도자기 등의 손 공예와 섬유제품의 예술성은 매우 뛰어났지만 조각, 건축 등의 조형 예술은 크게 발전하지는 못했던 것으로 추정된다. 조각 예술은 상상력이 빈약하고 사물에 대한 이해력이 떨어진 것 같았다.

가) **일반 문명**의 **흔적**

잉까 인들이 남겨 놓은 일반적인 문명의 흔적은 다음과 같다:

-완벽한 거미줄 도로망 구축
-산악 지역 경사지에 관개수로 및 경작지 건설
-예술성 높은 돌조각, 벽화, 금속장신구 등의 유물
-비쿠냐, 알파카, 야마의 털을 이용한 직조 기술; 안데스 지역의 전통 의상은 잉까 문명의 정수, 잉까 인들의 의상은 신분과 종교의식 제의 祭衣 의 상징이었다.

나) **건축물**의 **예술성**

스페인 악당들이 메히꼬 México 와 뻬루 Perú 지역을 침략했을 당시 그 지역에 남아 있었던 장엄한 공공 건축물의 대부분은 잉까의 건축물이었다. 엄밀히 말하면 해안 및 산악지대에 있었던 잉까의 건축물들은 실제로는 잉까에게 멸망당한 치무왕국의 건축물이었다. 이들의 건축양식은 궁전, 종교, 군사, 서민 건축 양식 등으로 분류되었다.

그러나 이들 건축물마저도 스페인 식민통치가 시작되면서 모두 파괴되었다. 남아 있는 건축물의 돌 벽면의 아름다운 조각으로 보아 손 공예 기술이 뛰어났던 것 같았다. 또한 탁월한 수학 지식을 바탕으로 하는, 접착재료 없이 돌을 쌓는 기술이 매우 뛰어났던 것으로 추정된다. 유적지에 남아있는 잉까 건축물들의 흔적, 즉 정교하게 쌓아올린 돌 벽만으로 추정해보는 잉까 건축물의 예술성은 다음과 같다:

-자연과의 조화를 이룬 장엄한 건축물
-담백하지만 예술적인 건축선
-견고성, 단순성, 대칭성, 기하학적
-종교, 군사, 일상생활을 미적으로 형상화한 예술성
-공간, 시간에 대한 예술적 상상력

다) 돌쌓기 기술

잉까 인들의 탁월한 돌쌓기 기술은 차빈 문명의 기술을 이어받은 것으로 추정된다. 뻬루 북부 산악지역에는 돌을 사용하여 축조한 뻬라미데가 있었다. 이들의 돌쌓기 기술의 특성은 다음과 같다:

-거석적; 돌의 크기와 변이 불규칙한 거석 巨石
-다각변적; 돌의 크기가 다양하고 다변형 多邊形
-정방형 절석 切石; 돌 표면의 요철미를 살리고, 음영효과
-접착재료 불 不 사용; 필요시 은을 녹여 사용
-돌연장; 돌망치, 손도끼, 깃털, 화필 등

나. 정치적 특성

가) 정치 체제

잉까 문명에서 가장 주목되는 것은 정치 및 사회 기구 편성, 즉 사회조직의 독특한 기술이다. 잉까는 중앙집권적 전제정치를 시행하면서도 일반 평민계층을 위한 사회보장제도를 완비했다. 그러므로 잉까의 정치체제 政治 體制 를 "신권적 사회주의" 또는 "사회주의 제국" 이라고 말하는 학자들도 있다.

나) 정복지 동화 정책

잉까 제국의 정복지 동화 同化 정책의 목표는 실용적, 효율적 및 전체주의적인 것이었다. 잉까는 정복지의 모든 주민들에게

께추아 quechua 어 語 교육을 실시, 방대한 정복 지역의 언어를 통합, 동일 문화권으로 만들었다. 언어 통합 정책은 방대한 지역에서 정치, 사회, 종교, 관습 및 공용어의 동일화 성과를 가져왔다. 그러나 지속적인 재정지원이 결여되면서 여러 곳에서 새로운 사회 및 문화적 다양성이 표출되었다. 다시 말해서 원래의 모습으로 돌아간 것이다.

다) **도로망과 군사시설**

잉까는 정복사업 및 방어를 위하여 강력하게 조직된 군대가 있었으며, 잉까 제국의 수많은 군사 요새와 주요 도시를 연결하는 훌륭한 도로망, 즉 잉까의 길 Camino del Inca 도 있었다. 잉까의 길은 잉까 제국 통치의 핵심적 기반 시설이었다. 잉까는 정복지 확대에 따라 각 지방의 길을 정비함과 동시에, 고원의 깊은 골짜기까지도 길을 개설하고 다리를 건설했다. 그렇게 건설된 잉까의 길은 총 연장 길이가 무려 2만2000여km 에 달했을 것으로 추정된다.

라) **지역 최고 지도자 회의**

우에이나 까빡 Huayna Capac 은, 1520년 왕위에 오른 뒤 국내 제도를 정비하고 중앙집권 정치를 강화했다. 당시 잉까 제국에는 30만개가 넘는 단위 조직이 있었으며, 지방의 단위 조직에는 중앙정부에서 왕실 감사관을 파견, 감사를 실시, 지방 조직을 통제했다. 당시 1만 가정단위 조직, 즉 우노 Huno 급 이상 조직의 지역 최고 지배자는 매년 꾸스꼬에서 회합, 세금을 전달하고, 왕으로부터 노예와 선물을 받았다. 한편 회합에 참석했던 지역 지배자들은, 잉까 왕실에서 실시하는 교육을 받으러 꾸스꼬에 와 있는 자녀들을 만나 볼 수 있는 기회도 얻었다.

마) **직업 집단 양성**

잉까 제국 사회에는 정치적 목적으로 양성되는 두 가지 주요 직업 집단이 있었다. 하나는 정복지, 즉 새로운 식민지 원주민들의 교육을 담당하는 교육자 직업군 職業群 이고, 다른 하나는 사회의 특정 직능분야에서 일하는 직능 노동자 직업군이다.

(가) **미띠마에스** Mitimaes **집단**

미띠마에스 집단은 새로운 정복지 원주민들의 교육을 담당하는 교육자 집단이다. 특정 분야의 기술이나 자격을 가진 교육자들을 양성, 새로운 식민지로 파견하여, 식민지 주민들에게 잉까 제국의 주민으로서 갖추어야할 언어, 농경기술등을 교육시켜 식량생산 증대와 잉까 제국의 온전한 통일에 기여토록 하는 직업군 職業群 이다.

(나) **야나꼬나스** Yanaconas **집단**

이 직업 집단은 평민 계층의 주민들과는 달리 특정 직능을 가지고 일정한 장소에서 일하는 전문 직능 노동자 집단이다. 이 집단에 속하는 전문 직능 노동자들은 그들의 고유 직능을 선대 先代 로부터 물려받으며, 작업장에서 의식주를 제공 받는다. 지난 시절, 대지주 大地主 에 예속된 소작농 小作農 같은 직업군 職業群 이다.

다. **사회적 특성**

가) **사회 조직**

(가) **조직 단위**

잉까 제국, 사회조직의 기본 단위는 가정이다. 사회조직의 위계 位階 는 필요나 목적에 따라서 10가정 단위를 기본으로 편성된다. 다시 말해서 잉까 사회는 10, 50, 100, 500, 1000, 5000, 1만 가정 단위 조직으로 편성, 구성된다.

(나) **조직 지도자**

잉까 사회 조직의 기본 단위인 한 가정, 즉 파미리아 Familia 의 지도자는 가족 대표, 즉 뿌릭 Puric 이다. 사회 조직의 위계 位階 에 따른 가정 단위 조직의 명칭 및 지도자는 다음과 같다:

-춘까 Chunca; 10가정 단위 조직,
지도자는 춘까 까마요 Camayo
-빠차까 Pachaca; 100가정 단위 조직,
지도자는 빠차까 까마요
-와란가 Huaranga; 1000가정 단위 조직,
지도자는 와란가 까마요
-우노 Huno; 1만가정 단위 조직,
지도자는 우노 까마요

나) **사회 신분** 社會 身分

잉까 제국의 사회는 신성한 절대 군주, 귀족 및 일반 주민 등으로 구성된다.

(가) **절대 군주**

강력한 잉까 제국의 절대 군주는 지난날에는 께추아 족의 족장이었다. 절대 군주는 태양의 아들 Hijo del Sol, 대지의 지도자 Señor de la Tierra 또는 세계 질서 수립자 Ordenador del Mundo 등으로 불려졌다. 절대 군주는, 제국을 통치하고, 정복지 야만족에게 문명화 교육을 실시하여 그들을 께추아 문화권으로 통합하는 일을 주요 임무로 했다. 절대 군주의 말은 곧 제국의 법령이었으며, 명령 불복 시에는 곧 사형에 처해 졌다.

(나) **귀족**

① **혈족 귀족** nobleza de sangre

오레호네스 Orejones 라고 부르는 혈족 귀족에 속하는 사람들은, 잉까 제국의 현직 왕과 부인 및 자녀들을 제외한, 현직 왕의 모든 친척과 죽은 왕들의 후손들이다. 이들은 꾸스꼬에 거주하면서 호화스러운 의복을 착용하면서도, 공물 제공의 의무를 면제 받는다.

② **특권 귀족** nobleza de privilegio

㉮ **정복특권 귀족**

이 귀족은 정복한 부족의 왕과 귀족 및 그의 후예들로 이루어진 집단이다.

㉯ **포상특권 귀족**

이 귀족은 전공 戰功 과 봉사에 대해서 왕의 은전 恩典 을 받은 사람들로 이루어진 집단이다.

(다) **일반 주민**

일반 주민은 성년 成年 이 되었을 때, 누구나 모두 유용한 인간이 될 수 있도록 교육을 받는다. 그렇기는 하지만, 사실은 일반 주민은 노동을 위해 태어난 것에 불과한 존재일 뿐이다.

다) **교육 특성**

(가) **도덕률 교육**

잉까 제국에서 교육시킨 도덕적 행위의 규준이 되는 법칙은 다음과 같다:

-나태한 자가 되지 말 것
-도둑질하는 자가 되지 말 것
-거짓말 하는 자가 되지 말 것

(나) **집단 교육**

잉까 제국에서는 각 지역 지배 계층의 자녀들을 꾸스꼬에 불러 모아 놓고 집단 교육을 시켰다. 이런 방식은 다소 경직된 측면이 있기는 하지만 매우 효율적인 교육 방법이었다.

(다) **문자 교육**

잉까인들은 소식을 전하기 위한 방도로 결승문자 結繩文字 를 사용한 것으로 추정된다. 결승문자는 여러 가지 색의 끈에 매듭을 만든 후 서로 꼬아 만든 문자이다. 그러나 잉까인들이 남겨 놓은 결승문자인 끼뽀 El quipo 는 지금까지도 완벽하게 해석이 안 되고 있다.

라) **경제 특성**

(가) **농산물과 운송수단**

농업 생산에 기반을 둔 잉까 사회에서의 주요 농산물은 옥수수, 토마토, 고추, 감자 등이었다. 잉까 인들은 야마 llama, 알빠까 alpaca 등의 가축을 사육, 털과 고기를 얻었다. 야마를 영어식 표현으로는 라마 Llamas 라고 부르기도 한다. 특히 야마는 주요 물자 物資 운송 수단으로도 쓰였다(사진 3-095).

사진 3-095: 야마 또는 라마 성스러운 계곡, 마추 삑추, 뻬루

(나) **아이유**와 **농지 대여**

잉까 제국에는 친인척들로 구성된 마을 단위의 행정조직, 즉 아이유 Ayllu 가 있었다. 왕은 아이유 대표, 즉 꾸라까 curaca 또는 까씨께 cacique 에게, 그들의 가족들이 연간 생계유지를 할 수 있을 정도에 필요한 만큼의 농지를 분배, 대여했다. 아이유 대표, 즉 부족장은 그들의 친인척 중 어른이 맡았다. 그러나 아이유의 행정에 관한 모든 의사 결정은 원로회의, 즉 아마우따스 Amautas 에서 이루어 졌다. 스페인어 꾸라까 또는 까씨께의 의미는 추장이나 부족장이라는 뜻이다.

(2) **문명 유적** 및 **유물**

가. **잉까 이전**의 **유적**

가) **시빤**

시빤 Sipán 유적은 치끌라요 Chiclayo 도심으로부터 남동쪽으로 33km 떨어진 지점에 있다. 치끌라요는 뻬루 최북단, 태평양 연안 도시 삐우라 남쪽 약 200km 지점에 있다. 에꾸아도르 남부 국경에 접해있는 삐우라는 뻬루 최초의 스페인 식민 도시이다. 시빤 문명은 서기 후 2~3세기경에 발상한 것으로 추정되며 유적으로는 왕의 고분이 있다. 발굴된 유물은 유골, 화려한 금세공품 등의 부장품이 있다. 고분의 주인공을 시빤 선생 Señor de Sipán 이라 부른다.

나) **뜨루히요**

뜨루히요 Trujillo 는 뻬루 북부 태평양 연안 치끌라요 남쪽 약 200km 지점에 있다. 뜨루히요 남동쪽 10km 지점에 있는, 해와 달의 신전 삐라미데, 즉 고분 古墳, Las Huacas del Sol y de la Luna 은 서기 후 700년경에 존재했던 모치까 시대의 것으로 추정된다. 약 1억 4천만 개의 흙벽돌 adobe 을 쌓아 올려 만든 것으로 추정되는 해의 삐라미데는, 현재 풍화 風化 에 의한 침식작용으로 거대한 흙더미가 되었다. 해의 삐라미데로 부터 약 1km 떨어진 곳에 있는 달의 삐라미데 역시 같은 형상이다.

다) **찬찬**

뜨루히요 Trujillo 에서 북서쪽으로 약 5km 떨어져 있는 찬찬 Chan Chan 유적지는, 1300년경에 건설된 치무 왕국의 수도였다. 찬찬 유적은 9개의 작은 도시가 귀족 무덤을 중심으로 모여 만들어진 도시 국가였다. 유적지의 크기는 길이 22km, 폭 10km 이었으며, 유적지에는 수로, 저수지, 의식용 저수지 등의 흔적이 남아있다. 현재 발굴된 유적은 일부 복원된, 도시 외곽의 흙벽돌 adobe 성벽뿐이다. 성벽의 표면에는 직물, 바다 새, 맹수 등의 조각 장식이 있다. 또 다른 치무 왕국의 신전 유적은 찬찬 유적지 반대편에 있다. 1963년 발굴된 신전의 높이는 7.5m 이고, 벽면에는 모자이크 조각이 있다. 치무 왕국은 1460년에 잉카에게 정복당해 멸망했다. 치무 왕국의 문명, 특히 매우 뛰어난 금속공예 기술은 잉까 문명에 많은 영향을 미쳤다.

라) **삐끼약따**

삐끼약따 Pikillacta 는 잉까 이전 유적 가운데 유일하게 꾸스꼬 지역, 즉 꾸스꼬 남동쪽 32km 지점에 남아 있는 유적이다. 이 유적은 서기 후 1000년경에 전성기를 맞이한 와리 Huari 문명의 요새로 추정된다. 이 유적의 건축물이나 돌담은, 견고하고 빈틈없는 잉까의 그 것과는 달리, 엉성하고 조잡한 면이 있다. 이 유적 주변에는 잉까 시대에 추가 건설된 계단식 논과 관개 수로도 있다. 삐끼약따 유적 주변에는 거대하고 견고한 구조물이 있는 또 다른 잉까 유적 루미꼴까 Rumicolca 가 있다.

마) **띠와나꾸**

띠와나꾸 Tiwanaku 는 현재의 볼리비아 수도 라빠스 La Pas 에서 서쪽으로 71km 떨어진 고원지대에 있었다. 띠와나꾸는 당시 안데스 전체 지역은 물론이고, 훗날 잉까 문명에도 지대한 영향을 끼쳤다. 띠와나꾸는 뻬루 남쪽 안데스 일대와, 볼리비아의 띠띠 까까 Titi Caca 남쪽 지역에 많은 유적과 유물을 남겼다. 띠와나꾸 유적은 2000년에 유네스코 세계문화유산으로 등재되었다. 띠와나꾸는 현재 볼리비아에서 가장 중요한, 기념비적인 고대 유적지로, 서기전 600년경부터 형성되기 시작한 것으로 추정된다. 서기전 100년경부터는 제사장, 전사, 상인들이 모이는 중심도시로 발전 했다. 지금 남아있는 유적은 절정기인 서기후 700년 이후에 건설 된 것으로 추정된다. 띠와나꾸는 현재의 뻬루 남부, 볼리비아의 서부, 칠레 북부, 아르헨티나의 북서부 등 안데스 지역 대부분을 지배하던 거대한 천년 왕국이었다. 그러나 기원후 1000년 이후 계속된 가뭄으로 인한 식량 부족과 기후 변화로 추정되는 재앙으로 갑작스럽게 몰락했다. 띠와나꾸의 주요 유적인 띠띠 까까와 기타 관련 유적은 다음과 같다.

(가) **띠띠 까까**

해발 3812m 의 고산 지대에 있는 띠띠 까까 Titi Caca 는 남북방향 길이가 170km, 면적은 8400km² 나 되는 거대한 호수이다. 께추아어로는 "띠띠 Titi" 는 퓨마, "까까 Caca" 는 호수라는 뜻이므로 띠띠 까까의 의미는 "퓨마 호수" 인 셈이다. 호수에는 전통적 운송 수단인, 갈대 또는 큰 부들 totora 로 엮어 만든 전통 양식의 배가 있다(사진 3-096). 띠띠 까까는 현재 사람이 살고 있는 호수 중 가장 높은 곳에 있는 호수이다. 띠띠 까까는 잉까 창조의 신화가 있는 신성한 곳이기도 하다. 띠띠 까까 중앙에는 볼리비아와 뻬루의 국경선이 있다(사진 3-097).

(나) **문명 유적**

띠와나꾸 문명을 거석문명이라고도 한다. 거대한 돌을 깎아서 태양의 문, 달의 문, 신전, 삐라미데 등을 건축했기 때문이다.

사진 3-096: 띠띠까까의 전통 갈대 배 빼루 및 볼리비아의 국경

사진 3-097: 빼루와 볼리비아 국경선 띠띠 까까

광범위한 지역에 산재되어 있었던 수많은 유적은 지금은 거의 모두가 무너지거나 파괴되어 그 흔적만이 남아 있을 뿐이며 그 상세는 다음과 같다.

① 깔라사세이아 신전

깔라사세이아 신전 Templo de Kalasasaya 은 천년 왕국 띠와나꾸의 중심지역에 있었던 신전이지만, 현재는 파괴되어 흔적만 남아 있다. 신전 둘레에 남아 있는 거대한 돌담으로 미루어, 신전의 규모를 추정할 뿐이다. 돌담은 거대한 직사각형 돌을 정교하게 깎아 쌓아 올려 만들었다. 돌을 깎아 정교하게 맞물려 쌓아 올리는 기술은, 훗날 잉까 석조 石造 기술의 원조라는 사실을 입증하기에 충분하다. 신전 광장에는 수많은 석상이 있었으나, 대부분 미국과 영국의 박물관에 전시되어 있고, 현지에는 2개만 남아있다.

② 태양의 문

태양의 문 Puerta del Sol 은 깔라사세이아 신전 위에 설치되었다. 거대한 돌을 깎아서 만든 이 문의 크기는 높이가 3m, 폭이 3.75m, 무게가 10톤 정도이다. 태양의 문 윗부분에는 우주 창조의 신 비라꼬차 Viracocha 와 새 모양의 전사 戰士 48명이 정교하게 조각되어 있다. 태양의 문은 태양의 움직임을 관측했던 천문대였던 것으로 추정된다.

③ 달의 문

달의 문 Puerta de la Luna 은 깔라사세이아 신전 밖, 서쪽에 설치되었다. 이문 역시 거대한 돌을 깎아서 만들었다. 달의 문은, 섬세한 조각이 있는 태양의 문과는 달리 어떤 조각 장식도 없다. 그러나 달의 문 역시 달의 움직임을 관측했던 천문대 기능을 했던 것으로 추정된다.

④ 반-지하 신전

땅 표면에서 2m 깊이에 있는 반-지하 半-地下 의 신전 Templo semi-subterraneo 은 깔라사사야 신전의 동쪽에 있다. 신전 중앙에는 3개의 돌기둥, 즉 석상 石像 이 있다. 그들 중 가장 크고, 가장 오래 된 것이 바르바다 석상 Estela Barbada, 즉 턱수염을 기른 사람 모습의 석상이다. 이 석상에는 뱀이 똬리튼 모습과 퓨마의 모습도 새겨져 있다. 직사각형인 반-지하 신전의 벽면에는 200여 개의 조각 彫刻 이 있다. 사람과 동물의 형상, 즉 각기 모습이 다른 사람의 얼굴 조각과, 해골, 퓨마, 뱀, 물고기 등의 조각이 있다. 퓨마, 뱀, 물고기 등은 주변의 부족들이 자신들의 신으로 섬겼던 상징물로, 이들을 신전 벽면에 조각한 것은 이들 부족들을 정복, 띠와나꾸에 복속시켰다는 것을 의미하는 것으로 추정된다. 모습이 다른 얼굴 또한 띠와나꾸에 정복된 부족들이라고 추정된다.

⑤ 아까빠나 삐라미데

깔라사세이아 신전의 남쪽에 있는 아까빠나 삐라미데 Piramide de Akapana 의 정상에서는 띠와나꾸를 한 눈에 내려다 볼 수 있었다. 지금은 거의 무너져 있는 상태로, 검붉은 색의 낮은 돌더미처럼 보인다. 삐라미데 잔재의 높이가 15m, 밑면의 한 변 길이가 210m 에 달하는 것으로 보아, 실제 삐라미데는 그 규모가 상당했을 것으로 추정된다.

⑥ 석상 및 토기

깔라사세이아 신전에서 발굴된 거대한 석상 石像, 즉 빠차 마마 Pacha Mama 의 신상 神像 은, 그 크기가 높이 7.3m, 무게 20톤에 달한다. 빠차마마 pachamama 는 대지 大地 라는 뜻이므로 그 석상은 대지의 신인 셈이다. 신전에서는 석상 이외에도 동물 모습의 토기, 미라 등이 발굴 되었다.

바) **낌바야** 및 **무이스까**

현재 꼴롬비아 Colombia 지역에는, 서기전 301년경에 낌바야 Quimbaya 문명과 무이스까 Muisca 문명이 존속했었다. 낌바야 문명의 많은 유물중 으뜸은 종교의식에서 사용되던 꼬까 coca 잎 보관 용기 Poporo Quimbaya 이고, 전설 속의 황금나라 "엘-도라도 El-Dorado" 를 대표하는 무이스까 문명의 대표적 유물은 황금 뗏목 La Balsa Muisca 이다.

나. **잉까 시대**의 **유적** 및 **유물**

잉까 제국 시대에는 한 도시에 최소한 한 개의 신전을 건축하는 것을 원칙으로 했다. 그러므로 수많은 잉까 도시에는 수많은 신전 건축물이 있었다. 스페인 침략자들의 손길이 미쳤던 극히 일부의 잉까 도시 유적은 철저하게 파괴되었으나 그렇지 않은 수많은 잉까의 유적은 지금도 발굴이 진행되고 있다.

가) **잉까**의 **잃어버린 도시**

현재 까지 찾아낸 잉까 제국의 대표적인 잃어버린 도시는 "마추 삑추 유적" 이다. 이 유적은 현재 뻬루 국민을 먹여 살릴 정도로 유명한 광광자원이 되었다. 이 유적은 산봉우리 사이에 숨어 있었던 관계로 산 아래쪽에서는 전혀 보이지 않아 오랫동안 발견 되지 않았다. 이 유적을 "공중도시", "잃어버린 도시", "산상 山上 도시", "최후의 도시" 또는 "전설의 도시" 라고 부르기도 한다. 하지만 잉까 제국의 잃어버린 도시는 사실 수도 없이 많다. "마추 삑추 유적" 은 그들 중 하나일 뿐이다. 잉까 영토 Inca Land 에 있었던, 잉까 제국의 잃어버린 도시 중 현재까지 알려진 주요 도시는 "마추 삑추 유적"을 비롯하여 빌까밤바, 초께끼라오, 비뜨꼬스 등이다(그림 3-004). 이들 도시의 역사적 특징은 다음과 같다.

(가) **빌까밤바**

그림 3-004: 잉까의 잃어버린 도시들 마추 삑추, 뻬루

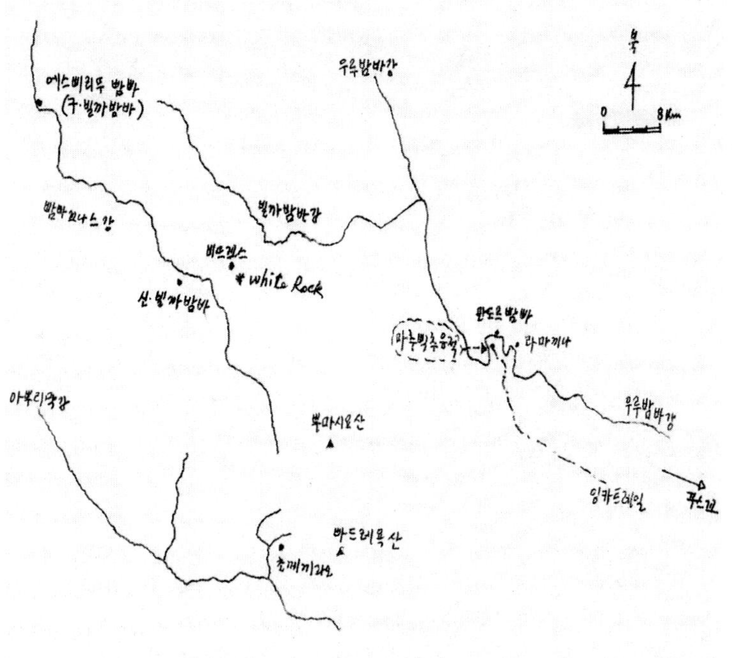

빌까밤바 Vilcabamba 는 구 빌까밤바 Old Vilcabamba 와 신 빌까밤바 Vilcabamba the New 로 구분된다. 후자는 "마추 삑추 유적" 의 서서북쪽 약 48km 지점에 있고, 전자는 신 빌까밤바에서, 빰빠꼬나스 강 Pampaconas River 을 따라 북서쪽으로 약 40km 정도 올라가면 있다. 신 빌까밤바의 동쪽 약 8km 지점에는 또 다른 잉까의 도시 비뜨꼬스가 있다. 현재 에스삐리뚜 빰빠 Espiritu Pampa 라고 불리는 구 빌까밤바를 보통 빌까밤바라고 부른다. 1964년엔 젠 사보이 Gene Savoy 가 에스삐리뚜 빰빠를 답사한 후 이곳이 진짜 빌까밤바라는 증거를 찾아냈다.

열대 우림 속에 있는 빌까밤바는 스페인 군대에 쫓기는 잉까 유민들이 정착해서 만든 대규모 피난 마을이자, 스페인에 항거하는 반란 잉까 제국 the revel Inca empire 최후의 정글 수도 jungle capital 였다. 삐사로의 꼭두각시 왕이었던 만꼬 잉까 유빤끼 Manco Inca Yupanqui 는 1536년, 삐사로에 반기를 들고, 잉까 제국 복원의 꿈을 품고, 몇 차례 스페인 군대와 전투를 벌였으나 패퇴하였다. 1537년 비뜨꼬스에서 스페인 군대에 쫓기든 만꼬 잉까는 빌까밤바에 숨어들어 반란 잉까 유민국 the revel Inca state 을 세우고, 빌까밤바를 새로운 수도로 정했다. 그러나 잉까 제국의 부활을 꿈꾸던 만꼬 잉까는 1544년에 비뜨꼬스에서 스페인 피난자들 Spanis refugees 에게 피살당했다. 빌까밤바는 1572년에, 스페인 군대에 봉쇄당한 후 순식간에 불태워지면서 영원히 정글 속의 전설이 되었다.

(나) 초께끼라오

초께끼라오 Choquequirao 는 "마추 삑추 유적"의 서남쪽 약 40km 지점에 있는 잉까의 중요한 성채 城砦 이다. 이 요새 要塞 는 아뿌리막 강 the Apurimac River 위쪽에 높게 건축되었다. 이 요새는 지형적으로 "마추 삑추 유적"과 매우 유사하여 "마추 삑추 유적"의 자매 유적 the sister site of Machu Picchu 이라고도 한다. 2005년에는 이곳에서 야마석 stone llamas 으로 장식된 계단식 경작 대지 terraces 가 다수 발굴되었다.

(다) 비뜨꼬스

비뜨꼬스 Vitcos 는 "마추 삑추 유적"의 서서북쪽 약 40km 지점, 뿌꾸이우라 Puquiura 와 우안까까유 Huancacalle 부근에 있는 잉까 제국의 요새화된 도시이다. 이 도시는, 1438년부터 1471년까지 잉까 제국을 통치한 빠차꾸떽 Pachacutec 이 건설한 것으로 추정된다. 이도시가, 백색 바위 the White Rock 라고 알려진, 잉까의 신성한 커다란 돌덩이 sacred carved Inca boulder, 즉 "잉까의 신성한 돌 조각 彫刻" 주위에 건설된 점으로 미루어 볼 때, 이 도시는 중요한 종교 의식을 거행했던, 종교의식 단지 religious complex 였던 것으로 추정된다. 비뜨꼬스에서 초께끼라오에 이르는 30여km 의 직선에 가까운 남북방향의 오솔길은 모든 잉까의 길 중 가장 정교하게 닦아 놓은 길이라고 한다.

(라) 꼬따꼬까 계곡의 도시

잉까 제국 멸망 후 500년간 밀림 속에 숨겨져 있던 잉까인들의 한 도시가, 2002년 미국과 영국인 합동 탐험대에 의해서 또다시 그 모습을 드러냈다. 이 잉까의 도시는 뻬루 남부, 안데스 산맥 밀림 오지, "마추 삑추 유적" 남서쪽 50km 지점, 해발 1850m 의 꼬따꼬까 계곡에 있었다. 이 계곡은 야마나강과 블랑꼬강이 마주치는 부근의 대협곡에 위치한 데다, 밀림이 우거져 있어서 발견이 늦어졌다. 이 유적은, 잉까 제국의 수도 꾸스꼬에서 서쪽으로 100km 떨어져 있는 지점에 위치한 점으로 미루어, 잉까인 들이 스페인 정복자들에게 쫓기면서 건설한 피난촌의 하나로 추정된다. 유적에는 중앙광장을 중심으로 하는 30개의 석조 구조물 흔적과 대형 회의장으로 보이는 건축물 흔적도 있다.

나) 마추 삑추 유적

"마추 삑추 유적 the ruins of Machu Picchu" 은, 세계에서 가장 아름다운 세계문화유산인 동시에 세계 신7대 불가사의 the New 7 Wonders of the World 유적 중 하나이다. 1983년 유네스코 세계문화유산으로 등재된 "마추 삑추 유적" 은 꾸스꼬 시 Cusco city 에서 북서쪽으로 약 112km 떨어진 곳에 있다(사진 3-098). 이 유적은, 잉까의 "성스러운 계곡" 중간지점에 있는 우루밤바 Urubamba 계곡 서쪽 끝자락에 숨겨져 있었다. 다시 말해서 이 유적은 안데스 산맥 두 개의 고봉 高峰 사이, 즉 우에이나 삑추 Mt. Huayna Picchu 와 마추 삑추 Mt. Machu Picchu 사이에 숨겨져 있었던 잉까의 도시였다(그림 3-005). 마추 삑추 언덕 Cerro Machu Picchu 에서 내려다본 “마추 삑추 유적” 의 전경은 사진 3-099 와 같다.

사진 3-098: 마추 삑추 유적 인근 도시 리마, 꾸스꼬, 뻬루

그림 3-005: 마추 삑추 유적 자연환경 산봉우리, 계곡, 강

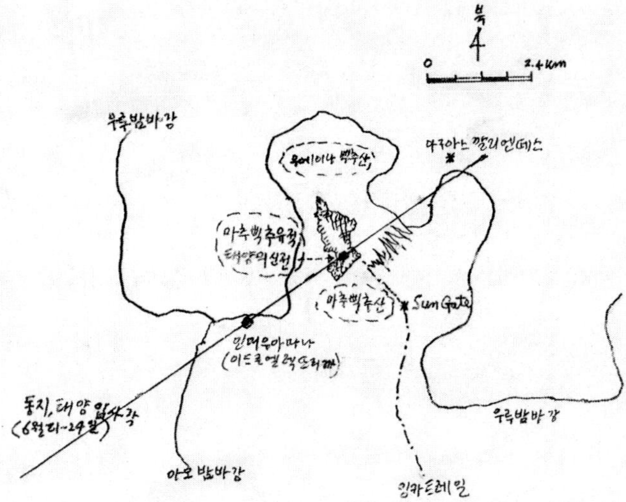

사진 3-099: 마추 삑추 유적 전경 마추 삑추 언덕에서

(가) **유적방문** 및 **노략질**

사람들은 미국인 빙햄이 잉까의 "마추 삑추 유적" 을 발견했다고 말한다. 그러나 사실은 빙햄이 현지 원주민의 안내를 받아 이방인으로서는 최초로 그 유적을 방문했을 뿐이다. 그곳에는 원주민 들이 살고 있었지만, 그때까지 이방인들에게 전혀 알려지지 않았기 때문이다. 어딘지도 모르고 그 잉까 유적을 방문한 빙햄은, 사실은 전설속의 잉까 유적 빌까밤바 Vilcabamba 를 찾아, 탐사 여행 중이었다. 빙햄은 결국 빌까밤바 대신에 신비에 쌓인 또 다른 잉까의 유적을 우연히 방문한 것이다.

① **유적 탐방 여행**

㉮ **유적 단서**의 **발견**

미국의 상원의원이자 고고학자이며 탐험가이자 예일대학교 Yale University 교수였던 하이램 빙햄 3세 Hiram Bingham III 또는 Hiram Bingham Pawell 는, 잃어버린 잉까의 전설 傳說 도시 the legendary Lost City of Incas, "빌까밤바" 를 찾기 위해 뻬루 안데스 산맥 the Andes Mountains 을 탐험했다. 1911년 여름, 즉 남반구의 겨울에 빙햄은 예일대 탐험 동료, 그리고 안데스 탐험의 살아있는 전설, 페루 원주민 탐험가 3명 Julian, Mateo & Juvenal 으로 구성된 탐험대를 이끌고 잉까의 전설적인 도시를 찾기 위한 탐사 여행을 했다. 여행 중, 비뜨꼬스 부근에서 무언가가 새겨져 있어서 성스러운 느낌을 주는 커다란 돌덩이 sacred carved boulder 즉, "잉까의 신성한 돌 조각 彫刻 a sacred carved Inca boulder" 을 발견했다. 이 돌 조각 彫刻 을 "백색 바위 White Rock " 또는 "유락 루미 Yurak Rumi" 라고도 한다(사진 3-100). 이 돌 조각 은 빙햄이 잉까의 전설 "마추 삑추 유적" 을 찾아내는 실마리 중의 하나가 되었다. 빙햄의 탐험 연대기는 다음과 같다:

-1906년~1907년; 베네수엘라와 꼴롬비아를 거쳐 남아메리카

사진 3-100: 백색 바위 비뜨꼬스 부근, 안데스, 뻬루

하이램 빙햄이 잉까의 잃어버린 전설의 도시 "빌까밤바" 를 찾기 위해 뻬루의 안데스 산맥 일대를 탐사 여행 했다. 여행 도중, 비뜨꼬스 부근에서 무언가가 새겨져 있어서 성스러운 느낌을 주는 커다란 돌덩이 즉, 잉까의 신성한 돌 조각彫刻 을 발견했다. 이 "돌 조각" 을 "백색 바위" 또는 "유락 루미" 라고도 한다. 이 "돌 조각" 은 빙햄이 잉까의 전설 "마추 삑추 유적" 을 찾아내는 실마리 중의 하나가 되었다.

대륙을 처음 방문.

-1908년~1909년; 칠레 Chile 에서 열린 한 학술회의 a scientific conference 에 참석, 칠레에 머무르면서 처음으로, 꾸스꼬를 포함해서 뻬루 방문.

-1909년; 이방인 최초로 안데스 산속에 있었던 잉까 유적 초께끼라오 방문했, 몇몇 사람들은 이 유적을 잉까의 잃어버린 도

시 the Lost City of the Inca, 즉 빌까밤바라고 주장.

-1911년; 빙햄에게는 경이로운 한해 annus mirabilis 였음, 빙햄은 이해 여름에, 사실은 남반구 南半球 의 겨울에 에스삐리뚜 빰빠, 즉 빌까밤바, 비뜨꼬스 그리고 “마추 삑추 유적”을 모두 방문할 수 있었기 때문, 그러나 정작 빙햄은 정말로 자신이 찾던 ”빌까밤바“ 를 찾기나 한 것인지에 대한 의구심을 품은 채 뻬루를 떠남.

-1912년; 다시 뻬루 방문.

-1913년; “마추 삑추 유적” 이 진정 자신이 찾던 전설의 도시 “빌까밤바” 라는 논리를 공론화하기 시작.

-1914년~1915년; 3번째 뻬루 방문. 잉까의 길 the Inca Trail 찾아냄, 잉까 유적에 관해 많은 의구심을 품고 뻬루를 떠남.

-1948년; 잉까의 잃어버린 도시 Lost City of the Incas 출간, 마지막으로 “마추 삑추 유적” 을 다녀옴.

-1956년; 빙햄 사망.

㉯ 유적 인근 마을 주막

1911년 여름, 사실 남미에서는 겨울, 원주민 안내인들과 함께 탐험여행을 계속하던 빙햄 일행은 마추 삑추 산기슭의 범람원 汎濫原, flood plain 인 작은 마을, 만도르 빰빠 Mandor Pampa 의 한 주막에 도착했다. 이 주막에서 하루 밤을 묵은 빙햄은 주막 주인한테 미지의 잉까 유적 이야기를 들었다. 주막의 주인인 아르떼아가 Melchor Arteaga 는 독주 firewater 를 몹시 즐기는 애주가인 것 같았다. 그날 밤 아르떼아가는 빙햄에게 전설적인 잉까 유적에 관해서 엄청나게 자랑을 늘어놓았다. 다음날 아침, 즉 1911년 7월24일엔 아침부터 비가 내리고 있었다. 그래서 아르떼아가는 서둘러 일할 생각이 없었다. 마음이 급해진 빙햄은, 아르떼아가에게 지난밤에 자랑했던 그 유적에 정확하게 자신을 데려다준다면, 상금으로 은화 1달라 a silver dollar 를 주겠다고 했다. 아르떼아가가 동의하자, 빙햄은 예일대 동료들을 뒤에 남겨두고, 빙햄 자신과 자신의 경호 군인, 부사관 까라스꼬 Sergeant Carrasco 그리고 아르떼아가, 이렇게 셋이서 오전 10시 7분에 만도르 빰빠를 떠났다. 이들 3사람은 약 40분 후에 4개의 통나무를 덩굴로 엮어 만든 원시적인 다리 앞에 도착했다. 습기를 머금은 이끼에 뒤덮인 통나무 다리는 너무 미끄러워서 건너기가 매우 어려웠다. 게다가 다리 밑, 불과 10여cm 밑에는 노호 怒號 하면서 급히 흐르는 강물이 있었다. 약 80분 동안의 고군분투 끝에 겨우 다리를 건너고, 운무림 雲霧林, cloud forest 이 울창한 산속의 급경사 길을 올랐다.

㉰ 께추아족의 산간 농민

정오가 막 지날 즈음에 세 사람은 마추 삑추 Mt. Machu Picchu 의 경사진 언덕 꼭대기에 도달했다. 빙햄이 이곳에 도착해서 처음 본 것은, 초목이 무성 茂盛 한 유적에서 살고 있었던 농부들이었다. 빙햄은 여기서 께추아족의 산간 오두막 Quechua hut 을 보았다. 이 오두막은 아르떼아가의 소작 농민 중의 한 사람인 리차르떼 가족 Richarte family 의 집 이었다. 산등성이에서 화전 火田 을 일구며 사는 이 농부들은 정부 관리들의 쓸데없는 간섭이 싫어서 산속에서 조용히 사는 사람들이었다. 농부들은, 키가 193cm 나 되는 노랑머리의 백인이 경호 군인을 데리고 나타나자, 우르르 몰려들어 수군거리기 시작했다. 아르떼아가가 이 백인이 여기에 온 이유를 설명하자, 리차르떼는 긴 의자 위에 그들이 걸치고 다니는 옷, 즉 판초 poncho 를 벗어, 펼쳐 깔고 앉으라고 권했다. 또한 점심을 싸오지 않은 빙햄에게 고구마와 맛

좋은 시원한 물을 가득채운 조롱박을 건넸다. 일단 허기진 배를 채우고 목을 축인 빙햄은, "마추 삑추 유적" 을 처음 찾은 사람들은 누구나가 그랬던 것처럼, 잠시 동안 세상에서 가장 불가사의한, 신비롭고 경이로운 자연의 창조물에 넋을 빼앗겼다. 빙햄은, 특히, 아담한 크기의 마추 삑추 산봉우리 아래 펼쳐져 있는 계단식 농경 대지 Inca terraces 를 주목했다.

② 유적 현장 답사 및 명칭

빙햄이 자신이 찾고 있는 그 유적을 보고 싶다고 말하자, 아르떼아가는 딴전을 벌이고 "예전에 단 한번 거기 가기는 갔었는데" 라고 변명하면서 그의 요청을 거절했다. 그리고는 자신의 소작 농민들과 잡담 하면서 꽁무니를 빼는척했다. 빙햄은 이미 자신이 찾던 그 유적에 와 있었다는 사실을 몰랐다. 마추 삑추 유적의 현장 the Machu Picchu site 안내는 리차르떼의 어린 아들이 맡기로 했다. 어린 소년은 이 낯선 이방인과 그의 군인 경호인이 유적 전체를 돌아볼 수 있도록 안내했다. 그러나 이 소년이 이방인들을 데리고 유적 곳곳을 두루 돌아다니기는 했지만, 이 소년은 의사소통이 안 되어, 아무 설명도 없이 그저 길안내를 했을 뿐이다. 그런데 어찌된 일인지, 이 소년이 실질적으로 이 유적지를 이방인들에게 안내한 최초의 안내인이었음에도 불구하고, 빙햄은 이 어린 소년의 이름을 자신의 책 어디에서도 밝히지 않았다. 이 신비한 유적을 돌아다니던 빙햄이 소년에게 유적을 가리키면서 저것이 무엇이냐고 물었더니 소년은, 빙햄이 맞은편 산봉우리를 가리키는 줄 알고 "마추 삑추" 라고 대답했다고 한다. 이렇게 해서 우연히 방문한 신비한 잉까 유적의 이름이 "마추 삑추" 가 되었다는 것이 현지인들의 설명이다. "마추 삑추" 는 께추아 말로 "늙은 봉우리" 라는 뜻이다. 그러나 이 유적의 원래 이름과 유적이 간직하고 있는 진실은 아직까지도 아무도 모른다. 그저 빙햄의 상상과 추정이 전해오고 있을 뿐이다.

비록 빙햄이, 두 산봉우리 사이에 숨겨져 있어 신비에 감싸여 있었던 "마추 삑추 유적" 을 최초로 방문, 그 일부를 세상에 알리기는 했지만, 이 잉까의 산속 성채 城砦 도시를 집중조명, 세상에 널리 알리는데 기여한 사람들은 미국의 탐방 기자들 press reports 과 내셔날 지오그래픽 National Geographic 의 야심찬 젊은 편집인 그로스베노르 Gilbert Grosvenor 였다. 특히 그로스베노르는 1912년과 1914~15년에도 탐방 기자들을 현지에 보내 이 유적을 전 세계에 알림으로써 빙햄과 "마추 삑추 유적" 을 영웅으로 만들었다.

③ 노략질과 문화유물 반환협상

"마추 삑추 유적" 은 빙햄이 처음 방문할 때까지 무려 400여 년 가까이, 이방인 異邦人 에게는 그 존재가 알려지지 않은 잉까의 신비스러운 산속 성채였다. 고고학 상 매우 중요한 유적의 원형이 거의 그대로 보존된 상태로 있었던, 이 유적은 산 아래쪽에서는 전혀 보이지 않아 그 동안 이방인들에게 발견되지 않았던 것이다. 그러나 이방인으로서 처음 이 유적을 방문한 빙햄이 연구 목적용이라면서, 현장에서 마구 떼어간 잉까의 문명유물이 무려 5천여 점이라고 한다. 유적 현장에 그대로 보존 되어 있어야할 잉까의 위대한 고고학 자료, 즉 예술품을 포함한 문명유물이 약탈되었으므로, 잉까 유적의 원형 손상은 상당했을 것으로 추정된다.

그러나 파오로 그리어 Paolo Greer 가 2008년 여름, 남아메리카 탐험가 잡지 South American Explorer Magazine 에 기고한 기사 記事 에 의하면, "마추 삑추 유적" 은 빙햄이 그곳에 도착하기 훨씬 전에 이미 도굴꾼, 아우구스또 번스 Augusto Berns 에 의해서 도굴, 약탈되었다는 것이다. 어찌되었든 간에 돈으로 가치를 따질 수 없는 잉까의 공예품 및 유물의 도둑질과 고고학계의 보석 같은 유적의 원형을 파괴하는데 일조 一助 했던 빙햄은, 잉까인들의 입장에서 보면, 그저 유물을 노략질해간 악당일 뿐이다.

2008년에는 뻬루의 전직 대통령 알레한드로 똘레도 Alejandro Toledo 부인인 엘리안 까르쁘-똘레도 Eliane Karp-Toledo 가, 예일 대학교가 잉까의 문화유물을 반환하도록 소송을 걸 것을 촉구했다. 그러나 현재의 국제 세력 구조상 강대국들이 강탈해간 약소국들의 문화유물을 약소국들에게 반환 한다는 것은 요원 遙遠 한 꿈나라의 일일 뿐이다.

(나) 유적 건설과 용도

잉까의 도시, "마추 삑추 유적" 은 15세기, 즉 1450년경 잉까의 9대왕 빠차꾸떽 Pachacutec 의 통치 시대에 건설되었던 것으로 추정된다. 평균 해발 2400m, 넓이 5km² 의 이 작은 분지 盆地 는, 접근이 불가능한 난공불락 요새의 특전 特典 을 입은 땅이었다. 이도시의 건설 목적과 용도에 관한 추정으로는, 빠차꾸떽이 이 도시에 머물면서 하늘을 관찰하고 농사에 관련된 시기를 파악했다는 주장이 현재까지는 가장 설득력이 있다. 1982년엔 예일대 연구원 리차드버거 Richard Burger 와 루씨 살라자르 Lucy Salazar 가 "마추 삑추 유적" 은 빠차꾸떽 왕실의 부동산 the royal estate 이었다는 이론을 발표했다. 그러나 언제, 누가 왜 이 도시를 건설했으며 또 소멸 시기는 언제 인가에 대해서는 아직까지도 확실하게 밝혀진 자료가 거의 없다. 여전히 모든 것이 불확실한 이 도시의 용도에 관한 다양한 설은 다음과 같다:

-잉까의 제례의식을 진행했던 도시
-스페인 침략자들을 피해 황금을 가지고 도피한 도시
-인재양성을 위한 비밀의 도시
-종교적인 목적의 도시
-농경에 관련된 연구도시

(다) 유적의 도시계획

넓이 5km² 의 "마추 삑추 유적" 은 높은 두 개의 산봉우리

사이에 있다. 다시 말해서 유적의 북서쪽에는 우에이나 삑추 Mt. Huayna Picchu 가, 동남쪽에는 마추 삑추 Mt. Machu Picchu 가 있다. 유적의 중심축은 두 산봉우리를 잇는 장축이고, 단축은 남서-동북축이다. 중심축의 길이는 단축의 2배정도이다. 도시는 크게 신전 지역, 거주 지역, 농경 및 수공업지역 등으로 구획되었다. 유적에 있는 신전을 포함한 140여개의 건축물들은 높은 산악 지역의 자연환경과 일체가 될 수 있는 환경 친화적인 건축 재료와 산을 닮은 형태로 건축되었다(사진 3-101). 그러나 신전을 포함한 모든 건축물들은 현재는 지붕은 없고 돌 벽만 남아 있다. 유적의 주출입구는 주요 신전인 "태양의 신전" 남쪽 끝자락에 있으며, 주출입구 동쪽의 높은 곳에는 경비초소가 있다. 유적에는 마추 삑추 중턱에 있는 태양의 문 Sun Gate 을 포함한 3개의 대문 Las tres Portadas 이 있다. 유적의 중심축에는 신성한 광장 Plaza sagrada, 즉 성스러운 광장이 있으며, 이 광장 주변에는 주요 신전 및 우물 Fuentes 이 있다(사진 3-102). 유적의 건축물 사이에는 수많은 수로, 계단통로 등이 배치되어 있어, 도시로서의 확실한 면모를 갖추었다고 볼 수 있다. 이 유적에서는 옥수수, 감자, 코카, 도마도, 후추 등을 포함한 수많은 곡물을 생산하였으며, 이들의 농경지 규모로 보아, 이 유적에서는 5천~1만여 명 정도가 자급자족했던 것으로 추정된다.

(라) **유적의 신전 건축물** 및 **구조물**

잉까의 "마추 삑추 유적" 의 신전, 일반 건축물 및 구조물 등에서는 잉까 인들의 정교한 돌쌓기 기술, 즉 접착재료를 사용하지 않고, 청동 끌과 돌망치를 사용하여 정교하게 돌을 다듬어 쌓아 올린, 돌 공사 기술의 흔적을 볼 수 있다. 우에이나 삑추 및 "마추 삑추 유적" 에 관한 상세는 다음과 같다.

① **우에이니 삑추**

해발 2700m 에 있는, 우에이나 삑추 Mt. Huayna Picchu 는 아담

한 크기이지만, 고고 孤高 한 모습이다. 우에이나 삑추는 "마추 삑추 유적" 중심축 북서쪽 끝에 있다(사진 3-103). 우에이나 삑추는 "젊은 봉우리" 라는 뜻이다. 성스러워 보이는 이 산봉우리를, 사람들은 코뿔소의 녹색 뿔 green rhino horn 과 같다고도 한다. 이곳에서는 "마추 삑추 유적" 전체를 더욱 멀리, 넓게 내려다 볼 수는 있지만, 이 전경을 보기위해서는 급경사의 아주 험하고 좁은 산비탈 길을 두어 시간 걸어서 올라야 한다. 급경사의 돌길을 따라 올라가다보면 산자락에 달의 신전이라는 작은 유적도 볼 수 있다.

사진 3-101: 신전 지역의 건축물 잔해 마추 삑추 유적, 뻬루

마추 삑추 유적에는 140여개의 건축물들이 있었던 것으로 추정되나 현재는 일부 건축물의 잔해, 즉 돌 벽만이 남아 있다. 모든 건축물의 지붕은 없다. 건축물들은 높은 산악 지역의 자연환경과 일체가 될 수 있는 환경 친화적인 건축 재료, 즉 돌과 자연의 산을 닮은 형태로 건축되었다.

사진 3-102: 성스러운 광장 전경 및 축대 마추 삑추 유적, 뻬루

사진 상; 중앙, 대각선 방향의 평평하고 넓은 녹지 공간이 성스러운 광장, 광장의 아래쪽에 있는 나무의 왼쪽에 태양의 신전이 있다. 사진 하; 광장 좌측의 돌로 쌓아올린 축대는 계단식 농경지였던 것으로 추정된다.

사진 3-103: 우에이나 삑추 마추 삑추 유적, 뻬루

아담한 크기의 우에이나 삑추는 고고한 모습이다. 우에이나 삑추는 "마추 삑추 유적" 중심축 북서쪽 끝에 있다. 우에이나 삑추는 "젊은 봉우리" 라는 뜻이다. 성스러워 보이는 이 산봉우리를, 사람들은 코뿔소의 녹색 뿔과도 같다고 한다. 우에이나 삑추 앞쪽 녹지 공간이 성스러운 광장이다.

② **파수-꾼 초소** Recinto del Guardian

"마추 삑추 유적" 의 동쪽 끝에 있는, 유적 입구에 들어서서 왼쪽의 가파른 오솔길을 따라 오르면 마추 삑추 중턱 Cerro Machu Picchu 에 도달한다. 이곳에 돌로 쌓아올린 기단 위에 경비 초소, 즉 파수-꾼의 집이 있다(사진 3-104). 이 집을 망루지기의 집이라고도 한다. 파수-꾼의 집에서는 "마추 삑추 유적" 전체를 한눈에 내려다 볼 수 있다. 파수-꾼들은 이 경비 초소에서 외부에서 침입하는 적들의 동태를 몰래 파악했다.

사진 3-104: 파수-꾼 초소 마추 삑추 유적, 뻬루

사진 상, 좌; 파수-꾼 초소 정면 및 측면, 사진 상 우; 초소 측면, 사진 하; 초소 에서 내려다 본 마추 삑추 유적 전경

③ 농경 지역

잉까의 농민들은 가파른 산비탈에 불을 질러 초목을 태우고 산비탈을 깎아 다듬어서, 돌로 축대를 쌓아 계단식 농경지를 만들었다. 계단식 농경지는, 먼저 배수가 잘되도록 밑에 돌조각을 여러 층으로 깔고 그 위에 영양이 풍부한 표토 topsoil 를 두껍게 깔아 만들었다. 돌조각은 건축물 공사현장에서 돌을 자를 때 생긴 부산물이었다. "마추 삑추 유적" 에는 이런 계단식 농경지가 수백 개도 더 되었다. 이 유적지에 있는, 계단식 축대 한 개의 길이는 100m 도 더 되는 것이 많았고, 축대의 높이는 대개 3m 정도였다(사진 3-105). 농민들은 이런 경작지가 감자, 옥수수, 코카, 도마도, 후추를 포함함 기타 곡물의 생장 生長 에 이상적인 토양이 되도록 개발했다.

평평한 땅이 부족한 "마추 삑추 유적" 에서는 가파른 산비탈을 빙 둘러가며 축대를 쌓아 계단식 농경지를 확보했다. 이 유적의 계단식 농경지는 도시의 동쪽과 서쪽 끝에 있는 거의 모든 산비탈을 개간 開墾 하여 만든 것이다. 이 유적, 동쪽 끝의 농경지를 "농경지역 Zona Agricola", 서쪽 끝의 농경지를 "서쪽 농경지구 Sector Agricola Oeste" 라 했다. 이 유적의 동쪽 끝에는 식량 저장소, 꼴까 Depósitos Qolqas 도 있다. 계단식 농경지는 마추 삑추 건너편, 경사가 급한 우에이나 삑추에도 있다. 잉까 인들은 이런 농경지에서 200여종의 곡물을 재배했다. 평균 해발 2400m 인 "마추 삑추 유적" 에는, 식물의 생장환경이 양호하여, 푸른 풀이 무성 茂盛 했다. 지금도 이 지역 산 중턱 숲속에서는 묻혀있었던 이런 농경지가 계속 발견되고 있다. 유적의 주변지역에는 석공, 금은 세공사, 일반 노동자들의 일터인 수공업 지역도 있었다(사진 3-106).

④ 식량 저장소 꼴까

"마추 삑추 유적" 의 동쪽 끝자락에는 수확한 식량을 저장해 두었던 창고가 있다. 이런 식량 창고를 꼴까 저장소 Depósitos

사진 3-105: 동쪽 및 서쪽 농경지 마추 삑추 유적, 뻬루
사진 상; 동쪽 농경지, 사진 하; 서쪽 농경지

사진 3-106: 수공업지역 건축물 잔해 마추 삑추 유적, 뻬루

사진 상; 박공지붕용 삼각형 벽체 및 계단식 경작지, 사진 하; 건축물 벽체

Qolqas 라고 한다. 꼴까 저장소는 잉까의 길 도처에 있었으며 보관된 식량, 즉 감자, 옥수수, 말린 고기 등은 필요할 때마다 사람들에게 다시 나누어 주었던 것으로 추정된다.

⑤ 태양의 신전

"마추 삑추 유적" 의 동쪽 끝에는 거대한 천연 바위가 있는데, 그 꼭대기에는 영문자 "P" 모양의 작은 구조물이 있다. 이 원형의 구조물은 백색의 아름다운 화강석을 잘라 모나게 잘 다듬어, 절묘하게 맞물리면서 둥글게 쌓아 올려 만들어졌다. 이 구조물을 작은 돌탑 torréon, 즉 태양의 신전 Templo del Sol 이라고 한다(사진 3-107). "마추 삑추 유적" 의 주요 신전인 태양의 신전은, 소위 말하는 도시의 동부지구 Eastern Urban Sector 에 있다. 이 신전의 주변에는 농경지, 경비 초소 및 유적의 주출입구 등이 있다. 이 신전의 북서쪽 끝에는 산봉우리, 우에이나 삑추가, 동남쪽 끝에는 마추 삑추가 있다. 태양의 신전 밑에 있는 동굴에는 왕의 장려한 무덤 La Tumba real 이 있다. 동굴 내부에 있는 이 작은 방은 초현실주의적인 돌쌓기 기술로 절묘하게 쌓아올려 만들어 졌다. 이 방에는 왕, 즉 잉까의 정복왕인 9대왕 빠차꾸떽 Pachacutec 의 미라를 안치 했던 것으로 추정된다. 작은 돌탑 입구 아래쪽에는 둥근 구멍이 몇 개 나아 있는데 이 구멍은 돌탑 안을 빙글빙글 돌아 안쪽으로 빠져나간다. 빙햄은 이 구멍을 독사의 콧구멍 Ventana de las Serpientes 이라고 했으며, 이곳이 바로 잉까 문명의 탄생지라는 이론을 정립했다.

잉까의 새해, 즉 동지 6월21일~24일 에는 원형의 작은 돌탑 상단에, 동쪽을 향해 나있는 개구부 開口部, aperture, 즉 창문을 통해서 신비한 빛줄기가 뻗혀 들어온다. 다시 말해서 태양의 신전 안에서 창문을 통해서, 맞은 편 산등성이 위로 떠오르는, 붉게 타오르는 태양 자체의 모습을 직접 볼 수 있다. 돌탑 창문의 위치는 동지점 冬至點 때의 태양의 입사각 winter solstice angle 에 맞춘 것이다. 돌탑의 안쪽에서는 개구부를 통해 동쪽의 산봉우리

마추 삑추를 볼 수 있다(사진 3-108). 잉까 인들은 개구부를 통해서 들어오는 이 빛줄기의 상태를 관찰해서 계절의 변화를 파악했다고 한다(사진 3-109). 다시 말해서 동지와 하지의 시기를 정확히 파악하여 곡물의 파종과 수확의 시기를 결정했다. 그러나 이런 자연의 변화에서 얻는 정보는 왕의 독점물로서 왕의 통치도구로 쓰인 것으로 추정된다.

사진 3-107: 천연 바위 위의 돌탑 태양의 신전, 마추 삑추 유적, 뻬루

사진 3-108: 태양의 신전 내벽 및 외벽 마추 삑추 유적, 뻬루

사진 상; 태양의 신전 내벽 및 개구부, 사진 하; 사진 중앙의 돌탑이 태양의 신전이다. 원형의 작은 돌탑 상단에, 동쪽을 향해 나있는 개구부를 통해서 신비한 빛줄기가 뻗혀 들어온다. 다시 말해서 태양의 신전 안에서 개구부를 통해서, 맞은 편 산등성이 위로 떠오르는, 붉게 타오르는 태양 자체의 모습을 직접 볼 수 있다. 개구부의 위치는 동지점 때의 태양의 입사각에 맞춘 것이다. 돌탑의 안쪽에서는 개구부를 통해 동쪽의 산봉우리 마추 삑추를 볼 수 있다.

사진 3-109: 신비한 빛줄기 태양의 신전 개구부 연출사진, 마추 삑추
잉까 인들은 새해 아침 돌탑의 개구부를 통해서 들어오는 신비한 빛줄기의 상태를 관찰해서 계절의 변화, 즉 동지와 하지의 시기를 정확히 파악하여 곡물의 파종과 수확의 시기를 결정했다.

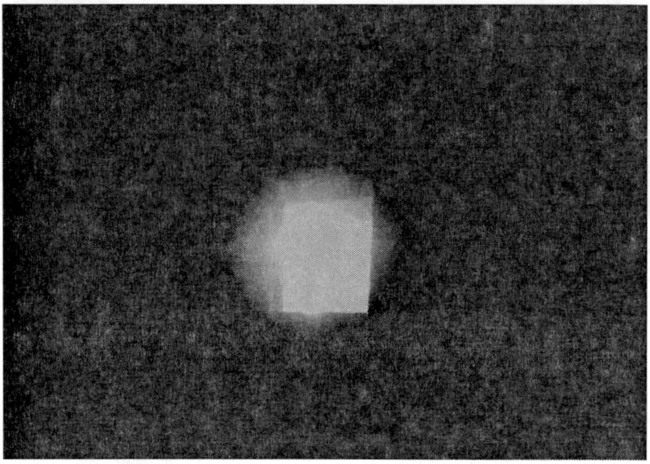

⑥ 우물 및 수로

잉까 인들은 산속에서 흘러나오는 샘물을 저장, 운반, 사용하기 위하여 수로와 우물을 만들었다. "마추 삑추 유적"에는 도시 중심부를 관통하는, 정교하게 돌을 깎아 짜 맞추어 만든 계단형 수로와 우물 Fuentes 이 있다. 이 우물은 태양의 신전 오른쪽 근처에 있다. 고산 지역인 이곳의 수로도 잉까의 다른 도시에 있는 수로와 유사하다. 수로는 누수 漏水 가 되지 않도록 정교하게 짜 맞추었으므로 누수로 인하여 수로가 붕괴되는 일은 없었다. 수로는 주거지역을 관통하는데, 이는 생활용수를 편하게 사용하도록 함이고, 신분이 높은 사람들의 경우에는 생활용수는 물론이고, 의식 전에 몸을 씻는데 물을 편리하게 사용할 수 있도록 하기 위함이었을 것이다. 물론 농경지역에 있는 계단식 수로는 농업용수로도 쓰였을 것이다.

⑦ **꼰도르 신전**

콘도르 신전 Templo del Condor 은 "마추 삑추 유적" 중심의 북쪽에 있다. 이 신전은 자연 상태로 있는 돌에 잉까 인들의 돌쌓기 기술을 접목해서 만들어낸 인공과 자연이 결합된 구조물이다. 신전 건축물의 모습이 마치 날개 편 꼰도르 같다는데서 붙여진 이름이다. 꼰도르는 안데스 산맥 등지에 서식하는 큰새로, 비행 시 쭉 편 날개의 길이는 3m 에 달한다. 희생 의식은 주로 꼰도르 머리 부분에서 거행된 것으로 추정된다. 신전 뒤편의 동굴에서는 미라가 발굴되었으며, 동굴에는 죄수를 가둬 두었다는 설도 있다.

⑧ 3개의 **창문 신전** Templo de las Tres Ventanas

이 신전은 "마추 삑추 유적" 의 한복판, 즉 신성한 광장 Plaza sagrada 의 남동쪽에 근접해 있다. 이 신전에서는 태양이나 하늘과 관련된 의식을 거행했던 것으로 추정된다. 빙햄은 이 신전 건축물의 벽에 있는 3개의 창문 windows 또는 openings, 즉 3개의 개구부 開口部, aperture 를 "마추 삑추 유적" 의 원초적인 신비를 푸는 핵심 요소라고 했다(사진 3-110). 3개의 개구부는 모두 동쪽을 향하고 있으며, 개구부 한 개의 크기는 1219mm× 914mm 이다. 동지 冬至 에는 떠오르는 태양 빛이 계곡을 넘어 정확하게 3개의 개구부로 들어와 내부를 가득 채운다. 이런 개구부의 구조로 보아, 이 신전은 천문관측의 기능도 있었던 것으로 추정된다.

⑨ **인띠우아따나**

"인띠우아따나 Intihuatana" 는 태양 숭배에 관련해서 태양신에게 봉헌 奉獻 된, "잉까의 조각된 돌덩이 carved Inca stone" 모두를 지칭하는 말이다. 께추아 말, "인띠우아따나" 에서 "인띠" 는 태양을 뜻하고, "우아따나" 는 연결을 뜻한다. 즉, "인띠우아따나" 는 "태양을 잇는 조각된 돌덩이" 또는 "태양을 묶어두는

사진 3-110: 3-창문 신전 외벽 및 내부 마추 삑추 유적, 뻬루
사진 상; 신전 외벽, 사진 하; 신전 내부

조각된 돌덩이" 라는 뜻이라고 한다. "잉까의 신성한 조각된 돌덩이 sacred carved Inca boulder" 란 잉까 인들이 태양신에게 바친, 돌덩이로 만든 신성한 조각 작품 彫刻 作品" 이다. 이 신성한 조각된 돌덩이는, 태양 숭배에 관련된 그림, 글씨, 사람, 짐승 등을 돌덩이에 새겨 넣거나, 돌덩이 자체를 태양 숭배를 상징하는 어떤 특이한 형상으로 깎고 다듬어 만든다. 이 조각된 돌덩이 중 가장 유명한 것은 "마추 뻭추 유적" 에서 가장 높은 곳에 있는 "조각된 돌덩이"와 "마추 뻭추 Mt. Machu Picchu" 산기슭, 이드로엘렉뜨리까 기차역 Hidroeléctrica train station 근처에 있는 "조각된 돌덩이" 이다.

㉮ **인띠우아따나**의 **돌기둥** 또는 **해시계**

"마추 뻭추 유적" 서쪽, 성스러운 광장 북서쪽 인근에서 가장 높은 곳에는, 윗부분을 기묘한 형태로 정교하게 깎아 만든 "잉까의 돌덩이 조각 彫刻" 이 있다(사진 3-111). 이 "돌덩이 조각", 즉 돌기둥을 "인띠우아따나의 돌 Intihuatana stone" 이라고도 한다. 이 돌기둥 의 밑면은 넓고, 그 형태는 높이가 51cm 인 변형평행사변형 gnomon 이다. 이 돌기둥에는 해시계 sundial 같은 모양이 새겨져 있다. 높이가 1.8m 인 "인띠우아따나 돌" 은 성스러운 "우에이나 뻭추 Mt. Huayna Picchu" 를 형상화 한 것이라고도 한다. 우에이나 뻭추는 이 돌기둥의 정 북쪽에 있다. 이 돌기둥의 동, 서, 남쪽에도 각기 중요한 산봉우리들이 있다. 이 돌기둥의 위치는 동지 冬至 에는 떠오르는 태양의 각도 Winter Solstice Angle, 즉 입사각과 일치한다. 정확한 용도가 밝혀지지 않은 이 돌기둥은 해시계였을 것이라는 추측도 있다. 잉까 인들은 이 돌기둥의 그림자를 보고 계절의 변화를 감지했다고 한다. 이런 연유로 이곳이 천문대 Observatorio astronomico 였을 것이라는 주장도 있다. 잉까 인들은 천문대에서 하늘을 관측하고 그에 관련된 의식을 거행했다.

사진 3-111: 인띠우아따나의 돌 마추 삑추 유적, 뻬루

㉯ 이드로엘렉뜨리까 근처의 돌덩이

마추 삑추 Mt. Machu Picchu 의 서쪽 외진 산기슭에 있는, 이드로엘렉뜨리까 기차역 Hidroeléctrica train station 근처에는 커다란 돌덩이, 즉 또 다른 "잉까의 신성한 돌덩이 조각 彫刻" 이 숨겨져 있었다(사진 3-112). 이 기차역은 "마추 삑추 유적" 에서 서쪽으로 멀리 떨어져 있어서 잘 알려지지 않은 곳이다. 이 기차역의 명칭, "이드로엘렉뜨리까" 는 인근에 있는 수력발전소의

영어 발음, 즉 "하이드로우일렉트릭 플랜트 hydroelectric plant"를 스페인어식으로 차음 借音 한 것이다. 마추 삑추 산기슭에 숨겨져 있었던 "잉까의 신성한 조각, 돌덩이"는, 그 용도를 알 수 없어 그저 추상적이고 신비스럽기 만하다. 그런데 이 "돌덩이 조각"의 위치는, 동지 冬至 에 떠오르는 태양의 각도 angle of the sunrise, 즉 입사각과 완벽하게 일치한 것이다. 다시 말해서 마추 삑추 유적 내의 "인띠우아따나의 돌"과 "태양의 신전" 그리고 이 신성한 돌덩이의 위치는, 동지에는 모두 떠오르는 태양의 입사각 일직선상에 있는 것이다(사진 3-113).

사진 3-112: 잉까의 신성한 돌덩이 조각 마추 삑추 산기슭, 뻬루

잉까의 신성한 돌덩이 조각은 그 용도를 알 수 없어 그저 추상적이고 신비스럽기 만하다. 그런데 이 돌덩이에는 "인띠우아따나" 라는 글씨가 새겨져 있다.

사진 3-113: 동지의 태양 입사각 선 마추 삑추 유적 및 그 주변, 뻬루

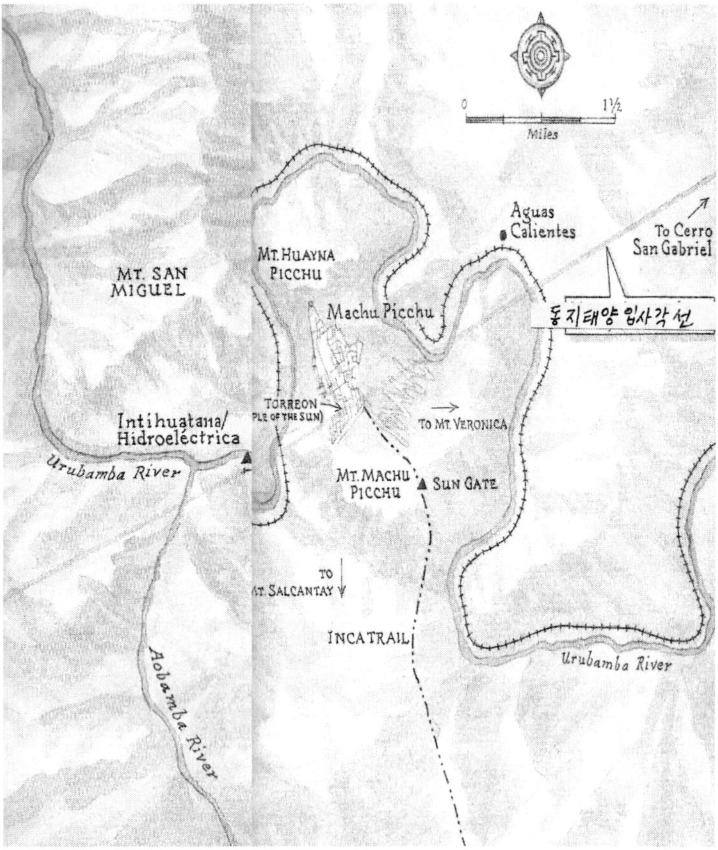

⑩ 성스러운 바위

"마추 삑추 유적" 의 북서쪽 끝에 있는 우에이나 삑추로 올라가는 길, 입구 근처에는 최고 높이가 18m 나 되는, 거대한 바위가 있다. 삼각형 모양의 이 거대한 바위는 배경의 산봉우리 모습과 기묘하게 겹쳐져 신성한 장소로 여겨진다. 이 성스러운 바위 Roca sagrada 를 제례용 바위 Roca ceremonial 라고도 한다.

⑪ **주거 지역**

"마추 삑추 유적"의 주거지는, 북서쪽에는 주로 왕족, 귀족 및 사제들이 살았고, 남동쪽에는 농부, 석공, 금은 세공사, 일반 노동자들이 살았던 것으로 추정된다. 신분이 높은 사람들의 주거지에는 경계용 담장이 있었다(사진 3-114). 이 유적에 있었던, 일반 사람들이 살았던 주택의 일반적인 형태는 단층 單層, 직사각형 평면, 마름돌 및 흙벽돌 벽, 낮고 작은 대문 등으로 특정된다. 지붕은 주로 합각지붕이며, 목재 대들보에 목재 서까래를 끈으로 묶어 고정하고 갈대 줄기를 엮어 덮었다. 갈대, 즉 이추는 안데스 산속 평지에서 자생한다. 고원 지대의 경우 추위 때문에 창문은 최소한의 채광과 환기를 할 수 있을 정도의 최소 크기로 만들었다. 추위에도 불구하고 굴뚝을 설치하는 경우는 매우 드물었다. 지금도 뻬루 원주민 들은 이런 형태의 주택에서 살고 있다. 건축자재의 경우, 뻬루의 해안 지대에는 흙벽돌, 산악 지대에는 석재 그리고 밀림지대에는 목재가 풍부했다.

사진 3-114: 사제 주거지 돌담 마추 삑추 유적, 뻬루

다) 잉까의 길 Camino del Inca

잉까의 길은 잉까 제국 통치의 핵심적 기반시설이었다. 이 길은 안데스 산맥을 따라 남미 대륙 서부를 관통하는, 즉 현재의 에꾸아도르에서 꾸스꼬를 지나 칠레의 산띠아고까지 통했다. 잉까 제국이, 제국의 주요 도시와 군사기지 등을 연결하기 위하여 건설한 수많은 오솔길의 총 길이는 무려 2만2천여km 에 달했던 것으로 추정된다. 이 길은 황제, 군대, 물자의 이동은 물론이고, 파발꾼을 통한 정보 소통의 길로도 쓰였다. 이 길은 수레가 없었던 잉까 시대에는 오직 걸어 다니는 사람과 그들의 운송 수단인 야마와 같은 토착 동물들만이 다니는 길이었다.

"마추 삑추 유적"에서 관광객들에게 공개된 길, 영어식 표현의 잉카 트레일 Inka Trail, 즉 잉까 오솔길은 전체 잉까의 길 중 극히 일부분인 47km 이다. 그나마 현재 관광객이 다니는 길은 그중에서도 일부일 뿐이다. 이 길은 원래 왕이 마추 삑추로 가는 길이었거나, 잉까 인들이 자신들의 숨겨진 도시 마추 삑추로 가기 위해 만들어 놓은 길이었을 것으로 추정된다. 빙햄은 1915년에 이 길을 찾아냈다. 마추 삑추까지 가는 잉까 트레일은 여러 갈래가 있으나, 현재 관광객들에게 개방된 길은, 기차역이 있는 오얀따이땀보 Ollantaytambo 마을 서쪽에 있는 꼬리우에이라치나 Q'orihuayrachina 에서 시작된다. 이어서 빠따약따 Patallacta, 베이야밤바 Wayllabamba, 룬꾸라께이 Runkuracay, 세이악마르까 Sayacmarca, 푸요 빠따 마르까 Phuyo Pata Marca, 비네이베이나 Wiñay Wayna 를 지나 마추 삑추에 이른다(사진 3-115). 돌 포장길인 이 길의 총연장은 33km 이고, 해발 2600m 에서 시작해서 해발 2228m 에서 끝나는 내리막이다. 빠빠약따는 잉까 트레일이 시작되는 꼬리우에이라치나를 출발해서 약 2km 정도 걸어가면 만날 수 있는 잉까 유적이다.

라) 잉까의 성스러운 계곡 El Valle sagrado de los Inkas

잉까의 성스러운 계곡은, 잉까 인들의 삶의 흔적이 흐르는 평

사진 3-115: 관광객용 잉까의 길 성스러운 계곡, 꾸스꼬, 뻬루

관광객들이 마추 삑추까지 가는 잉까의 길은 여러 갈래가 있으나, 현재 관광객들에게 개방된 길은, 기차역이 있는 오얀따이땀보 마을 서쪽에 있는 꼬리우에이라치나에서 시작된다. 이어서 빠따약따, 베이야밤바, 룬꾸라께이, 세이악마르까, 푸요 빠따 마르까, 비네이 베이나를 지나 마추 삑추에 이른다. 아래 사진의 점선, 즉 ....

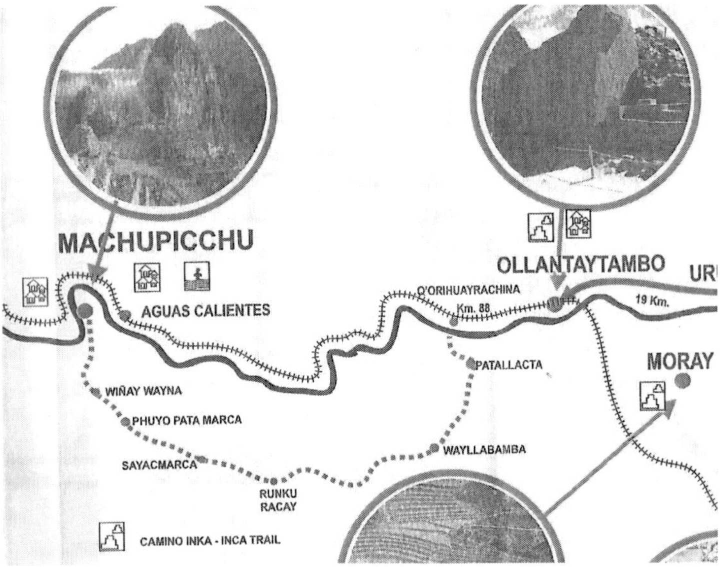

화로운 마을들이 산재해 있는 곳이다. 성스러운 계곡의 마을은 삐삭 Pisac 에서 시작, 깔까 Calca, 우루밤바 Urubamba, 오얀따이땀보 Ollantaytambo, 꼬리우에이라치나 Q'orihuayrachina 를 지나, 마추삑추 바로 아랫 마을인 아구아스 깔리엔떼스 Aguas Calientes 까지 이어진다(사진 3-116). 성스러운 계곡을 흐르는 우루밤바 강 Río Urubamba 의 강변, 100여km 에는 수많은 잉까 마을들이 있다. 해발 6388m 의 산, 안꼬우마 Ancohuma 계곡을 따라 뱀처럼 굽이쳐 흐르는, 황토 빛깔의 우루밤바 강은 "마추삑추유적"을 박차 拍車, spur 모양으로 휘감아 돌아 흘러간다(사진3-117).

우루밤바의 "우루" 는 황토를, "밤바" 는 평원을 뜻한다고 한다. 우루밤바 강은 잉까 인들의 우주관에서 가장 성스러운 강이다. 이강은 아마존을 지나 대서양으로 흘러들어 간다. 꾸스꼬 근처에서는 이강을 빌까노따 강 Vilcanota River 이라고 부른다.

잉까의 성스러운 계곡에서는 옥수수와 감자를 비롯한 수많은 곡물의 재배는 물론이고 소금도 생산했다. 이 계곡은 잉까 인들의 먹거리를 해결해주었음은 물론 꾸스꼬의 식량 창고 역할도 했으므로 잉까 인들은 이 계곡을 성스러운 계곡이라 했다. 이 계곡에 있는 마을의 사람들은 지금도 옛날 잉까 인들과 다를 바 없는 삶을 누리고 있는 안데스의 원주민들이다(사진 3-118). 그들은 넓은 들판에 아도베 adobe, 즉 햇볕에 말린 흙벽돌로 집을 짓고, 옥수수를 경작하면서 살아간다. 잉까의 성스러운 계곡에 있는 주요 유적은 다음과 같다.

사진 3-116: 잉까의 성스러운 계곡 마을 꾸스꼬 근교, 뻬루

잉까의 성스러운 계곡에는 삐삭, 깔까, 우루밤바, 오얀따이땀보, 꼬리우에이라치나, 아구아스 깔리엔떼스 등의 잉까 전통 마을이 있다.

사진 3-117: 우루밤바 강 성스러운 계곡, 꾸스꼬 근교, 뻬루

사진 3-118: 전통 복장의 잉카 원주민 성스러운 계곡, 오얀따이땀보

(가) 삐삭

삐삭 Pisaq 은 꾸스꼬에서 북북동쪽으로 22km 떨어져 있는 산속 깊은 계곡에 있는 잉까 전통의 작은 마을이다. 이 마을에서는 신전, 창고, 요새, 망루, 계단식 경작지 등으로 구성되는 전형적인 잉까 마을의 형태를 확인 할 수 있다. 이 마을에는 원주민들이 모이는 시장도 있다. 마을 광장에는 사도 Apóstol 성 베드로의 교회 Iglesia San Pedro 가 있다. 교회 안에는 지진의 신 El Señor de las Temblores 이라 부르는 갈색 예수상이 있으며, 미사는 원주민 언어인 께추아어로 진행된다. 주변 마을의 족장들은 잉까 전통의 의식용 지팡이, 즉 바레이옥 varayoc 을 들고, 잉까 전통 복장을 걸치고 미사에 참여한다. 마을에서 조금 떨어진 계곡 위쪽 높은 곳에는 "작은 마추 삑추" 라고 부르는 태양과 달을 위한 신전이 있다. 신전 옆에는 정확하게 남북 방향을 가리키는 정교한 "돌덩이 조각" 즉 인띠우아따나 Intihuatana 가 있는데, 이는 천문관측에 쓰였던 것으로 추정된다.

(나) 친체로

친체로 Chinchero 는 꾸스꼬에서 북서쪽으로 28km 떨어져 있는 안데스 고원 지대에 있는 잉까의 전통 작은 마을이다. 마을의 중앙 광장에는 잉까의 신전을 허물고 그 위에 세운 친체로 교회가 있다. 교회 안에는 지진의 신이라 부르는 갈색의 예수 그림과 일하는 모습의 성모마리아의 그림이 있다. 교회 밖에는, 잉까 인들이 섬긴 "대지, 즉 땅 pachamama 의 어머니 신", 즉 빠차마마 Pacha Mama 를 상징하는 다층 계단과 그 위에 세운 십자가가 있다. 계단 위에 세운 십자가에는 잉까의 상징인 태양이 그려져 있다.

(다) 모레이

모레이 Moray 는, 친체로 서쪽 방향에 있는 잉까의 계단식 농경과 고랭지 작물 재배 기술을 연구하는 거대한 연구소 유적이 있는 곳이다. 이곳에서는 날씨와 고도에 따라서 경작물이 어떻게 자라는지를 실험했던 것으로 추정된다. 계단식 농경지는 부족한 농지 문제를 해결하고 고도에 따라 적합한 작물을 선정해서 심을 수 있는 이점이 있다. 움푹 파인 계곡 아래 있는 이 농경지는 마치 로마시대의 원형극장 모습과 유사하다(사진 3-119). 거대한 동심원을 따라 돌을 쌓아 실험용 계단식 농경지를 만들었으며, 각 계단의 높이는 사람의 키 정도이다. 계단식 농경지의 상단과 하단에는 기온의 차이가 있다는 점을 고려, 따뜻한 곳에서 잘 자라는 식물과 차가운 곳에서 잘 자라는 식물에 대한 실험, 연구를 통하여 최적의 수확량을 얻을 수 있는 곡물을 선정, 보급했다. 실제로 옥수수는 따뜻한 곳에서 감자는 서늘한 곳에서 잘 자란다는 사실을 확인했다. 잉까의 농업기술 발달로 인한 곡물 생산량 증대가 거대한 잉까 제국 발전의 밑바탕이었다고 주장하는 학자들도 있다.

사진 3-119: 농작물 재배 연구소 모레이, 꾸스꼬 근교, 뻬루

(라) **살리네라스**

살리네라스 Salineras 는 스페인어로 염전이라는 뜻이다. 잉까 인들의 계단식 천연 염전인 이 염전은 꾸스꼬에서 북서쪽으로 약 40km 떨어진 곳에 있다(사진 3-120). 이 염전은 모레이 동쪽 방향에 있는 작은 마을 마라스 Maras 에서 우루밤바 Urubamba 계곡 쪽으로 내려가다 보면 그 끝자락에 있다. 이곳은 바다 속 지반이 융기하면서 생긴 암염 巖鹽 지대이다. 이 염전은 해발 3000m 의 산악 지대 황토 비탈에 돌로 축대를 쌓아 다랑-논처럼 만들었다. 이 염전의 역사는 3000년이나 된다고 한다. 암염이 녹아 흘러내리는 물이 넘치는 대로 구획했기 때문에 자연스럽게 계단식 염전이 생겼다. 계단식으로 구획된 염전에 소금물을 모아 가두고, 햇볕에 증발시켜, 흰색, 분홍색, 갈색의 소금을 생산한다. 이들 중 식용은 흰색과 분홍색이다. 안데스 산속에서 생산하는 소금은 잉까 인들의 필수 자원이었다. 이곳에서 생산되는 천연 소금을 "태양의 선물" 이라고도 한다. 2000여개의 구획된 염전은 각각의 주인이 있으며, 이들 염전에서는 지금도 잉까 시대의 방식 그대로 소금을 생산한다. 그러나 스페인 침략자들이 통치했던 지난 300여 년 동안에는 원주민들이 땀 흘려 생산한 소금을 모두 착취당했다.

(마) **오얀따이땀보**

오얀따이땀보 Ollantaytambo 는 꾸스꼬와 "마추 삑추 유적" 사이에 있는 잉까 유적 중 가장 중요한 마을이다(사진 3-121). 이 마을은 우루밤바 계곡에서 서쪽방향으로 19km 떨어진 곳에 있으며 잉까 시대에 만들어진 마을 모습을 그대로 간직하고 있다. 한편 오얀따이땀보는 잉까 유민 遺民 들의 마지막 항전 장소이기도 하다. 이곳 전투에서는 잉까의 꼭두각시 왕 만꼬 잉까 유빤끼 Manco Inca Yupanqui 가 이끄는 잉까 정예 군대가 침략자 스페인 군대에 맞서 몇 차례 승리를 거두기도 했지만 결국에는 막강한 스페인 군대에 진압 당하고 비뜨꼬스쪽으로 패퇴 敗退 했

사진 3-120: 마라스 염전 꾸스꼬 근교, 뻬루
사진 상; 마라스 염전 전경, 사진 하; 구획된 염전

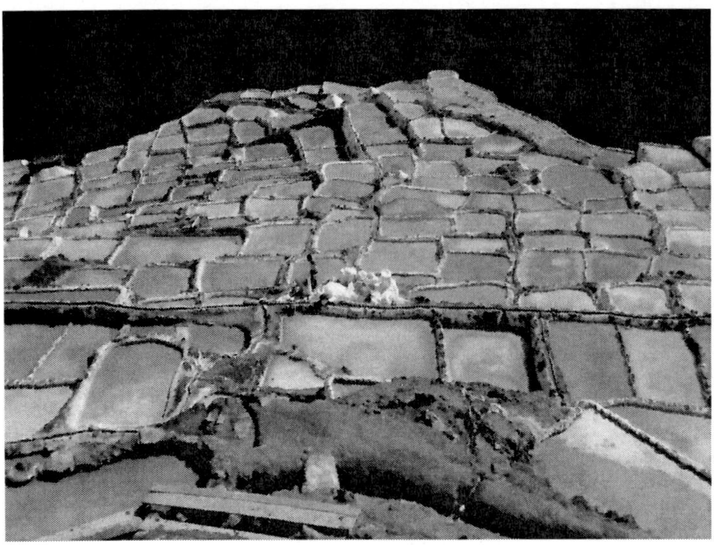

사진 3-121: 오얀따이땀보 유적 전경 꾸스꼬 근교, 뻬루

다. 그는 비뜨꼬스 마저 스페인 군대에 압살 壓殺 당하자 정글 속 오지 빌까밤바 Vilcabamba 쪽으로 달아났다.

성스러운 계곡에 있는 잉까의 마을 중 가장 중요한 마을인 오얀따이땀보는 잉까 시대에도 주거와 행정의 중심 마을이었다. 당시 오얀따이땀보의 인구는 1천여 명 정도였던 것으로 추정된다. 마을 한 가운데를 흐르는 빠따깐차 강 Rio Patacancha 주변에는 돌에 홈을 파서 만든 수로와 목욕탕 등 많은 관개시설이 있다. 잉까 인들이 다양한 방법으로 물길을 만들어 농작물 재배와 종교적 행사에 활용했음을 엿볼 수 있는 흔적이다. 특히 신분이 높은 여인들이나 여 사제들이 사용했던 왕녀의 목욕탕 Banõs de la Ñusta 은, 한 개의 커다란 바위를 정교하게 깎아 만든 것이다(사진 3-122). 오얀따이땀보의 높은 산 중턱에는 잉까 시대에 만들어 놓은 식량 저장소, 꼴까도 있다(사진 3-123). 이 마을에

사진 3-122: 왕녀의 목욕탕 오얀따이땀보, 꾸스꼬 근교, 뻬루

사진 3-123: 식량 저장소 꼴까 오얀따이땀보, 꾸스꼬 근교, 뻬루
사진 아래쪽 왼쪽에 점토와 목재를 엮어 만든 구조물, 꼴까가 보인다.

는 지금도 돌을 정교하게 깎아 만들어 놓은 길, 계단 및 수로, 목욕탕 등의 관개시설이 잘 보존되어 있다. 관개시설은 농경과 종교적 목적에 쓰인 것으로 추정된다. 이곳에 있는 거대한 돌계단 위의 신전과 수로는 잉까 인들의 창조신인 비라꼬차 Viracocha 를 비롯한 다양한 신들을 위한 구조물이다. 거대한 화강석 기둥 6개가 있는 신전을 일명 "태양의 신전" 이라고도 한다. 거대한 돌기둥 하나의 무게는 무려 40~42톤이나 된다고 한다. 오얀따이땀보에는, 붉은 화강석으로 구축된 거대한 성벽을 비롯한 여러 구조물들이 있기 때문에 많은 사람들이 오얀따이땀보를 군사 요새라고 생각하기도 했으나 결국에는 종교적 구조물이었음이 밝혀졌다.

마) 꾸스꼬

꾸스꼬 Cuzco 는 뻬루 수도 리마에서 동동남쪽으로 약 600여 km 떨어져있는 안데스 산맥 los Andes 속에 있는, 잉까 제국의 성스러운 도시이자 태양신을 숭배하는 황금 도시였다. 잉까 제국 최후의 수도 꾸스꼬는, 안데스 산맥 해발 3399m 의 분지에 건설된 도시이다(사진 3-124). 잉까 제국 당시의 꾸스꼬의 이름은 따완띤수유 Tawantinsuyu 였다. "꾸스꼬" 는 께추아 말로 "배꼽" 이라는 뜻이다. 잉까 인들은 꾸스꼬를 세상의 중심이자 성지 聖地 라고 생각했으며, 태양에 의해 빛나는 도시라고 믿었다. 당시 남미 지역 막강 잉까 제국의 수도 꾸스꼬는 20여년에 걸쳐 건설한 도시라고 한다. 당시 꾸스꼬의 인구는 20만 명 정도였던 것으로 추정된다.

꾸스꼬에는 그 명성에 걸맞게, 세상에서 가장 화려하고 사치스러운 신전과 왕궁 등의 유적이 있었으나, 스페인 침략자들이 대부분의 유적들을 파괴하고 유적의 기초인 돌 기단 위에 스페인 풍의 성당과 광장을 건설했다. 그러므로 잉까 제국의 수도였던 꾸스꼬에는 식민 시대의 유산만 가득할 뿐 정작 온전히 남아있어야 할 잉까의 유적은 거의 없다. 다만 잉까 유적의 흔적만을 찾아 볼 수 있을 뿐이다. 그 흔적이란 오직, 반듯한 돌 벽, 즉 빈틈없이 정교하게 쌓아올린 거대한 부정형 돌 벽 및 좁고 가파른 골목길뿐이다. 잉까 문명의 희미한 흔적은 다음과 같다.

(가) 아우까이빠따 광장

아우까이빠따 Haucaypata 광장은 잉까 시대 꾸스꼬의 중심지역이며, 잉까 제국 통치의 중심지였다. 스페인 침략자들은 이곳에 있었던 신전, 왕궁 등을 파괴하고 그 돌 기단 위에 대성당, 유럽풍의 상가 건축물 등을 건축했다. 아우까이빠따 광장에는 분수대를 설치하고 그 광장을 아르마스 광장 Plaza Armas, 즉 군대 또는 무기의 광장이라고 개명 改名 했다.

사진 3-124: 꾸스꼬 구시가지 전경 예수상 전망대에서, 꾸스꼬, 뻬루

(나) 꼬리깐차

꼬리깐차 Qorikancha 또는 Koricancha 는 현재의 꾸스꼬 아르마스 광장에서 동남쪽 방향으로 4블록쯤 떨어진 곳에 있었던, 잉까 시대의 가장 중요한 신전, 즉 잉까의 주신인 태양을 모시는 태양 신전이었다(사진 3-125). 그러나 1538년 꾸스꼬에 잠입한 스페인 사제들은 잉까의 꼬리깐차를 파괴하고, 이 신전의 돌 기단 위에 그들의 수도원과 교회, 즉 산또 도밍고 교회 Iglesia de Santo Domingo 를 세웠다. "꼬리깐차" 는 원주민 말로 "황금 정원", "왕금 울타리" 또는 "황금 궁전" 이라는 뜻이다. 이 신전의 외벽은 황금 띠로 장식되었고, 신전 안에는 황금으로 만든 조각품 彫刻品 들이 넘쳐 있었다. 그러나 스페인 악당들은 이들 황금 유물의 거의 모두를 흔적도 남기지 않고 약탈해갔다. 다행스러운 것은 현재의 산또 도밍고 교회 내부 한쪽에 두꺼운 황금판 黃金板 하나가 남아있는 것이다. 그 황금 판재에는, 잉까 인들의 우주관을 엿볼 수 있는 해와 달, 별과 무지개, 구름과 천둥, 그리고 인간의 모습 등이 새겨져 있다. 산또 도밍고 교회는 1650년과 1950년, 두 차례의 강도 6.9의 강진 때 크게 파괴되었지만, 교회를 떠받치고 있던 잉까 태양 신전의 돌 기단 基壇 은 온전하였다. 신전의 기단 및 내부 벽은 다양한 형태로 정교하게 깎아 만든 돌, 즉 구조적으로 안전성이 확보된 돌로 구축되었기 때문이다(사진 3-126). 내벽을 쌓아올린 돌 가운데는 평면을 십자가 모양으로 깎아 만든, 14면 24각의 돌도 있다. 잉까 인들은 자신들의 정교한 돌 공사 the precise Inca stonework 기술을 활용한 내진구조설계를 하여 신전을 건축했다.

(다) 비라꼬차 왕궁

스페인 침략자들은 아우까이빠따 광장 오른쪽, 북동 방향에 있었던 비라꼬차 왕궁 Palacio de Viracocha 을 파괴하고 그 돌 기단 위에 대성당을 건축했다. 100여년에 걸쳐 건축된, 붉은색의 웅장하고 위엄 있는 모습의 대성당은 꾸스꼬 근교인 삭세이와만

사진 3-125: 꼬리깐차, 태양의 신전 꾸스꼬, 뻬루

사진 3-126: 꼬리깐차 내부의 돌 벽 꾸스꼬, 뻬루

Saqsaywaman 또는 Sacsahuaman 에 있는 잉카 유적으로부터 뜯어온 돌로 건축되었다고 한다. 대성당 안에는 300톤의 은을 사용해서 만들었다는 섬세한 제단과 성상 聖像, 화려한 성화 聖畵 그리고 원주민의 피부와 같은 갈색의 예수상이 있다. 잉까 인들에게는 예수는, 서양 세계에서의 인식과는 달리, 그저 지진의 신 El Señor de las Temblores 일 뿐이다. 예수가 지진의 신이 된 것은 1650년 대지진 때 예수 상을 보호하기 위해서 성당에서 마당으로 예수상을 가지고 나오자 지진이 멈췄기 때문이라고 한다.

(라) 와이나 까빡 궁전

잉까 제국의 제11대왕, 우에이나 까빡 Huayna Capac 의 궁전은 잉까 시대 통치의 중심지였던 아우까이빠따 광장에 있었다. 스페인 침략자들은, 17세기에 이곳에 있었던 잉까 왕궁을 파괴하고 그 돌 기단 위에 그들의 교회, 즉 예수회 교회 Iglesia de la Compañia de Jesus 를 세웠다.

(마) 로레또 골목길

로레또 골목길 Calle Loreto 은, 아우까이빠따 광장 동남쪽으로 네 블록 떨어진 곳에 있었던 잉까의 태양 신전, 꼬리깐차로 이어지는 길이다(사진3-127). 이 골목길은 잉까 제국 후반기에 건설되었다. 이 골목길에서는 잉까 시대의 전통적인, 정교한 돌 쌓기 기술의 정수를 그대로 느낄 수 있다. 잉까의 돌 벽 맞은편에는 스페인 식민지 시절에 쌓은 돌 벽도 있다.

(바) 12각 돌

12각 돌 La Piedra de los doce anquios 은 돌쌓기 면이 12개 있는 돌이다. 12각 돌 유적은, 꾸스꼬의 아우까이빠따 광장에서 동동북쪽으로 두 블록 떨어져 있는 골목길 아뚠루미욕 Calle Hatunrumiyoc 에 있는 건축물, 즉 종교예술 박물관 Museo de Arte religioso 의 외벽 돌 기단 基壇 속에 있다(사진 3-128). 12각 돌

사진 3-127: 잉까 및 스페인 돌 벽 로레또 골목길, 꾸스꼬, 뻬루
사진 왼쪽이 잉까 시대의 돌 벽이고, 오른쪽이 스페인의 돌 벽이다.

사진 3-128: 12각 돌 아뚠루미욕 골목길, 꾸스꼬, 뻬루

의 "12" 의 의미는 로까 왕의 가족 12명을, 또는 1년 12달을 의미한다는 주장도 있다. 잉까 인들의 건축 기술 중에서도 돌쌓기 기술은 단연 으뜸이다. 모양과 크기가 서로 다른 돌들을, 틈새가 전혀 생기지 않게 모서리를 맞추면서 줄눈을 조금씩 엇갈려 쌓는 기술, 즉 구조 역학적 기술은, 신기 神技 에 가까운 잉까 인들의 돌 쌓기 기술의 정수이다. 12각 돌의 각 면에, 구조적으로 힘을 분산시킬 수 있도록 다른 돌들을 정교하게 짜 맞추면서 쌓는 기술은 신의 기술이다. 잉까 인들은 12각의 큰 돌을 다른 돌들과 빈틈이 전혀 생기지 않게 짜 맞추어 건축물 기단을 쌓았다. 12각 돌의 깊이는 2m 정도이다. 이 돌에 가해지는 외부의 힘을 완전히 분산시키는 구조 기술로 쌓아올린 이 기단은 대지진에도 전혀 손상을 입지 않았다.

바) 꾸스꼬 근교

꾸스꼬 근교에는 삭세이와만 Saqsaywaman, 껜꼬 Qénqo, 뿌까뿌까라 Puca Pucará, 땀보마차이 Tambomachay 등의 잉까 유적이 있다(사진 3-129). 그러나 유적에는 잉까 문명의 흔적인, 커다란 돌덩이와 거대한 돌로 쌓아 올린 담장들만 남아있을 뿐이다. 이곳의 주요 잉까 유적 내용은 다음과 같다.

(가) 삭세이와만

삭세이와만 Saqsaywaman 또는 Sacsahuaman 은 꾸스꼬 북북동쪽 2km 지점에 있는 잉까 유적이다. 잉까 제국은, 제국의 전성기인 15세기에 삭세이와만을 건설했다. 이 유적은, 잉까의 정복왕인 9대왕 빠차꾸떽 Pachacutec 이 건설하기 시작하여 그의 아들이자, 10대왕인 뚜빡 유빤끼 Tupac Yupanqui 가 완성했다. 그러나 지금은 거대한 돌담 Gargantuan walled structure 만이 남아 있을 뿐이다. 돌담에는 높이 8m, 폭 3.6m 에다가 무게가 200~300톤이나 되는 큰 돌도 있다(사진 3-130). 삭세이와만은 잉까 유민 遺民 군대와 스페인 군대가 전투를 벌인 곳이기도 하다. 꼭두각시 잉까 왕, 만꼬 잉까 유빤끼는 1536년, 삭세이와만에서 10만 여명의 군사를 동원, 스페인 군대와 전투를 벌였지만 무자비하게 진압당한 후 오얀따이땀보 쪽으로 사라졌다. 삭세이와만 유적의 본질에 관해서는 정확한 자료 없이 그저 다음과 같은 여러 가지 설이 전해질 뿐이다:

- 꾸스꼬와 지하 미로로 연결된 꾸스꼬의 전방 요새
- 꾸스꼬 전체를 내려다보면서 행한 중요한 의식용 신전
- 꾸스꼬에 물을 공급하기 위한 수로시설
- 꾸스꼬는 퓨마 형상인데, 삭세이와만이 퓨마의 머리에 해당한다는 설

사진 3-129: 꾸스꼬 근교 잉까 유적 꾸스꼬, 뻬루

사진 하단 오른쪽, 꾸스꼬의 아르마스 광장에서 출발하여 꾸스꼬 근교 잉까 유적 탐방 순환 길을 따라가면, 삭세이와만, 무유오르꼬, 껜꼬, 꾸시유차욕, 사라뿐꾸, 땀보마차이, 뿌까 뿌까라 등의 유적을 볼 수 있다. 뿌까 뿌까라를 지나 동쪽으로 가면 삐삭으로 가는 길이 열린다. 사진 하단 왼쪽에는 모든 관광객들은 어린이 대상 성범죄와 말 타고 다니는 것을 금지한다는 경고 표시가 있다.

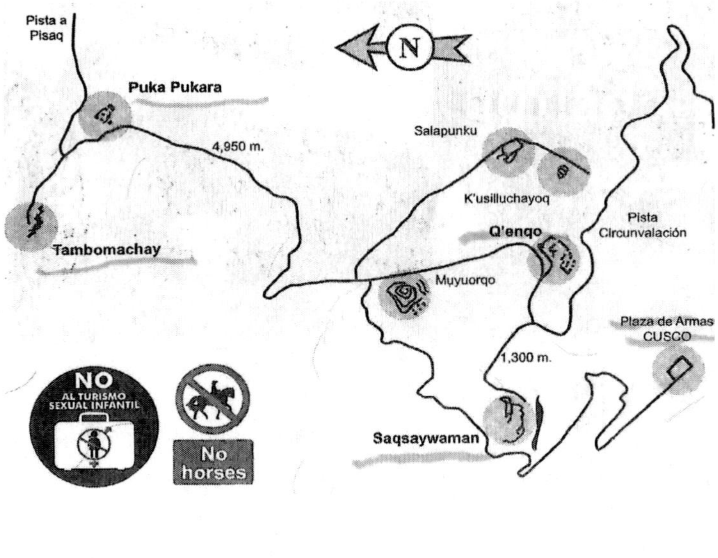

사진 3-130: 삭세이와만 유적 꾸스꼬 근교, 뻬루
사진 상; 돌 담 전경, 사진 하; 돌 담 상세

(나) 뿌까 뿌까라 Puca Pucará

뿌까 뿌까라는 땀보마차이 남쪽 인근에 있는, 다듬은 붉은 돌로 쌓아 올린 잉까 제국의 유적이다. 뿌까는 붉은색, 뿌까라는 고대 성채 유적이라는 뜻이다. 이 성채는, 주변 전체를 내려다 볼 수 있는 위치에 있음으로 미루어 보아, 전망대이거나 객사 客舍 또는 잉까 제국을 지키는 여러 신들에게 봉헌된 장소였던 것으로 추정된다. 이곳에서는 전사 戰士 조각, 사슴 상 像 등의 유물이 발굴되었으며, 6월 21~24일경 동지 冬至 에 제사지낼 때 썼던 해시계도 있었던 것으로 추정된다.

(다) 땀보마차이 Tambomachay

땀보마차이는 수로 시설과 잉까의 목욕탕 El Baño del Inca, 즉 잉까의 성스러운 물의 신전 Inca ceremonial Bath 이 있는 유적이다(사진3-131). 이 유적에서는, 언덕의 한쪽 면에 돌을 쌓아 만든 계단형 구조물에서 일정한 양의 물이 흘러내리게 만든 잉까의 수로 기술을 볼 수 있다. 이 수로에는 우기나 건기를 막론하고 1년 내내 일정한 양의 물이 흐른다. 그러나 아직도, 해발 3765m 에 있는 성스러운 샘물의 수원지 fuentes 가 어디에 있는지는 모른다. 땀보마차이의 잉까 목욕장은 의식을 거행할 때, 의식을 집행하는 고위 인사가 목욕제계 沐浴齊戒 했던 곳으로 추정된다.

(라) 껜꼬

껜꼬 Qénqo 는 삭세이와만 북동쪽 2km 지점에 있는 잉까 유적지로, 이곳에는 거대한 자연석과 인공석 석축 사이로 지그재그 zigzag 로 난 길이 있다. 껜꼬라는 말자체가 "구불구불한" 이라는 의미이다. 껜꼬는 대지의 신을 위한 의식용 제단이었거나 천체관측소 이었을 것으로 추정된다. 의식용 제물로는 야마 llama 의 심장과 피가 쓰였던 것으로 추정된다. 지그재그로 홈이 파진 바위에 피를 부어 흘러내리는 모양에 따라서 길흉을 점쳤

사진 3-131: 땀보마차이 목욕탕 꾸스꼬 근교, 뻬루

다고도 한다. 미로의 안쪽에는 작은 공터와 함께 작은 동굴이 있다. 작은 동굴에는 제단처럼 깎아 놓은 돌이 있는데, 이 돌의 용도는 왕의 의자, 희생 제물용 받침대 또는 수술대였을 것이라는 등 추측이 많다.

사) 까하마르까

북부 잉까 제국의 중심도시, 까하마르까 Cajamarca 는 북부 잉까 최후의 도시이다. 까하마르까는 치끌라요 Chiclayo 동남쪽 160km 지점, 해발 2650m 의 안데스 산맥에 있다. 이곳에는 잉까 시대의 유일한 건축물이 있는데, 그 건물에는 잉까의 왕 아따왈빠 Atahualpa 가 포로로 잡혀 갇혔던 방 El Cuarto del Rescate 이 있다. 또한 잉까 시대 이전의 유적으로는, 까하마르까 남쪽 23km 지점에 있는 수로 水路 와, 벽에 무덤을 만들어둔 고분이 있다.

아) 리마

현재 뻬루의 수도 리마 Lima 는 잉까의 유적이라기보다는 스페인의 식민 도시이다. 원래 주인이었던 잉까 인들의 유적은 거의 모두 파괴되어, 찾아 볼 수 없으며 식민지 시대의 건축물들만이 남아있기 때문이다. 하지만 리마는 현재 남아메리카 대륙의 정치, 상업의 중심지가 되었다.

(가) 식민 통치

스페인 왕실은 1544년에 뻬루 리마에 부왕청을 설치, 스페인 왕실에서 파견한 부왕 副王, virrey 으로 하여금 통치하게 했다. 이후 식민통치는 무려 282년 동안이나 지속되었다.

(나) 식민도시 리마

스페인 침략자 삐사로는 1535년 1월 18일, 수도를 꾸스꼬에서 리마 Lima 로 옮기면서 새로운 식민 도시를 건설했다. 삐사로는 잉까의 궁전과 신전을 파괴하고 그 위에 대통령궁, 대성당 등을 건설, 현재의 아르마스 광장 Plaza de Armas 을 중심으로 식민 도시를 건설했다.

(다) 수탈 자원 운송

수도를 안데스 산속에서 태평양 연안으로 옮긴 것은 수탈자원의 본국 운송을 원활하게하기 위함이었다. 식민지의 자원 수탈과 노동력 착취를 통하여 스페인 왕실의 부를 축적하려는 것이었다. 수탈자원의 운송은 태평양을 건너, 필리핀을 지나 스페인으로 가는 항로를 이용했다. 필리핀 역시 300여 년 동안 스페인의 식민지였기 때문이다.

(라) 고대 유적

리마 근교에는 거대한 요새, 빠라몽가 Paramonga 의 잔해가 남아있다. 이 요새는 잉까에게 멸망당한 치무 왕국 최전성기에 건설된 것으로 추정된다.

(3) **문명 발상지 연대기**

잉까 문명을 꽃피우고 사라진 잉까 인들의 요약 연대기는 다음과 같다;

-1200년경: 잉까 왕조 Inca dynasty 형성
-1438년: 빠차꾸떽, 잉까의 공인 公認 황제,
즉 사빠 잉까 Sapa Inca 가 됨
-1527년~1528년: 우에이나 까빡 전염병으로 갑자기 사망,
배다른 두 아들 와스까르와 아따왈빠가 각각 왕위를 물려받았으나 곧 내전에 돌입
-1532년: 아따왈빠가 5년간 지속된 내전에서 승리했으나,
삐사로의 계략에 말려 체포당함
-1533년: 삐사로, 아따왈빠 처형, 잉까 제국 실질적 멸망,
만꼬 잉까가를 꼭두각시 왕으로 세움
-1536년; 만꼬, 삐사로에게 반기를 들고 꾸스꼬에서
스페인 사람들에 대한 공격을 주도
-1537년; 만꼬, 패전 敗戰 으로 오얀따이땀보 사령부에서
비뜨꼬스로, 비뜨꼬스에서 다시 빌까밤바로 피신
-1539년; 스페인 군대, 1차 빌까밤바 공격,
삐사로가 만꼬 왕비 꾸라 오끄요 Cura Ocllo 처형
-1541년; 프란시스꼬 삐사로, 리마에서 피살
-1544년; 만꼬, 비뜨꼬스에서 스페인 사람에게 피살,
그의 아들 세이리 뚜빡 Sayri Tupac 과
띠뜨 꾸시 Titu Cusi 가 왕위 계승
-1572년; 스페인 군대, 2차 빌까밤바 공격, 모두 불태우고,
잉까의 마지막 황제 뚜빡 아마루 체포,
꾸스꼬로 압송, 아르마스 광장에서 처형
-1781년; 뚜빡 아마루 2세 혁명을 모의한 혐의로

꾸스꼬에서 처형됨

가. **문명 발상** 및 **번성 시기**

잉까 문명은 서기 후 1200년경부터 그 지역에 존재하던 기존의 문명을 이어 받아 발전시켜 1533년까지 존속했던 문명으로 알려지고 있다. 그러나 잉까 문명의 번성 시기는 1430년에서 1533년까지 겨우 1백여 년에 지나지 않는다. “잉까” 는 원주민 말로 “왕” 이라는 뜻이다. 잉까의 어원은 “인띱 추린 Intip Churin”, 즉 “태양의 아들” 에서 유래 했다고 한다.

잉까 제국의 전성기에는 현재의 꼴롬비아 남부에서 뻬루 중동부 안데스 산맥 고지 및 볼리비아 북서부를 거쳐 칠레 중부지역까지 그 영향이 미쳤다고 한다. 정복전쟁으로 넓은 영토를 확보한 잉까 인들은 동질성 확보를 위하여, 피정복자들에게 잉까 문명, 특히 그들의 언어인 께추아 Quechua 어 사용을 강요, 문화적 통합을 시도했다. 따라서 정복지에는 모두 잉까 문명이 확산되었다. 잉까 문명의 발상 및 번성 시기의 연대기는 다음과 같다.

가) **만꼬 까빡**

태양의 아들 또는 신의 아들이라는, 잉까의 시조, 만꼬 까빡 Manco Capac 이 서기후 1100년경, 이전 수세기 동안 다른 부족이 차지하고 있던, 뻬루 남부 고원의 꾸스꼬 Cuzco 에 정착, 잉까라는 나라를 세우고 초대 왕이 되었다는 설이 전해지고 있다. 또 다른 잉까 왕국 창조 신화에 의하면, 만꼬 까빡이 띠띠 까까 Titi Caca , 즉 "퓨마 호수 Lago del puma" 에 있는 태양 섬 Isla del Sol 에 강림, 나라를 세우고 태양 신전을 건설했다는 것이다. 태양의 섬은 현재는 볼리비아 Bolivia 에 있다.

잉까 왕국의 원래 명칭은 “따완띤수요 Tahuantinsuyo” 였다. 이 말은 “모든 방향의 세계”, 또는 “4방향의 세계” 라는 뜻이다. 잉까 족이 꾸스꼬를 중심으로 하는 좁은 지역을 정치적으로 지배할 때 이웃의 다른 부족, 특히 띠띠 까까 북안 北岸 의 “아이

마라" 족과 대치했던 것은 거의 확실한 것 같다. 1430년대까지도 잉까는 꾸스꼬 계곡을 지배하던, 지역의 작은 왕국이었다. 그런데 이즈음 꾸스꼬 남서쪽 안다와이러스 지방을 근거지로 하여 뻬루 중부고원 아야꾸초 지역까지 정치적으로 지배하던 대부족 창까족이 꾸스꼬의 잉까족 정벌을 위하여 침공해왔다. 그러자 당시 잉까의 왕자였던 빠차꾸떽이 이들을 격파, 멸망시켰다. 그 결과 꾸스꼬의 작은 왕국 잉까는 갑자기 뻬루 고원 중부지역까지 통치 영역을 확장하게 되었다. 초대 왕 만꼬 까빡 이후 많은 잉까의 왕들이 정복 전쟁을 지속, 잉까 제국을 건설한 것으로 기록되어 있다. 그러나 그런 기록에 대한 역사적 진실성에 관해서는 회의 적인 시각이 우세하다.

나) 빠차꾸떽

잉까의 정복왕, 빠차꾸떽 Pachacutec 은 1438년 잉까의 제9대왕이 되었다. 꾸스꼬를 벗어난 지역을 통치하던 빠차꾸떽은, 이웃 국가 빤까 Phancas 를 정복, 이어서 남쪽 띠띠 까까 지방의 아이마라족 정복, 뻬루 고원의 북부지역 정복, 그리고 볼리비아의 꼬차밤바 지역을 정복하면서 지속적으로 영토를 확장했다. 빠차꾸떽은 정복 전쟁 25년 만에, 현재 뻬루의 안데스 산맥 전지역을 정복, 잉까 대제국의 기틀을 마련했다. 다시 말하면 빠차꾸떽은 잉까 역사상 가장 위대한 왕조의 창시자가 된 것이다. 빠차꾸떽은 종종 그리스의 알렉산더 대왕 Alexander the Great, 즉 서기전 332년에 이집트 원정에 나섰던 마케도니아 왕국의 알렉산드로스 대왕 Alexandros the Great 과도 비교된다.

빠차꾸떽은 건설계획을 세우고, 꾸스꼬를 제국의 수도에 걸맞게 계획도시로 만들고 꾸스꼬 근교의 삭세이와만 유적도 건설했다. 그는 잉까 건축 역사상 가장 유명한 "마추 삑추 유적" 과 꾸스꼬의 태양 신전, "꼬리깐차" 등을 비롯한 수많은 잉까의 건축물을 건축했다. 또한 빠차꾸떽은 잉까 제국의 고속도로 체계라고 할 수 있는 까빡냔 Capac Ñan 도 건설했다. 꾸스꼬에서 시작되는 이 길은 무려 1만6천km 이상 뻗어나갔다. 뿐만 아니라 빠차꾸떽은 각종 사회제도를 정비하고 의례를 제정, 꾸스꼬의 면모를 일신하면서 꾸스꼬를 정신 및 정치 통합의 중심지로 만들었다. 정복지에는 잉까의 관리를 파견, 정복지를 꾸스꼬에 종속시켰다. 이런 정치통합을 위한 대 개혁 작업은 1430년대 말에서 시작 10여 년 동안 이루어 졌다. 빠차꾸떽은 퇴위 후 1474년경에 사망한 것으로 기록되어 있다. 빠차꾸떽 이후, 잉까의 연대기 年代記 는 비교적 사실에 가까운 것으로 평가되고 있다. 비록 구전 口傳 으로 전해져 내려오는 자료이기는 하지만, 그래도 자료를 바탕으로 하여 구체적으로 기록했기 때문이다.

다) **뚜빡 유빤끼**

빠차꾸떽의 아들 뚜빡 유빤끼 Tupac Yupanqui 는 1460년대에, 에꾸아도르 해안지역을 정복하고 이어서, 뻬루 북부 해안의 찬찬 Chan Chan 에 기반을 두었던 치무 Chimu 왕국을 정복했다. 뚜빡 유빤끼는 1471년 잉까 제국의 제10대 왕에 올랐다. 왕위에 오른 뚜빡 유빤끼는 정복 전쟁을 지속, 영토를 확장했다. 뚜빡 유빤끼는 질서가 확립된 행정제도를 전국적으로 시행하였으며, 정복지마다 각종 공공건축물, 태양신전, 성채 등을 건설하고, 잉까의 관리 官吏 를 파견, 정복지를 꾸스꼬에 종속시키면서 잉까 제국의 근본 틀을 구축했다. 1493년 뚜빡 유빤끼가 죽을 당시 잉까의 영토는 다음과 같다:

-남북 방향; 꼴롬비아의 뽀빠얀으로부터 아르헨띠나 북부를 거쳐 칠레의 산띠아고까지
-동서 방향; 안데스 동부 계곡 지대로부터 태평양 연안까지

라) **우에이나 까빡**

1520년 왕위에 오른 우에이나 까빡 Huayna Capac 은, 크게 영토를 확장하지는 않았다. 우에이나 까빡은 국내제도를 정비하고

강화했으며, 잉까 제국의 북방 변경인 에꾸아도르와 꼴롬비아의 뽀빠얀 지역 개척에 힘썼다. 우에이나 까빡은 꾸스꼬를 떠나 있는 경우가 많았는데, 그런 연유로 꾸스꼬 중심의 지배계층과 에꾸아도르 끼또 Quito 를 중심으로 하는 지배계층 간에 대립이 격화되었다. 당시 끼또는 북부 잉까의 수도였으나, 현재는 에꾸아도르 Ecuador 의 수도이다. 해발 2850m 의 끼또는 적도에서 남쪽으로 22km 떨어져 있다.

우에이나 까빡은, 유럽인 들이 퍼트린 전염병에 걸려 1527년에 갑자기 사망했다. 우에이나 까빡에게는 계보가 서로 다른 두 아들, 즉 꾸스꼬 세력 부인의 아들, 와스까르 Huascar 와 끼또 세력 부인의 아들, 아따왈빠 Atahualpa 가 있었다. 우에이나 까빡은 죽기 전, 와스까르에게는 남부 잉까, 즉 꾸스꼬를, 아따왈빠에게는 북부 잉까, 즉 끼또를 각각 다스리도록 했다. 그러나 두 세력은 곧 내전에 돌입했다. 1532년 아따왈빠가 5년간 지속되었던 내전을 승리로 이끈 후 북부 잉까의 중심지역 까하마르까 Cajamarca 에서 휴식을 취하고 있을 때 스페인 침략자 삐사로 일당이 들이 닥쳤다.

나. 문명 소멸 시기

스페인의 남아메리카 대륙 탐험대는 1522년 비루 Birú, 즉 현재 뻬루 Perú 의 존재를 본국에 알렸다. 스페인의 남미 정복 征服 초기에 참여했던 연대기 학자들의 비루 원주민 부족에 관한 보고 내용은 다음과 같다:

-비루 고산 지대; 특성이 다른 44개의 부족 집단 거주
-태평양 연안 오아시스 지대; 38개의 다른 부족 집단 거주

가) 삐사로의 침공

스페인 침략자 프란시스꼬 삐사로 Francisco Pizarro 는 1524년부터 남아메리카를 탐사했다. 1526년 11월에 그들의 식민 전진

기지 빠나마를 출발한 삐사로는 1527년에 현재의 뻬루 북부지역에서 최초로 잉까인들을 만났으며, 1528년까지 뻬루의 해안지역을 두루 정탐했다. 잉까 부족의 풍요로운 마을과 부 富 에 대해 탐욕을 느낀 삐사로는 스페인으로 돌아가 무기와 사람들을 모아 다시 돌아왔다. 삐사로는 1530년, 180여 명의 군인들과 함께 배를 타고 빠나마를 출발 1531년에 현재의 뻬루 최북단 해안 지역 뚬베스 Tumbes 에 잠입, 그 지역 부족들을 제압했다. 이어서 삐사로는 1532년 9월에, 뚬베스 남쪽 250km 지점에 있는 삐우라를 공격, 잉까 정벌을 위한 남미 대륙 최초의 스페인 식민 도시 산 미구엘 데 삐우라 San Miguel de Piura 를 건설했다. 1532년 11월에는 잉까 제국의 본고장 내륙을 침공 잉까를 멸망의 길로 내 몰았다.

나) **잉까**의 **멸망**

잉까 제국은 삐사로가 침공하기 이전에 이미 둘로 나뉘어져 내전 상태에 있었으므로 군사력이 약화되어 있었다. 삐사로는 1532년 11월 북부 잉까의 중심지역 까하마르까를 침공했다. 그때 내전에서 승리한 잉까의 황제 아따왈빠 Atahualpa 는 까하마르까에서 휴식 중이었다. 영민 했지만 무자비하고 잔인한 삐사로는, 1532년 11월16일 아따왈빠에게 정치, 종교 등에 관한 협상을 위해 만나자고 했다. 삐사로는, 카톨릭 사제로 하여금 성경에 나오는 하나님의 이야기를 설파하게 하고, 아따왈빠에게 그 말을 믿으라고 강요했다. 그러나 아따왈빠는 이미 태양신을 믿고 있었을 뿐만 아니라 이방인들의 글도 몰랐으므로, 성경에서는 아무런 말도 들리지 않는다며, 성경을 빼앗아 집어 던졌다. 그 순간 삐사로가 미리 매복 시켜 두었던 군사들이 달려 나와 협상장에 있었던 호위군과 비무장 원주민들을 죽이고 아따왈빠를 체포했다. 삐사로는 석방 조건으로 역사상 유례가 없을 정도로 많은 금은보화를 받았지만, 1533년 7월16일 아따왈빠를 처형하고 와스까르의 동생 만꼬 잉까 유빤끼 Manco Inca Yupanqui

를 꼭두각시 왕으로 세웠다. 이어서 남부 잉까로 내려간 삐사로는 1533년 11월 8일 남부 잉까의 수도 꾸스꼬를 정복, 잉까 제국을 멸망시켰다. 멸망 당시 잉까 제국은 아메리카 대륙에 존재했던 나라 중 가장 큰 영토를 가지고 있었다.

다) 잉까 유민의 저항

잉까 제국 멸망 후 1572년까지 약 40년간은 잉까 유민 遺民들의 반란과 스페인 정복자들끼리의 이권 다툼으로 피비린내 나는 처절한 싸움이 지속되었다. 만꼬 잉까는 1536년에, 삐사로에 반기를 들고 꾸스꼬에서 스페인 교회를 불태우고 스페인 사람들을 공격했다. 꾸스꼬를 탈출한 그는 1537년, 꾸스꼬 근교, 삭세이와만 Saqsaywaman 에서 군사를 동원, 스페인 군과 전투를 벌였지만 무자비하게 진압당한 후 정글 속으로 사라졌다가, 1544년에 비뜨꼬스 Vitcos 에서 스페인 사람에게 피살당했다. 1572년에는 잉까 최후의 저항자, 즉 잉까 최후의 황제 뚜뻭 아마루 Tupec Amaru 가 빌까밤바가 함락될 때 정글에서 체포되어 꾸스꼬로 압송되었다. 뚜뻭 아마루가 아르마스 광장에서 처형되면서 향후 250여 년간의 저항 없는, 잔혹한 침탈의 식민 시대가 지속됐다. 식민 통치 기간의 원주민들은 노예나 다름없는 생활을 했다. 1781년에 또다시 원주민 봉기, 즉 뚜뻭 아마루 2세가 주도하는 혁명이 시도되었다. 그러나 스페인 식민 통치자들은 즉시 그를 체포, 꾸스꼬에서 처형했다. 계단식 농경방법, 뛰어난 관개시설 및 건축기술을 바탕으로 제국을 이루었던 잉까의 인구는, 1500년경에는 약 600만 명이었다. 그러나 스페인 침략자들의 무자비한 학살, 노동력 착취, 유럽에서 들어온 전염병 등으로 인한 사망으로 1561년에는, 인구가 100만 명 정도로 감소했다. 특히 당시는 말라리아, 천연두의 창궐로 남미 원주민의 75~90%가 사망했던 시절이었다. 나라가 망하자 살아남은 잉까인들은 안데스 산맥 깊숙이 숨어 들어가 자신들 고유의 문명을 지키면서 살아가고 있다.

부 록
Annexes

I. 그림목록
Liste des figures

II. 사진목록
Liste des photographies

III. 참고문헌

Bibliographie

니콜스 출판사 Nichols Publishing co., *주택의 배치계획*,
대우출판사 편집부 옮김, 경기도 오산, 1983
리 윈허 李 允鉌, *중국 고전건축의 원리*, 이 상해 외 옮김,
시공사, 서울, 2000
데디에 DETHIER, Jean, *흙건축의 조형세계*, 박 홍 옮김, 세진사,
서울, 1986
올리버 OLIVER, Paul, *세계의 민속주택*, 이 왕기 외 옮김, 세진사,
서울, 1996

박 병전, *주거*, 기문당, 서울, 1986
손 세관, *도시주거 형성의 역사*, 열화당, 서울, 1997
용 갑식, *경사지를 이용한 지하 주거공간계획에 관한 연구*,
연세대학교 대학원, 서울, 1987
용 갑식, *건축+조경*, 공간예술사, 서울, 2014
용 갑식, *건축물+재료정보*, 공간예술사, 서울, 2014
이 경회, *건축환경학*, 문운당, 서울, 1986
이 규인, *유럽의 환경친화주택*, 서울, 2002
최 창조, *한국의 풍수사상*, 민음사, 서울, 1986

Atlas Mondial, Larousse, Paris, 1988
Il était une fois la France, vingt siècles d´histoire,
Sélection du Reader's Digest, Paris, 1989
Provence, Côte d´Azur, Corse,
Larousse-Sélecttion du Reader's Digest, Paris, 1986
The Greater London Council, *Housing Layout*,
The Architectural Press, London, 1978

UNDP, *Human Development Report*, Oxford, 1994
UNICEF, *Environmental Atlas for Children*, Rand McNally, New York, 1991
UNESCO, RILEM, CIB, *Building Materials for low-income housing*, E. & F.N. Spon, London, 1987

ADAMS, Mark, *Turn Right at MACHU PICCHU*, Dutton, New York, 2016
AHRENS, Donna et al., *Earth Sheltered Homes*, Van Nostrand Reinhold, New York, 1981
BARDET, Gaston, *L ´urbanisme*, PUF, Paris, 1988
BELL, Paul A. et al., *Environmental Psychology*, W.B. Saunders co., Philadelphia, 1976
BOUBLI Bernard, *Le logement,* PUF, Paris, 1985
CAMPA, Mario, *PALENQUE History, Art and Monuments*, Monclem, México, 2018
CARMODY, John et al., *Earth Sheltered Housing Design*, Van Nostrand Reinhold, New York, 1985
CARMODY, John et al., *Underground Building Design* , Van Nostrand Reinhold, New York, 1983
CHALINE, Claude, *Les villes nouvelles dans le monde*, PUF, Paris, 1985
CHARRE, Alain, *Art et Urbanisme*, PUF, Paris, 1983
DE LA GARZA, Mercedes, *THE MAYS 3000 YEARS OF CIVILIZATION*, Monclem, Mexico, 2018
GARCIA, Nelly M. Robles, *MONTE ALBAN History-Art-Monuments*, Monclem, México, 2018
GEINDRE, François, *Le logement, une priorité pour le XIe plan, Rapport au Premier ministre*, La Documentation Française, Paris, 1993

GRIMAL, Pierre, *Les villes romaines*, PUF, Paris, 1990

HAROUEL, Jean-Louis, *Histoire de l´urbanisme*, PUF, Paris 1985

HAVEL, Jean-Eugène, *Habitat et logement*, PUF, Paris, 1985

HEIMSATH, Clovis, *Behavioral Architecture*, McGraw-Hill, New York, 1977

HOUDEVILLE, L. et al., *Pour une civilisation de l´habitat*, Economie et Humanisme, Paris, 1969

JEANNERET, Charles Edouard, *The Modulor*, the MIT press, Cambridge Massachusettes, 1971

KALOPISSIS, Theodore, *Le livre des maisons du monde*, Gallimard, 1992

LORETO, Richard A. et al., *Urban policy issues: canadian perspectives*, McClelland & Stewart, Toronto, 1990

LYNCH, Kevin, *Site planning*, the MIT press, Cambridge, Ma., 1972

MARC, Olivier, *Psychology of the house*, Thames and Hudson, London, 1977

MARTOS, Luis Alberto, *ARCHAEOLOGICAL MEXICO*, Monclem, Mexico, 2018

MESMIN, Georges, *Urbanisme et logement*, PUF, Paris, 1992

MOLL, Roberto Garcia, *CHICHÉN ITZÁ Sitios arqueologicos del estado de Yucatán*, México desconocido, México, 2002

MONNIER, Gérard, *Histoire de l´architecture*, PUF Paris, 1994

MONOD, Jérôme et al., *L´aménagement du territoire*,

PUF, Paris, 1991
MORVAN, Frédéric, *Louvre, Les 300 chefs-d ´ œuvre*, HAZAN, Paris, 2017
MUSTER, Bill, *Traveler's Almanac*, Rand McNally, Los Angeles, 1978
NEUFERT, Ernst, *Les éléments des projets de construction, 6e édition*, Dunod. Paris, 1983
SALIGNON, Bernard, *Qu ´ est-ce qu ´ habiter ?*, Z ´ éditions, Nice, 1990
SOLÍS, Felipe, *NATIONAL MUSEM OF ANTHROPOLOGY*, Monclem, México, 2018
SOLÍS, Felipe, *UXMAL Sitios arqueologicos del estado de Yucatán*, México desconocido, México, 2003
THOLLANDER, Earl, *Back Roads of California*, Lane, California, 1977
VENTURA, Piero, *La maison*, Gründ, Paris, 1993
WOLMAN, Harold et al., *Urban politics and policy*, Blackwell, Oxford, 1992
YONG, Karbseeg, *Logement Autochtone Social*, Spaceart, Seoul, 2016

IV. 찾아보기
Index

한글 찾아보기

ㄱ

ㄴ

ㄷ

ㄹ

ㅁ

ㅂ

ㅅ

ㅇ

ㅈ

ㅊ

ㅋ

ㅌ

ㅍ

ㅎ

외국어 찾아보기

A

B

C

D

E

F

G

H

I

J

K

L

M

N

O

P

Q

R

S

T

U

V

W

X

Y

Z